Peter H. Mettler (Hrsg.)

# Wissenschaft und Technologie für Acht Milliarden Menschen

Peter H. Mettler (Hrsg.)

# Wissenschaft und Technologie für Acht Milliarden Menschen

*Europas Verantwortung und Zukunft*

Westdeutscher Verlag

Aus dem Englischen übersetzt von Sabrina Möller.



Der Westdeutsche Verlag ist ein Unternehmen der Bertelsmann Fachinformation.

Umschlaggestaltung: Horst Dieter Bürkle, Darmstadt
Druck und buchbinderische Verarbeitung: Hubert & Co., Göttingen
Gedruckt auf säurefreiem Papier
Printed in Germany

ISBN 3-531-12789-6

# Vorwort zur deutschen Ausgabe

Fehlgeleitete politische Prioritäten bewirken, daß die sich in Finanzen ausdrückenden Bildungs-, Technik-/Technologie-Entwicklungs- und Forschungsanstrengungen seit einiger Zeit beinahe weltweit und in den meisten Wissens- und Könnens-Gebieten zurückgehen. Daß dabei die herrschenden ökonomischen Schwierigkeiten eine Rolle spielen ist unbestritten, doch scheint vor allem vielerorts die alte Weisheit vergessen worden zu sein, daß die Zukunft sowohl in der Jugend (ihrer Bildung und ihren Studien bzw. im wissenschaftlich-technischen Nachwuchs) als auch im wissenschaftlich-technischen Neuen liegt, daß beide aber nur dann Chancen haben, gewonnen werden zu können, wenn in sie investiert wird (als notwendiger aber noch nicht hinreichender Bedingung).

Auch die auf der EUROPROSPECTIVE III Konferenz (siehe unten im Text) abgesprochenen acht Übersetzungen des englischen Orginaltexts in andere Sprachen sind davon betroffen. Die jetzt, d.h. rund ein Jahr nach Erscheinen desselben vorliegende deutsche Übersetzung ist die erste derselben und ich hoffe zumindest noch auf eine französische und eine spanische Übersetzung.

Prominentestes Opfer der W&T-Finanzssituation aber ist die ehemals schon für den Herbst 1994 geplante, dann um zwei Jahre und jetzt erneut um ein Jahr verschobene EUROPROSPECTIVE IV Konferenz mit dem Titel "Science and Technology for Middle and Eastern Europe and Russia". Sie soll die Zukunftschancen dieser Region abschätzen, der immer mehr ihrer führenden wissenschaftlichen und technischen Kader wegen der anhaltend schlechten sozio-ökonomischen Situation den Rücken kehren (müssen). Für diese Region ist die Frage, ob ein Aufschwung ihrer Region ohne Eliten überhaupt stattfinden kann, zur Kernfrage ihrer Zukunftschancen geworden. Und wenn es stimmt, daß kein Aufschwung größte Gefahren weit über die Region hinaus für die ganze Welt bedeutet, muß diesem Problem viel mehr Aufmerksamkeit wenn nicht höchste Priorität eingeräumt werden.

Die acht urspünglich geplanten Übersetzungen sollten es einer möglichst großen Zahl von Wissenschaftlern, Technikentwicklern, Wissenschaftspolitikern und Wissenschaftsforschern etc. ermöglichen, die Fragen und Probleme, die auf der EUROPROSPECTIVE III Konferenz erörtert worden sind, quasi als allgemeine Fragestellungen, dadurch kennenzulernen, daß sie sie in ihrer eigenen Sprache oder zumindest in einer, die sie ausreichend beherrschen, nachlesen können.

Ich gebe die Hoffnung, daß EUROPROSPECTIVE IV sowohl stattfinden (geplant ist sie jetzt für das Frühjahr 1997 in Budapest) als auch einen entscheidenden Beitrag zum genannten Problem leisten kann, nicht auf. Oder im Sinne Adornos: Wissenschaftler müssen negative Optimisten sein.

Mein ganz herzlicher Dank gilt sowohl dem Westdeutschen Verlag als auch Sabrina Möller, der Übersetzerin. Aber alleine Cordula Michels weiß, wie ich Aufwand und Ertrag des Originals und der Übersetzung einschätze. Ohne sie wären beide nicht zustandegekommen.

Wiesbaden, im Juli 1996

Peter H. Mettler

# INHALT

**Liste der Tabellen**

## Abkürzungen

| | |
|---|---|
| CGIAR | *Consultative Group of International Agricultural Research*, Beratende Gruppe für internationale Agrarforschung |
| CIDA | *Canadian International Development Agency*, Kanadische Behörde für internationale Entwicklung |
| COCOM | *Co-ordinating Committee for Multilateral Export Controls,* Koordinierungsausschuß (der westlichen Industrieländer) für multilaterale Exportbeschränkungen (bei militärisch sensiblen Technologien) |
| DWNWO | Dritte Welt Netzwerk für Wissenschaftsorganisationen |
| EL | Entwicklungsländer |
| F&E | Forschung und Entwicklung |
| EU | Europäische Union (früher Europäische Gemeinschaften) |
| FAO | *United Nations Food and Agriculture Organization*, Organisation der Vereinten Nationen für Landwirtschaft und Ernährung |
| FAST | Forecasting and Assessment in Science and Technology |
| FP | Familienplanung |
| G77 | Gruppe der 77 (Entwicklungsländer) |
| GATT | *General Agreement on Tariffs and Trade*, Allgemeines Zoll- und Handelsabkommen |
| GUS | Gemeinschaft unabhängiger Staaten (die mit Rußland verbündeten Nachfolgestaaten der ehemaligen UdSSR) |
| IATAFI | Internationale Vereinigung für Technologie-Folgenabschätzung und der Prognoseinstitute |
| ICAR | *Indian Council of Agricultural Research*, Indischer Rat für Agrarforschung |
| ICRAF | *International Council for Research on Agroforestry*, Internationaler Rat für Agrarforstwirtschaft |
| IDB | International Development Board |
| IDF | International Development Facility |
| IDRC | *International Development Research Center*, Internationales Zentrum für Entwicklungsforschung, Kanada |
| IEC | *Information, Education and Communication*, Information, Bildung & Kommunikation als politische Strategie |

| | |
|---|---|
| IL | Industrieländer |
| ILO | Internationale Arbeitsorganisation |
| IMF/IWF | *International Monetary Fund*, Internationaler Währungsfonds |
| MIS | Managementinformationssystem |
| MNK | Multinationaler Konzern |
| MOL | Mittel-und Osteuropäische Länder |
| NWIKO | Neue Welt Informations- und Kommunikationsordnung |
| NRO | Nichtregierungs-Organisation |
| OECD | Organisation for Economic Co-operation and Development |
| PARDIZIPP | Partizipatorisches Delphi Verfahren zur zukunftsorientierten interdisziplinären Politik-Planung (Baumgartner/Mettler) |
| PRISM | *Programme of Research in Innovation Systems Management,* Forschungsprogramm für innovatives Systemmanagement |
| TRIADE | Triade ist eigentlich keine Abkürzung, sondern steht für die drei führenden Weltwirtschaftsregionen Europäische Union, Süd-Ost-Asien unter Japanischer Hegemonie und NAFTA (North American Free Trade Agreement) unter der Hegemonie der USA |
| TT | Technologie Transfer |
| UNCED | *United Nations Conference on Environment and Development*, Konferenz der Vereinten Nationen zu Umwelt und Entwicklung |
| UNESCO | United Nations Educational, Scientific and Cultural Organisation |
| UNDP | *United Nations Development Programme*, Entwicklungsprogramm der Vereinten Nationen |
| UNICEF | *United Nations Children's Fund*, Kinderhilfswerk der Vereinten Nationen |
| UNIDO | United Nations Industrial Development Organization, Industrieentwicklungsorganisation der VN |
| US, USA | *United States of America*, Vereinigte Staaten von Amerika |
| VN | Vereinte Nationen |
| WHO | Welt-Gesundheits-Organisation |
| W&T | Wissenschaft und Technologie |
| ZOL | Zentral- und Osteuropäische Länder |

# EINLEITUNG

### *Die zahlreichen Aufgaben des Buches*

Dieses Buch soll:

- in die Thematik von "Wissenschaft und Technologie (W&T) für 'Die Acht Milliarden Menschen' im Jahr 2020" einführen und über die Konferenz EUROPROSPECTIVE III berichten;
- den Entscheidungsträgern Europas "Handlungsprotokolle" vorstellen;
- denjenigen Europäern als Diskussionsgrundlage dienen, die an (europäischer) W&T sowie an W&T bezogener (Europa-)Politik interessiert sind. Es wird deswegen versucht werden, das Buch in möglichst vielen europäischen Sprachen erscheinen zu lassen, nach Möglichkeit auch in außereuropäischen Sprachen; und schließlich
- die Einsicht verbreiten, daß W&T ein hervorragendes Mittel zur Entwicklung einer stärkeren europäischen Identität sein könnte;

Die Konferenz beschäftigte sich mit einem Hauptthema: *Die Acht Milliarden Menschen*, auf die die Weltbevölkerung bis zum Jahr 2020 ansteigen wird (die Zahl hat eher symbolischen Charakter, keineswegs den einer präzisen Vorhersage)[1].

Das Buch möchte Diskussionen innerhalb Europas über dieses eine Thema anregen, insbesondere durch die Thesen:

- daß größere Konkurrenz zu Japan/Südostasien und Nordamerika, d.h. NAFTA[2], weder einer nachhaltigen Wirtschaftsweise noch dem Arbeitsmarkt in der einen Welt, einem stabilen Klima oder dem Frieden auf der Erde förderlich ist;
- daß die wirklich zukunftsorientierte (und deshalb wettbewerbsfähige) Strategie in dem Versuch liegt, die Bedürfnisse der *Acht Milliarden Menschen* zu berücksichtigen.

Das Buch beschäftigt sich außerdem mit der Interdisziplinarität, die auf Beziehungsgeflechte, Querverbindungen und die gegenseitige Abhängigkeit von Zielen und der Zukunft von W&T, der Zukunft Europas und der unseres Planeten angewendet werden sollen. Es beschäftigt sich auch mit der Frage: Wer könnte und sollte heute etwas tun, um die *Acht Milliarden Menschen* auf der Erde aufzunehmen und was sollten sie tun?

---

1 Die Anzahl der Menschen, die zu diesem Zeitpunkt wirklich auf der Erde leben werden, ist heute noch nicht bekannt, weil alle demographischen Vorhersagen notwendigerweise bis auf weiteres unter „ceteris paribus“ laufen.

2 NAFTA steht für North American Free Trade Agreement (Nordamerikanisches Freihandelsabkommen)

Zweifellos wird die Mehrzahl dieser *Acht Milliarden Menschen* so machtlos sein wie die heutige Mehrheit und sie wird mindestens "einen" starken Partner brauchen (jeder weitere wäre natürlich willkommen). Deshalb ist die entscheidende Frage des Buches, ob Europa und die TRIADE nicht das Wohlergehen dieser *Acht Milliarden Menschen* zu ihrem strategischen Eckpfeiler machen sollte, anstatt geistige und physische Arbeitskraft, Geld und Ressourcen auf Konkurrenzdenken zu verschwenden?

Die Konferenz, wie auch die meisten Hintergrundsstudien, betont einen Paradigmenwechsel, den Übergang vom Konkurrenzdenken zur gemeinsamen Verantwortung und Lastenverteilung. Die folgenden "Handlungs-**Protokolle**", die im Kapitel "Miteinander Leben" ausführlicher dargestellt werden, sind allgemein als die wichtigsten genannt worden:

(i) Etablierung eines Weltforums für W&T
(ii) Intensivierte Arbeit am 'Dreifachen T' (Transportwesen, Telekommunikation und Tourismus)
(iii) Intensivierte Arbeit am Projekt "Bauwesen"
(iv) Intensivierte Arbeit am Projekt "Angewandte Kommunikation"
(v) Intensivierte Arbeit am Projekt "Kohlenstoffreie Wirtschaft"
(vi) Intensivierte Arbeit am Projekt "W&T für die Bildung"
(vii) Gründung von Netzwerken für die Hybridisierung
(viii) Implementation von Reformen der internationalen und globalen Finanz- und Wirtschaftsinstitutionen

Was bedeutet Protokoll eigentlich? Ein Protokoll enthält klar definierte und erklärte Ziele eines Abkommens. Gleiches gilt für die Maßnahmen und Modalitäten, die als notwendig und angemessen zur optimalen Erreichung von Zielen angesehen werden.

Von uns erfordert das Protokoll bei den allgemeinen Begriffen der Zieldefinitionen und der unterschiedlichen Wege und Mittel sie zu erreichen eine hohe Exaktheit. Wir sollten aber vermeiden, zu sehr ins Detail zu gehen, weil die Wahl der Mittel und Modalitäten davon abhängt, welche Prioritäten die jeweilige Partei setzt. Deshalb muß ein Protokoll:

Politikziele ansprechen (nicht nur was zu tun ist, sondern auch wie die Bedingungen dafür geschaffen werden können, Gemeinsames zu leisten);

Organisationsziele formulieren (insbesondere die Einrichtung von Netzwerkbündnissen und die Schaffung neuer Institutionen);

Einsatzziele ansprechen (insbesondere die auf W&T bezogenen Handlungen). Protokolle, die in so weitgestecktem Rahmen auf Handlungsfelder von W&T angewandt werden sollen (*Die Acht Milliarden Menschen*), sind deshalb notwendig, weil der mit den Aktivitäten in W&T verbundene Erfolg besonders von effizienten Beziehungsgeflechten zwischen den Akteuren der W&T und anderen Akteuren innerhalb der betroffenen Gesellschaften abhängt. Ein Protokoll ist eher ein offener Prozeß, als eine Handlungsanweisung, weil es Raum für Anpassungsprozesse und Angleichung in der Implementationsphase läßt. Gewöhnlich überschaut ein Protokoll den offenen Prozeß, indem es zur Halbzeit eine Evaluation einführt, Punkte überprüft und Sätze überarbeitet. Je stärker die W&T-Agenda für *Acht Milliarden Menschen* auf Hybridisierung und Netzwerkbündnisse innerhalb der allgemeingültigen Prinzipien für die gemeinsame Entwicklung und für Mitbestimmung aufbaut, desto stärker müssen spezifische Aktivitäten der W&T offene Prozesse des gemeinsamen Lernens und Experimentierens sein.

Ralf Dahrendorfs Wirken in der Europäischen Kommission (das in Europas erstem Forschungspapier für die Zukunft, dem "Kennet-Bericht", mündete) gab den Anstoß zum Nachdenken über die Schaffung eines europaweiten Netzwerkes für Zukunftsforscher und Langzeitplaner. Dies kam jedoch nicht zustande. Es gibt viele Theorien, warum es dazu nicht gekommen ist, so z.B. wegen übergroßer Ausrichtung auf Wirtschaftsinteressen, wegen der Vielzahl unserer Sprachen, oder weil gefordert wurde, uns auf unsere eigenen Kräfte zu verlassen statt den Amerikanern hinterherzulaufen. Die Konferenz kam zu dem Schluß, daß die (europäischen) Forscher noch keine Notwendigkeit zu solchen Forschungen sahen und sich die meisten deswegen auf Japan, den neuen Superstar, und die von japanischen Wissenschaftlern prophezeiten Zukünfte konzentrierten.

EUROPROSPECTIVE III möchte sich über zwei Umwege wieder auf Europa zurückbesinnen:

Was können wir aus den Studien anderer Regionen der Welt für Europa lernen?

Dadurch, daß wir Aufgaben untersuchen, die über Europa hinausführen, wird der Umriß der europäischen Aufgaben deutlicher.

Da Europa im wesentlichen durch seine Kulturen und Sprachen geprägt wird, sucht es verzweifelt nach grundlegenden Dokumenten, die für alle seine Bürger zugänglich sind, d.h. in den jeweiligen Sprachen. Der Bedarf ist dann am größten, wenn die europäische W&T und Politik zusammengefügt werden sollen, wenngleich natürlich alle offiziellen EU-Dokumente in allen Sprachen der Union erhältlich sind. Wer immer sich darauf einläßt, diese zu lesen, wird sich nach kurzer Zeit sicherlich wieder abwenden, denn ihre Sprachweise ist äußerst bürokratisch und berichtet nur über

Programme, kaum über die Hintergründe für ihr Zustandekommen, oder über die von ihnen verfolgten Ziele, ganz zu schweigen von den dahinterstehenden Strategien.

FAST feierte 1993 seinen fünfzehnten Geburtstag. Verschiedene Kollegen und Freunde von Riccardo Petrella, dem Direktor von FAST, hatten einen Beitrag für eine interne Publikation unter dem Titel "Ecritures/Thoughts[3]" geschrieben. Viele von ihnen beklagten entweder, daß FAST nicht genügend politischen Einfluß hätte, oder aber, daß es für seine Produkte, also die in Auftrag gegebenen Studien, nicht ausreichend werbe.

Die Kontinuität der Arbeit von FAST war in seiner Geschichte mehrfach gefährdet. Untersucht man diese Situationen genauer, kommt man z.B. zu folgenden Erklärungen:

- Das gab es schon bei vielen EU Organisationen, also 'kein Grund zur Beunruhigung', 'das ist normal', 'es wird weitergehen wie gehabt', usw.;

Die Kontinuität ist gefährdet, weil sie nicht ausreichend öffentliche Diskussionen auslöst (FAST hat nicht genügend Ergebnisse in Buchform veröffentlicht);

Die besten Aussichten auf Kontinuität hängen nicht davon ab, wieviel Lärm verursacht wird, sondern davon, daß die Ergebnisse in esoterischen Zirkeln besprochen werden;

Alle diese Meinungen mögen zutreffen. Eines aber sollte klar sein: Wir befinden uns am Anfang einer völlig neuen Ära und alles muß neu überdacht werden, einschließlich der Auftragslage von FAST und seiner Ziele. Und noch ein weiterer Gesichtspunkt kommt hinzu: Die Kommission mag über unterschiedliche 'Think Tanks' verfügen, einige sogar mit weitreichenderer Aufgabenstellung als FAST. Selbst erfahrene Eurokraten oder Insider versichern uns, daß eine grundlegende institutionelle Reform, die diese und andere Körperschaften rationalisieren, zeitgemäß erscheint. Wir können uns Technikkriege nicht mehr leisten und sollten unsere Ressourcen stattdessen darauf konzentrieren, unseren Fortbestand zu sichern. Aus dem letztgenannten Grund ist es notwendig, daß wir die Initiativfunktion übernehmen und nicht nur einer Tendenz nachlaufen.

Die weitere Entwicklung der Erde wird nur mit starken Partnern möglich sein. Wenn sich Europa für die Fortentwicklung der Erde entscheidet und dabei nicht nur an sein eigenes Wohlergehen denkt, muß es sich erheblich mehr anstrengen als bisher. Eine Bedingung dafür scheint eine starke Europäische Identität zu sein. Wie aber sollen wir verfahren, wenn die Europäer oder einzelnen europäischen Nationalstaa-

---

3 EG interne Publikation Nr.: XII-177-93

ten sich nicht um eine Weiterentwicklung der Erde bemühen? Oder, wenn sie sich gar gegen Europa entscheiden und lieber als einzelner Nationalstaat kämpfen? Was sollen wir tun, wenn die einzelnen Regionen oder Nationalstaaten nicht nur nicht mehr in einem großen Europa um mehr Unabhängigkeit kämpfen sondern vollkommen unabhängig sein wollen?

In der Diskussion hat sich kein Argument als schlagkräftiger erwiesen, als das folgende: W&T ist so vielfältig, groß und weitreichend, daß weder die USA noch Japan weiterhin nur für ihre eigenen Interessen kämpfen können. Bislang ist eine regionale Kooperation noch ein beliebter Weg, seinen nationalen Wissensstand zu verbessern. Zum heutigen Zeitpunkt können wir nicht sagen, ob sich die Situation künftig ändern wird, beispielsweise durch verbesserte Telematik[4].

W&T scheint ein bemerkenswert ideologiefreies Mittel zur Zusammenführung Europas zu sein. Selbst wenn es zu keiner "europäischen W&T-Identität" kommen sollte, könnte europäische W&T andere europäische Identitäten prägen, insbesondere die der europäischen Sozialwissenschaften.

## Eine kurze Beschreibung der Konferenz EUROPROSPECTIVE III und ihrer Geschichte

EUROPROSPECTIVE-Konferenzen sind Treffpunkt für zahlreiche Entscheidungsträger in gehobenen Positionen aus den Bereichen der Industrie, der Regierung und der Politik, der wissenschaftlichen und technischen Entwicklung, aus Instituten und Akademien aller EU-Mitgliedsstaaten sowie der Kommission und dem Sekretariat des Rats.

EUROPROSPECTIVE I besuchten über tausend Teilnehmer (Paris, April 1987). Im Vordergrund stand die Präsentation der zahlreichen und unterschiedlichen Ergebnisse hochkarätiger europäischer Zukunftsstudien, die von der Industrie, Beratungsfirmen, Forschungszentren, Regierungs- und internationalen Organisationen in den vergangenen Jahren durchgeführt wurden. Sie erstrecken sich auf die Langzeitvorhersagen für Europa und die Rolle Europas in der Welt von Morgen.

EUROPROSPECTIVE II besuchten knapp fünfhundert Teilnehmer (Namur, Belgien, April 1991). Diese Konferenz orientierte sich vergleichsweise mehr an Handlungen, wollte ihren Teilnehmern ein Forum bieten, auf dem sie ihre Einstellungen gegenüber ihrer eigenen Zukunft, der Zukunft der europäischen Völker und Staaten, wie auch Europa als ganzem austauschen konnten. Die Diskussionen wurden ziel-

4 Bei Telematik handelt es sich um eine Kombination aus Telekommunikation und Informatik.

orientiert geführt und bezogen sich auf die Planung und Organisation von Maßnahmen zur Umsetzung der Ziele.

EUROPROSPECTIVE III wurde für einen viel kleineren Rahmen abgehalten, als Europrospective I und II. Sie wurde von 150 Teilnehmern aus 30 Ländern besucht. Die Diskussion wurde viel stärker auf den Bereich von W&T eingegrenzt, als es auf den beiden vorangegangenen Konferenzen der Fall war. Andererseits war sie viel weiter gefaßt, weil die Gespräche über Europa hinausgingen und den Blick auf *"Die Acht Milliarden Menschen der Erde zum Jahr 2020"* lenkten. Beide Argumente begründen, warum eine so relativ geringe Teilnehmerzahl erschien; oder: warum doch so viele erschienen, trotz des eng- bzw. weitgesteckten Rahmens. - Die Regieanweisung der Konferenz sah folgendes vor: nach der Vorstellung von "Miteinander Leben" (d.h. eine Zusammenfassung der 35 diese Konferenz vorbereitenden Auftragsstudien) sollen Studien aus vier anderen Teilen der Welt präsentiert werden (Kapitel IV). Alle fünf Studien werden dann in Arbeitsgruppen diskutiert und deren Ergebnisse zu Empfehlungen zusammengefasst. Nachdem der erste Entwurf dieser Empfehlungen vorgestellt ist, wird eine weitere Runde sie erneut diskutieren und abschließend werden sie von zwei außereupopäischen Kollegen kommentiert. - Es ist aus drei Gründen interessant, die Geschichte dieser Konferenz zu beschreiben:

- Man kann davon ausgehen, daß Konferenzen an Einfluß gewinnen, je mehr anerkannte Experten sie besuchen (selbstverständlich vorausgesetzt, daß die Konferenz selbst wichtige Inhalte transportiert). Eine hochkarätige Besetzung erfordert eine sehr lange Vorbereitungsphase (mindestens 18 bis 24 Monate Zeit). Doch selbst wenn hochkarätige Teilnehmer vorläufige Zusagen gegeben haben, können wichtige Termine in letzter Minute deren Teilnahme verhindern;

- EUROPROSPECTIVE III wurde binnen fünf bis sieben Monate vorbereitet. Zunächst sahen die Organisatoren ihr Ziel einer hochkarätigen Besetzung schon als erreicht an; denn sie hatten viele positive Signale von Präsidenten und Vizepräsidenten (aus Politik, Industrie sowie Wissenschaft) etc. erhalten; Dann aber steckten diese doch zu sehr in ihren Alltagsterminen oder gaben vor, darin festzustecken: "Tut uns leid ...". Vielleicht wurden die Konferenzunterlagen zu spät veröffentlicht, vielleicht mochten sie die Thematik oder die ihr zugrundeliegende Problematik nicht, vielleicht konnten sie auch mit Wiesbaden (als Ort) nichts verbinden; oder sie waren generell gegen einen Tagungsort in Deutschland oder hatten Vorbehalte gegenüber dessen damalige Politik;

- Selbst Deutschland befindet sich nicht nur in einer oder in der allgemeinen, sondern in zahlreichen, sehr schwerwiegenden Krisen, die auf seine Nachkriegsidentität (eine solche Identität vorausgesetzt) zurückgeführt werden können. - Es war nicht nur äußerst schwierig, Mittel für die Konferenz zu bekommen, sondern beinahe unmöglich, hochrangige deutsche Persönlichkeiten dafür zu gewinnen. Deutschland scheint mit seinem Versuch, seine Krisen mit bewährten Mitteln zu bewältigen, unterzugehen. Es findet keinen Lösungsansatz, kein Ziel, keine Zukunft.

Ein vorbereitendes Papier, das bereits vor der Konferenz erhältlich war, ist Whistons 'Synthesis Report' (FOP 320 - siehe Anlage). Es stellt den Versuch dar, die in Auftrag gegebenen Unterstudien zusammenzufassen. Sein Einfluß auf "Miteinander Leben" ist sehr deutlich erkennbar.

Die vier vergleichbaren außereuropäischen Studien sind auszugsweise in Kapitel IV abgedruckt. Man kann sie wie folgt zusammenfassen:

**Kanada**'s Entwicklungsbemühungen reflektieren zwar Entwicklung im allgemeinen, beziehen sich jedoch im wesentlichen ganz praktisch auf die Gegenwart und ihre revolutionären Veränderungen. Das IDRC[5] hat eine sehr realistische alltagsbezogene Orientierung, die W&T kontinuierlich anzuwenden sucht. Die Kanadier oder das IDRC sind sich ihrer Grenzen bzw. begrenzten Hilfsmöglichkeit bewußt. Sie wollen diese optimal nutzen und keinen theoretischen Entwurf für die Welt als Ganzes bieten. Sie beschreiben all ihre verschiedenen technologischen (sozialen, verwaltungstechnischen und finanziellen) Ansätze.

Die **indische** Studie konzentriert sich auf den ersten Blick auf eine einzige Thematik: das Bevölkerungswachstum in Indien. Genauer betrachtet fällt jedoch auf, daß es nicht nur äußerst klug war, sich ganz auf Indien, diesen gigantischen Kontinent, zu beschränken, sondern daß damit auch Fragen wie Gesundheitswesen, Ernährung, Bildung, Beschäftigungspolitik, Migration und Infrastruktur behandelt werden. Es zeigt auch, daß der Anstieg der Weltbevölkerung nicht verhindert werden kann. Schließlich wird auch dargestellt, wie unklug der Norden durch seine Untätigkeit oder durch 'quick technical fixes' handelt. Er setzt damit seine eigene, ebenso wie die Zukunft Indiens bzw. die des Südens, aufs Spiel.

Während man die kanadische und die indische Studie als realistisch bezeichnen könnte, sollte man die **japanische** oder die **US-amerikanische** eher als optimistisch oder idealistisch einstufen. Wenngleich selbst bei ihnen die Zeit der technischen Lösungen und der Top-down-Ansätze vorbei ist, scheinen sie immer noch daran festzuhalten, daß alle Ziele erreichbar sind, wenn man nur will. Das geht aus der japanischen Studie noch viel stärker als aus der US-amerikanischen hervor. "Wird Technologie nur angemessen genutzt, können Menschen ein erfüllteres, wohlhabenderes Leben führen".

---

5 International Development Research Centre

Die Parallelen zwischen Japan und den USA sind auffällig: "Technologie ist Teil der Kultur" (Japan). "Auf das Kriterium der Nachhaltigkeit kann bei der Entwicklung nicht verzichtet werden und es ist machbar, ... das kulturelle Umfeld, in dem Wissenschaft gedeiht, schafft auch eine innovative und dynamische Weltwirtschaft". Das könnte "Amerikas wichtigste Botschaft für '*Die Acht Milliarden*'" sein

Japan hat sich zum größten Geberland für die EL entwickelt, wenngleich es schwierig ist, zwischen Hilfe und bloßen Investitionen zu Profitzwecken oder zur Vorfinanzierung für japanische Exporte zu unterscheiden. Die USA stehen an zweiter Stelle. Aber nimmt man beide zusammen, so ist man noch weit von dem entfernt, was tatsächlich benötigt wird. Vielleicht ist die einzige Lösung, die Entwicklungsressourcen der TRIADE in einen gemeinsamen Pool zusammenzulegen.

In Kapitel IV versuchten wir, Stellungnahmen zu einer solchen Kooperation zusammenzufassen. Nur die USA hat hier eine interessante Stellungnahme abgegeben. Ihr Autor, Jesse Ausubel, zeigt, daß die USA:

- die Kooperation in W&T als eine Frage gleichgerichteter Interessen, insbesondere im High-Tech Bereich, betrachtet;
- deswegen in den 50er und 60er Jahren eng mit Europa zusammenarbeitete, weil zu dieser Zeit der Wettbewerb noch nicht im Vordergrund stand;
- sich zur Kooperation noch nicht wirklich veranlaßt sieht (im obigen High-Tech-Sinn), weil sie sich nach wie vor als die größte Forschungsnation begreift: "Wenn wir es wirklich darauf anlegen, können wir alles erreichen" (eine Haltung, die den Deutschen nicht unbekannt ist!);
- zwischen Isolationismus, völliger Offenheit und dem Wunsch schwanken, auf diesem Gebiet an der Spitze zu liegen.

Allen Teilnehmern wurde je ein Exemplar der 35 in Auftrag gegebenen Studien, der vier außereuropäischen Studien, weiterer FAST Studien und Studien Dritter nach Eintreffen am Konferenzort angeboten.

Die Konferenz wurde größtenteils auf Tonband mitgeschnitten, die Organisatoren erhielten nach der Konferenz 50 Briefe mit Kommentaren und Vorschlägen. Es überwog das Gefühl, etwas auf den Weg gebracht zu haben.

Im folgenden werden die vier Eingangsreden zusammengefaßt:

Diana A. Wolff-Albers, die dem "European Global Committee", dem wissenschaftlichen Beirat der Konferenz, vorsaß, warnte in ihrer Eröffnungsrede, daß Regierungen nicht alleine Entscheidungen bezüglich W&T treffen sollten. Es müßten Kriterien einbezogen werden, die über die ökonomischen oder militärischen hinausgingen, nämlich soziale und umweltbezogene. Der Kampf gegen Armut, mangelnde Sicherheit, Arbeitslosigkeit, mangelnden Wohnraum und Erziehung, der unter den *Acht Milliarden Menschen* am weitesten verbreitet sein wird, wird - neben dem Kampf gegen die Übernutzung der Ressourcen - als neue europäische Argumentationslinie, ja als Paradigmenwechsel und als eine grundlegende Voraussetzung für eine dauerhafte weltweite Wettbewerbsfähigkeit der europäischen Industrie begriffen. *"Wir benötigen in nahezu allen Bereichen eine neue Europapolitik, Kommunikationstechnologie, Handels-, Finanz-, Umwelt- und Sicherheitspolitik; W&T kann das fördern, vor allem wenn es sich an dem Ziel der* Acht Milliarden Menschen *im Jahr 2020 orientiert".*

Jürgen Wefelmeier, Staatssekretär im Hessischen Ministerium für Wirtschaft, Verkehr und Technologie wies eingangs darauf hin, daß Regierungsapparate meist über keine systematisch organisierten Prognose- oder Zukunftsforschungskapazitäten verfügen. Er machte deutlich, daß Abkommen auf breiter Basis hinsichtlich der künftigen Chancen und Gefahren nur dann zustandekommen, wenn eine Reihe von Instituten ähnliche Einschätzungen abgeben. Drittens bürgen aber selbst ihre übereinstimmenden Einschätzungen nicht für eine breite Zustimmung bezüglich der zu ergreifenden Maßnahmen, um Gefahren und Risiken zu vermeiden.

*"Wie sollen wir Maßnahmen gegen Bevölkerungswachstum oder Abholzung durchsetzen, wenn wir nicht einmal konsistente Modelle oder Technologien für nachhaltiges Wirtschaften haben? Ein Großteil derer, die sich für nachhaltiges Wirtschaften engagieren gehört zu den Skeptikern gegenüber Technologien".* Wefelmeier zeigte Verständnis für ihre Skepsis, wenngleich er sie nicht teilte. Seiner Meinung nach sollten Spitzentechnologien viel schneller eingeführt werden, wenngleich sie natürlich ihre Verträglichkeit mit bzw. ihren Beitrag zu nachhaltiger Entwicklung noch unter Beweis zu stellen hätten. Er war bemüht, ein neues Forschungsziel zu definieren, das die Vorgänge in der Natur besser erkenne und sie entweder nachahme oder aber von ihnen ressourcen- und umweltschonendere Lösungen ableite. Das gelte auch für die globale Ebene. Man wisse kaum von Aktivitäten zur Bewußtseins- oder Verantwortungssteigerung für die Welt oder die Erde als ganzes. Was könnte da schon ein deutsches Bundesland bewirken? Wefelmeier nannte folgende Beispiele, die er für realisierbar hielt: Hessen gründete eine Energieagentur, um mit neuen Formen der Solar- und Windenergie zu experimentieren. Das Bundesland schuf ein Netzwerk zwischen Institutionen, die aktiv im Forschungsbereich Recycling sind und sie bietet Flüchtlingen kostenlose Umschulungsmöglichkeiten, die ihnen eine Rückkehr in ihr Heimatland erleichtern.

Clemens Klockner, Rektor der Fachhochschule Wiesbaden und Präsident der Fachhochschul-Rektorenkonferenz, nahm auch zu Fragen der Ausbildung Stellung: Der Einfluß Europas auf seine zahlreichen Bildungssysteme zeige sich nicht so stark wie in der Wirtschaft, ist aber trotzdem relativ stark und wird in den folgenden Aspekten noch zunehmen:

- Wirtschaft und Verwaltung werden sich verstärkt auf Europa ausrichten;
- Europäische Studienaustauschprogramme werden intensiviert;
- Die Struktur der Studien, wie sie in deutschen Fachhochschulen vorherrschen, sowie ihre Nähe zum alltäglichen Berufsleben, erwiesen sich für Europa als angemessen und werden sich noch weiter verbreiten;
- Umschulung, auch für ältere Menschen, wird auch weiterhin einen ungewöhnlich großen Erfolg haben, auch in anderen europäischen Bildungssystemen. Das birgt auch mehr Möglichkeiten für die sozial eher schlechter gestellten Schichten.

Verbesserungen in Europas höherem Bildungssystems hingen eng mit den Möglichkeiten europäischer Sozialpolitik zusammen, wie z.B. der Verbesserung von Lebens- und Arbeitsbedingungen. Die klassischen Disziplinen, wie sie in Europa immer noch überwiegend unterrichtet werden, böten keine Kapazitäten für Problemlösungen auf Europas drängendste Fragen.

Einige Probleme begleiteten uns ständig, z.B. die Arbeitslosigkeit oder die Migration. Sie müssen nicht erst entdeckt, sondern besser verstanden werden. Andere wiederum werden von öffenlichen Einrichtungen, von regionalen Unternehmen vorgestellt oder in der internationalen Literatur diskutiert. Klockner vertrat die Ansicht, daß der Informationsfluß bei weitem nicht optimal sei.

Die vordringlichste Aufgabe im höheren Bildungssystem sei es, ein Rahmenwerk für europäische, nationale, regionale und individuelle Einrichtungen zu entwickeln. Innerhalb desselben sollten Innovationen stattfinden und Informationen zu weltweiten Trends ausgetauscht werden.

Sodann formulierte Klockner zwei weitere zentrale europäische Probleme:

Wie kann man Europas Kapazitäten ausbauen, um sie für den internationalen Wettbewerb zu stärken? Und:

Gibt es zentrale europäische Ziele?

Europa steht unter erheblichem Zeitdruck, weil es auch drängende externe Probleme gibt, wie z.B. die komplexen internationalen finanziellen oder ökologischen Fragen.

Wie reagierte das System für höhere Bildung in Europa? Wenn diesbezüglich überhaupt geforscht wird, dann spezialisiert, extern und ohne Auswirkungen auf die Lehrpläne. Dennoch gibt es heute verstärkten Informationsaustausch zwischen europäischen und außereuropäischen Forschungsinstituten der höheren Bildung bezüglich der globalen Probleme und folglich auch größeres Bewußtsein für diese. Die Fachhochschule Wiesbaden hatte die Organisation der Konferenz in der Überzeugung übernommen, daß sie als Kontrollsystem zur Begrenzung von zu starker Theoriebildung ebenso wie als Katalysator für die Verbreitung neuer Ideen über die Konferenz hinaus fungieren könne.

Peter H. Mettler, Organisator der Konferenz, fragte: Können wir ein einheitliches Europa innerhalb der kommenden drei Dekaden schaffen oder brauchen wir dazu ein Jahrhundert oder gar ein Jahrtausend? Gibt es überhaupt eine Chance für Europa? Er fuhr fort: Wollen wir wirklich ein zusammengehöriges Europa, dessen Mitglieder zu ein und derselben Gemeinschaft, einem Zusammenschluß oder einem Staat gehören?

Er stellte die These auf: "Gegenwärtig wollen die Europäer dies nicht" und führte folgende drei Gründe an:

- Europa gibt den Europäern (noch) keine Identität. Von außen wirkt das anders, aber innerhalb Europas kümmert es keinen[6]. Ist nicht jeder Europäer zunächst nationaler Zukunftsforscher, Wissenschaftler, Journalist, Politiker, Schriftsteller, etc., und erst danach europäischer Bürger?
- Europa selbst hat keine Vision;
- Zu einer Identität gehört eine Vision[7].

6 Dazu deutete er auf das damals jüngste entsprechende Buche: The European Challenges Post-1992: Shaping Factors, Shaping Actors, von Alexis Jaquemin & David Write, geschrieben für die Cellule de Prospective der CEU, im Deutschen erschienen in: Die Herausforderungen für die Zukunft, Karl-Heinz Paqué, Rüdiger Soltwedel, et al., Kieler Diskussionspapiere, Nr. 202/203, März 1993

7 An anderer Stelle legte Mettler seine Überzeugung in Form einer Collage von Texten dar: 'Comprendre, c´est se changer, aller au-delà de soi-mème' (Jean-Paul Sartre, Critique de la raison dialectique, Lib. Gallimard, Paris, 1960, p.23):
Da ich gewöhnlich in anderen Sprachen lese und mich unterhalte und über die Hälfte meines Lebens in anderssprachigen Ländern verbracht habe, muß ich zugeben, daß die Sprache, in der ich nachdenke und schreibe, die Sprache, in der ich über die meisten Ausdrucksformen für meine Gedanken verfüge, nicht zu den offiziellen Verkehrssprachen der EU zählt. Ich bedaure das nicht, obwohl sich andere dafür einsetzen, mehr als zwei offizielle Sprachen in der EU zu haben. Die Menschen in Europa sind so unglaublich reich, jedes Land auf seine Weise, daß es ein Zeichen unserer Ignoranz ist, daß wir nicht verstehen, diesen Reichtum besser zu nutzen. Wir haben genau das Gegenteil davon getan.

Allan Bullock schreibt in seinem Meisterwerk Hitler - a study in tyranny: 'Hitler was a European, no less than a German phenomenon. The conditions and the state of mind which he exploited, the malaise of which he was a symptom, were not confined to one country, although they were more strongly marked in Germany than anywhere else. Hitler's idiom was German, but the thoughts and emotions to which he gave expression have a more universal currency'.

Eine meiner Erkenntnisse bekam ich von Jerry Rubin's Slogan in Berkeley 1965: 'Just do it'. Eine weitere hing mit

*Fortsetzung Fußnote 7:*

Telford Taylors Analyse von Nürnberg and Vietnam: An American Tragedy, zusammen, die 1970 erschien: 'The antiagression spirit of Nürnberg and the UN Charter is invoked to justify our venture in Vietnam, where we have smashed the country to bits, and will not even take the trouble to clean up the blood and rubble. None there will ever thank us; few elsewhere that do not now see our America as a sort of Steinbeckian'Lennie', gigantic and powerful, but prone to shatter what we try to save. Somehow we failed ourselves to learn the lessons we undertook to teach at Nürnberg, and that failure is today's American tragedy'.

1970 erlebten wir auch The Greening of America von Charles A. Reich. Hier nur einige Auszüge daraus:
*Henry James believed that time, tradition and sensibility were needed to 'civilise' manufactured innovation.*
*...restoration of the non-material elements of man's existence, the elements like the natural environment and the spiritual that were passed by in the rush of material development.*
*Young people today insist upon prolonging the period of youth, education and growth. They stay uncommitted: they refuse to decide on a formal career, they do not give themselves fixed future goals to pursue. Their emphasis on the present makes possible an openness toward the future; the person who focusses on the future freezes that future in its present image. Personal relationships are entered into without commitment to the future; a marriage legally binding for the life of the couple is inconsistent with the likelihood of growth and change.*

Obwohl er es wesentlich früher schrieb, sagte E. Durkheim in seinem Suicide: 'There is for each people, a collective force of a definite amount of energy, impelling men to self-destruction. The victim's acts, seemingly to express his personal temperament, are really the prolongation of a social condition which they express externally'.

Vielleicht gingen Alvin Toffler ähnliche Gedanken durch den Kopf, als er Future Shock schrieb: 'In the three short decades between now and the 21st Century, millions of ordinary, psychologically normal people will face an abrupt collision with the future. Citizens of the world's richest and most technologically advanced nations, many of them will find it increasingly painful to keep up with the incessant demand for change that characterises our time. For them, the future will have arrived too soon'.

Könnte 'eine weltweite Revolutionssolidarität' wie sie in Goals for Mankind (Ervin Laszlo et al., A report to the Club of Rome, Dutton Publ., New York, 1977) vorgeschlagen wurde, Erleichterung bringen? 'There are people... in almost every society who are aware of the ... interdependence of the principal elements of today's global society, and wish to promote the development of collaborative world-level actions and policies. They... form the advance guard of the next revolutionary advance in human thinking and commitment. How such an advance might unfold in reality can be illustrated by different scenarios' (p.416).

Lassen Sie mich Ihnen einige Auszüge vorlesen, natürlich nicht die von Laszlo und auch nicht die wirklichen Szenarien:

1. aus DAEDALUS, Sommer 1967: Kommission für das Jahr 2000: Ins Jahr 2000: 'The society of the year 2000...will be more fragile, more susceptible to hostilities and to polarizations along many different lines....The problem of the future consists in defining one's priorities and making the necessary commitments'.

2. aus INTERFUTURES, Facing the Future, OECD, Paris, 1979: '... nothing of a political leadership capable of taking into account both the long-term issues and the interdependence between the various areas'.

3. zitiert nach James Robertson, Future Wealth, Cassell Publ., London & New York, 1990: „I believe myself to be writing a book on economic theory which will largely revolutionise - not, I suppose, at once but in the course of the next ten years - the way the world thinks about economic problems". In einem Schreiben an George Bernard Shaw überschätzte J.M.Keynes 1935 die langfristigen Auswirkungen der Allgemeinen Beschäftigungs-, Zins- und Geldtheorie. Mit dem Ende des Jahrhunderts wird deutlich, daß wir dringend die Art wie über Wirtschaft gedacht wird und wie sie organisiert ist, revolutionieren müssen. „We need a new economic order for the 21st century".

In Joachim Wach's Sociology of Religion fand ich schließlich: 'It is our thesis that the constructive force of religion surpasses its destructive influences. Fundamentally and ultimately, religion makes for social integration though it should definitely not be identified with its effect.... social integration is not the 'aim' or 'purpose' of religion. Religion is sound and true to its nature only as long as it has no aim or purpose except the worship of God'. Trotzdem entdeckten Max Weber und andere wie Richard Henry Tawney komplexe Beziehungen zwischen Religion und Wirtschaft. Andere wiederum fanden: Rudoph Otto, Mysticism East and West, Collier Books, New York, 1932: 'We have found a whole series of analogies between experiences of very different content, which may

Er untersuchte daraufhin drei Szenarien mit sieben Kriterien für das Jahr 2020:

(i) Das Sich-Durchwursteln oder se-debroullism Szenario;
(ii) Das Szenario der Festung Europa oder je-me-defendism;
(iii) Das Szenario von Europa als einem demokratischen, solidarischen, ökologischen Vorreiter, der Wissenschaft und Technologie weltweit vorantreibt.

Die sieben Kriterien dazu waren:

a. Die Fähigkeit Entscheidungen zu fällen
b. Die Errichtung von Institutionen
c. lokale, soziale und ökologische Nachhaltigkeit
d. Wissenschaft und Technologie
e. Größe des Territoriums und der Bevölkerung
f. Militärische Stärke und Einfluß
g. Die Wirtschaft (die Stellung innerhalb der Triade und gegenüber von Lateinamerika, Afrika, Indien, China sowie der Islamischen Welt).

Er entschied sich dann für Szenario III als dem Szenario, zu dessen Realisierung er beitragen möchte. Bevor er weiter auf Szenario III einging, erläuterte er zwei Methoden:

RETROGNOSE[8] (weitgehend mit 'backcasting' vergleichbar) bezieht sich, von der Zukunft aus gesehen, auf ein Ziel in der Vergangenheit, wie beispielsweise vom

---

explain to some extent how two revelations of different types but with frequent affinities can mutually flow into and penetrate one another' (ich möchte nur auf Japan und seine Beziehung mit dem Westen hinweisen).

Alexander Maslow widmete Moritz Schlick seine Study in Wittgenstein's Tractatus. Ich zitiere seinen Vergleich zwischen Bergson und Wittgenstein: 'B. ... fails by succumbing to the temptation of talking about what he himself considers to be inexpressible. ... He explains what he calls 'intellectual sympathy' in terms of a particular theory about the world, a kind of biological metaphysics. ... tell what reality is in itself, namely, the Life Force. All we can do, however, ... is to point out the right attitude to be taken to apprehend reality, and not to pretend to tell what reality is. ... B. rightly sees that discursive knowledge ... does not exhaust all our experience; but he is wrong in attempting to express the inexpressible, while depreciating cognition in its legitimate sphere. B. is not sufficiently Bergsonian. The true mystic must be silent: whereof one cannot speak, thereof one must be silent' (p. 157).

Aufgrund der knappen Zeit muß ich mir den Vorwurf gefallen lassen, mich in Anekdoten zu ergehen. Was ich zu entwickeln suchte ist folgende Glaubensäußerung: Europa ist wieder einmal ein Mythos. Aber kein Europäer oder irgend ein anderes Lebewesen kann ohne Mythen, Religion, Glauben oder methaphysische Aufgabe leben. Europa könnte wieder unser ethisches, moralisches, religiöses, epistemologisches, wissenschaftliches, technologisches, ökonomisches, sicherheitsbezogenes, soziales Ideal für Glück werden... wenn wir es nur wollen. Wenn es keinen besseren Vorschlag gibt (vom Islam, den Japanern, den Amerikanern, etc.) warum versuchen wir es dann nicht? Wir haben allen Grund dazu. The future could be ours.

8 Peter H. Mettler, Retrognose - Kritische Versuche zur Zukunftsforschung, Haag and Herchen Vlg., Frankfurt/M., 1979, 391 p.

Jahr 2020 auf heute, und bemüht sich, mögliche und realistische Strategien (Planungsschritte) für die Zukunft zu entwickeln (Ausgangspunkt heute). Die Grundfrage ist dabei immer: Was müssen wir hier und jetzt verändern, um an jenem Punkt morgen anzukommen?

PARDIZIPP[9], ein dem Delphiverfahren ähnliches Verfahren.

Szenario III basiert auf der Annahme, daß es Europa gelänge, eine europäische Identität zu entwickeln. Das mache eine Herangehensweise ähnlich der seit Jahren in Japan praktizierten erforderlich und könne aus einer eingehenden Analyse älterer japanischer Zukunftsstudien geschlossen werden.

Die wesentlichen Züge des Szenario-Zieles waren: gut ausgebildete Entscheidungsträger in Europa sowie weitreichende Kapazitäten für die Schaffung europäischer Institutionen. Europa hob seine lokale, soziale und ökologische Nachhaltigkeit wie auch seine W&T-Kapazitäten hervor und behauptete seine Rolle als gleichberechtigter Partner innerhalb der Triade ebenso wie seine Funktion als Fürsprecher von weniger entwickelten Völkern, Gebieten, Regionen, Ländern und Kontinenten.

Europa vergrößerte sich vorsichtig. Heute (im Jahr 2020) zählt es 25 Mitgliedsstaaten und etwa 600 Millionen Einwohner. Europa ist somit der größte Markt der Erde. Seine militärische Stärke zwingt alle übrigen Mächte dazu, nach friedlichen Konfliktlösungen zu suchen (der Lerneffekt aus dem serbischen Krieg).

## Kurzbericht über das Konferenzergebnis

Hauptaspekte für allgemeine Empfehlungen an die Politik sind:

- Die *Acht Milliarden Menschen* sind unser aller Verantwortung;
- Nachhaltige Entwicklungen liegt in unser aller Verantwortung;
- Europa könnte dazu entscheidend beitragen. Dazu muß es sich jedoch, auch und insbesondere was seine Ausgaben auf dem Gebiet von W&T betrifft, umorientieren. Es braucht intern mehr Demokratie, z.B. durch ein wesentlich entwickelteres par-

9 Thomas Baumgartner & Peter H. Mettler, Large-Scale Participatory Co-Shaping of Technological Developments, First Experiments with PARDIZIPP (Participatory Delphi Procedure for Furture Oriented <the z stems from the German word 'zukunftsorientiert'> Interdisciplinary Policy Planning, in: B. van Steenbergen, et al., Advancing Democracy and Participation, Challenges for the Future, Sections from the XII$^{th}$ World Conference of the World Future Studies Federation, Barcelona, September 17-21, 1991, p. 171-186, Centre UNESCO de Catalunya, Barcelona

**Tabelle 1 Drei Szenarien für Europa**

| Kriterien | Szenario I<br>Sich-Durch-wursteln | Szenario II<br>Festung Europa | Szenario III<br>Weltweiter Vorreiter |
|---|---|---|---|
| a. die Fähigkeit, Entscheidungen zu fällen | sehr gering | mittel | stark |
| b. das Schaffen von Institutionen | gering, neue Institutionen bleiben eher ineffektiv | stark | stark |
| c. lokale, soziale und ökologische Nachhaltigkeit | sehr gering | mittel | stark, weil Nachhaltigkeit ein zentrales Ziel darstellt |
| d. W&T | gering | mittel | stark |
| e. Die Größe des Territoriums und der Bevölkerung | 20 Mitglieder, 450 Millionen Einwohner | 15 Mitglieder, 400 Millionen Einwohner | 25 Mitglieder, 600 Millionen Einwohner |
| f. Die militärische Stärke und der Einfluß | gering, reicht kaum zur Selbstverteidigung/zur inneren Ordnung | starke Verteidigung, aber nicht imperialistisch | Supermacht, aber nur friedenserhaltende Missionen |
| g. Die Wirtschaft | dritter Rang innerhalb der Triade. Hängt in vielen Sektoren von Japan und/oder den USA ab | ziemlich stark, aber weniger stark als Japan und die USA | Weltakteur, 2% des BSP für LA, Afrika und den indischen Subkontinent. Détent mit der islamischen Welt und China. NAFTA und YEN-Imperium sind zweitbeste Freunde |

lamentarisches System, einen festeren Zusammenhalt zwischen seinen Städten und Regionen, ein stärker ausgeprägtes Identitätsgefühl für seine Bürger, mehr Solidarität für Mittel- und Osteuropa (was eine gesamteuropäische Politik für W&T beinhaltet) und ein neues, integratives W&T-Paradigma (interdisziplinäre Erforschung von gemeinsamen Abhängigkeiten).

Schlüsselbegriffe in den Protokollen sind: weltweite Koexistenz, gemeinsame Entwicklung; militärische, wirtschaftliche und sozio-kulturelle Abrüstung; Kooperation anstelle von Konkurrenz innerhalb der Triade (was auf keinen Fall bedeuten soll, daß wirtschaftlicher Wettbewerb, besonders der zwischen Unternehmen, verhindert werden soll) und neue globale Abkommen, (z.B. ein neues Bretton Woods, unterschiedliche Nord-Süd und Süd-Süd Beziehungen).

Die Konferenz machte der EU auch den Vorschlag, auf folgenden Gebieten aktiver zu werden:

- Im Bereich "W&T für Wohnraum";
- Im Bereich "W&T für die Telematik";
- Im Bereich "W&T für (alternative) Energien";
- Im Bereich "W&T für die (Aus- und Weiter-) Bildung".

An dieser Stelle soll auch noch all denjenigen gedankt werden, die zum Gelingen der Konferenz wie auch dieses Buches beigetragen haben:

- Der Generaldirektion XII der Kommission der EU und vor allem dem gesamten Personal von FAST;
- Dem Global Europa Committee und insbesondere seiner Vorsitzenden Diana A. Wolff-Albers;
- Dem Deutschen Bundesministerium für Wissenschaft und Technologie;
- Dem Hessischen Ministerium für Wissenschaft, Verkehr und Technologie und seinem Staatssekretär Jürgen Wefelmeier;
- Der Mercedes Benz GmbH;
- Der Stadt Wiesbaden und Herrn Stadtratsvorsitzenden Günter Retzlaff;
- Der Fachhochschule Wiesbaden und Rektor Clemens Klockner, der gleichzeitig Präsident der Bundes-Fachhochschul-Rektorenkonferenz ist;
- Den Kollegen aus Übersee, die mit großem Einsatz ihre Studien präsentierten und sich den teils hartnäckigen Fragen der Arbeitsgruppen stellten;
- Den Autoren der 35 von FAST in Auftrag gegebenen Vorbereitungsstudien;
- Den Mitarbeitern zahlreicher Institutionen, insbesondere:
    - o des Wiener Zentrums für Soziale Innovation (Dr. Hochgerner);

o des Instituts für Sozialforschung, Frankfurt/M. und der Universität Frankfurt/M. (Dr. Friedhelm Döring, Dr. Herrmann Kocyba, Dr. Gerd Paul);

o des Instituts für Zukunftsstudien und Technologiebewertung, Berlin (Prof. Dr. Rolf Kreibich, Dr. M. Knoll, Dr. R. Nolte);

o der Forschungseinheit PROMPT der EU in Ispra (Dr. Theresa Rojo);

o des Sekretariats für Zukunftsstudien, Gelsenkirchen (Dr. Hans Boes, Dr. Peter Moll, Dr. Vincente Colom-Gottwald);

o der Universität von Namur (Dr. Marcia Alvarez, Equador);

o der Robert-Jungk-Bibliothek für Zukunftsfragen, Salzburg;

- Den Mitgliedern des Vorbereitungsteams in Wiesbaden, insbesondere Tina Zipf, Zehra Hanning und Dr. Friedhelm Döring, und den zehn studentischen Arbeitskräften, die dafür Verständnis haben mögen, daß ihre Namen hier unerwähnt bleiben.

**Materialien, mit denen Politiker und Experten zur Teilnahme an der Konferenz gewonnen werden sollten:**

*a. Einseitiger Handzettel, für den eiligen Leser:*

**EUROPROSPECTIVE III**

**Dritte Europäische Konferenz für Langfristige Zukunftsforschung: "Wissenschaft & Technologie für die Acht Milliarden Menschen unseres Planeten im Jahr 2020"**

3-5. Juni 1993, Wiesbaden
Eine Konferenz des FAST Programmes der Kommission der EU und der Fachhochschule Wiesbaden

**Warum?** Wir leben in einer geteilten Welt, in der 20 % der Weltbevölkerung in einer vergleichsweise geschlossenen, wirtschaftlich integrierten, technischen und wissensbezogenen Umgebung leben, während 80%, die Armen, davon ausgeschlossenen sind. Die Schwerpunkte der globalen W&T-Agenda werden von den Interessen der 20% bestimmt und vorgegeben. Diese Situation entspricht weder jetzt noch künftig dem Prinzip der Nachhaltigkeit, denn es ist inzwischen bekannt und akzeptiert, daß W&T ein einflußreiches Instrument für die Befriedigung der Grundbedürfnisse der *Acht Milliarden Menschen* sein könnte, die im Jahr 2020 auf der Erde wohnen werden. Es gibt einen wichtigen Grund, die W&T-Agenda neu zu überdenken.

**Wozu?** Um die wichtigsten Leitprinzipien, die Wahlmöglichkeiten und Prioritäten für eine globale W&T-Agenda zu erkennen und zu diskutieren und um den Grundbedürfnissen und Zielen der *Acht Milliarden Menschen*, die bis zum Jahre 2020 auf der Erde leben werden, zu dienen. Durch ein Überdenken können besondere Formen und Inhalte für kurz-, mittel- und langfristige Maßnahmen definiert werden, die von der EU ergriffen werden könnten. - Europrospective III empfiehlt eine Reihe von Handlungskatalogen.

**Wie?** Die Konferenz untersucht und diskutiert die Ergebnisse und Empfehlungen von fünf Forschungsprojekten: das FAST Projekt, das von der EU initiiert wurde, das kanadische IRDC Programm, das indische "Milliarden Plus" Programm, die Studie der Japanischen Gesellschaft für Technologie und die Studie der Carnegie Commission on Science, Technology and Government aus den USA.

Zwei Drittel der Konferenzzeit stehen für die Diskussion von Arbeitsgruppen und zur Ausarbeitung von Empfehlungen zur Verfügung.

### b. Das grundlegende Dokument zum Hintergrund sowie zu den Zielen der EUROPROSPECTIVE III Konferenz[10]

Vor uns entsteht eine neue Welt. Zum ersten Mal in der Geschichte der Menschheit erkennt der Mensch die Globalität und die Bandbreite der Bedingungen für das menschliche und natürliche Leben auf der Erde und die Radikalität der Lösungen, die zu nachhaltiger Entwicklung führen können.

Der UN Erdgipfel in Rio hat das Entstehen dieser neuen Welt betont, uns mit dem bevorstehenden, ungeheuren gesellschaftlichen sowie physischen Druck auf die natürlichen Ressourcen der Erde, auf die globale Stabilität und Regierbarkeit konfrontiert. Dieser Druck wird in den nächsten 20-30 Jahre mit den *Acht Milliarden Menschen*, die dann auf der Erde leben werden, auf uns zukommen. Die Befriedigung der Grundbedürfnisse von *Acht Milliarden Menschen* wird das wichtigste Ziel für eine Weltentwicklungsstrategie.

Deshalb müssen W&T konzipiert, entwickelt und verbreitet werden, die sich nicht in erster Linie an der Wettbewerbsfähigkeit europäischer Unternehmen und Länder gegenüber von japanischen und US Unternehmen und Ländern orientieren, und umgekehrt. W&T soll im Gegenteil den Zielen und Bedürfnissen von *Acht Milliarden Menschen* entsprechen. Diese Perspektive gebietet uns:

- eine globale Agenda für W&T zu befürworten, die neue Entwicklungspfade auf den Gebieten des Transportwesens, der Kommunikation, des Gesundheitswesens, der Landwirtschaft, der Energiesysteme, des Umweltschutzes, des Wohnwesens und der Bildung erkennt und fördert;
- im Interesse der notleidenden Bevölkerung effektiv Gebrauch zu machen von vorhandenem und kommendem Wissen, Fähigkeiten und Technologien;
- neue Formen der transnationalen und weltweiten Kooperation in W&T zugänglich zu machen und zu implementieren, die eine gemeinschaftliche Entwicklung anstreben;

Die Veranstalter der Konferenz hoffen, herausragende und innovative "Handlungsprotokolle" zu erhalten. Sie werden dem Rat der EU zur Kenntnisnahme vorgelegt, wenn das Vierte Rahmenprogramm für W&T der EU im Herbst 1993 zur Diskussion steht. Die Diskussionen beruhen auf den Ergebnissen der EU-FAST Studie 'Global Perspective 2010 - New Tasks for W&T' (die sich aus 35 in Auftrag gegebenen Unterstudien zusammensetzt) sowie auf vergleichbaren Forschungsprojekten, die in den vergangenen Jahren in anderen Teilen der Erde (Kanada, Indien, Japan und

---

10 Dieses Dokument wurde bei Anfragen zur Konferenz verschickt und ging außerdem an alle Konferenzteilnehmer

den USA) erstellt wurden. Vor uns entsteht eine neue Welt. Die Brüche der alten Welt sind verschwunden (Ost versus West; Kapitalismus versus Kommunismus) oder unterliegen einem Prozeß des radikalen Wandels (das Nord-Süd Gefälle). Die Globalisierung der menschlichen und internationalen Beziehungen ist keine Vertrauensfrage mehr, sie ist bereits Realität. Die globale Interdependenz ist in allen Erdteilen spürbar. Die Welt steht vor nie dagewesenen Umwelt-, Wirtschafts-, Gesellschafts- und Politikproblemen und Herausforderungen. Die sich daraus ergebenden radikalen Lösungen werden von den führenden Entscheidungsträgern jedoch kaum akzeptiert. Europrospective III soll die EU besser auf ihr Viertes Rahmenprogramm für Wissenschaft und Technologie[11] vorbereiten. Damit könnte es die Vorreiterrolle bei der Deckung der Grundbedürfnisse der *Acht Milliarden Menschen* übernehmen, die bis zum Jahr 2020 auf der Erde leben werden. EUROPROSPECTIVE III könnte den Weg zur verbesserten Nutzung des ungeheuren Potentials von W&T bereiten. Die vordringlichsten sind:

- Welche globalen Probleme werden 2020 überwiegen?
- Wie könnte Europa helfen, diese zu überwinden?
- Worin liegen die Haupthindernisse und -grenzen im institutionellen und politischen Prozeß, damit W&T erfolgreich umgesetzt werden?
- Warum genügen die 'quick technical fixes' nicht, um Probleme zu lösen?
- Wie können W&T mit all den unterschiedlichen lokalen Ressourcen und Fähigkeiten verbunden werden?

Zur Vorbereitung auf EUROPROSPECTIVE III wurden 35 Studien*) bei verschiedenen europäischen Forschungseinrichtungen in Auftrag gegeben, die unter dem Projekttitel "Global Perspective 2010 - New Tasks for W&T" standen. Sie wurden in einer Umbruchszeit erstellt, die auf die Strukturen und Mechanismen vomn W&T großen Einfluß hatte, z.B.:

- der Zusammenbruch der Sowjetunion und ihrer Satellitenstaaten;
- die Umbrüche innerhalb der Europäischen Union;
- das ungeheure Bevölkerungswachstum in der Welt mit seinen enormen Konsequenzen, z.B. dem Bedarf an:
  a) steigenden Kapazitäten in den Bereichen Landwirtschaft, Industrie, des Gesundheits- und Bauwesens sowie Kommunikationssystems;

---

11 Die von der EU Kommission vermutlich veranschlagten Finanzmittel für das Vierte Rahmenprogramm für Wissenschaft und Technologie könnten sich auf 13 Milliarden ECU belaufen

*) eine Liste derselben ist im Anhang abgedruckt

b) Wohlstand und Bildung für alle Menschen auf der Erde und

- das sich exponentiell ändernde Umweltverhalten (Produktion und Konsum) aufgrund der wachsenden Einsicht, daß a. physikalische und umweltbezogene Nachhaltigkeit so lange ein unsinniges Ziel bleiben, bis soziale Nachhaltigkeit auf lokaler, regionaler, nationaler, internationaler sowie globaler Ebene erreicht sind und b. Ausgrenzung und Nachhaltigkeit sich nicht vertragen.

Langfristig angelegter wirtschaftlicher und ökologischer Erfolg wird für Europa, die Triade[12], die OECD Länder oder irgendein anderes Land unerreichbar bleiben, solange es weltweit keine soziale Gerechtigkeit gibt; eine Hauptbedingung für die Lösung der extremen Armut. Eine Kernproblematik, in der W&T bislang nur ungenügend vertreten ist, ist die Anhebung des Lebensstandards in den ärmeren Ländern, um das Bevölkerungswachstum zu bremsen, ohne jedoch die Umwelt zu stark zu belasten.

Die Dramaturgie der Konferenz sieht zunächst eine Vorstellung der FAST Studie sowie der vier vergleichbaren Projekte aus Übersee vor. Im zweiten Akt diskutieren die vier Arbeitsgruppen die FAST Studie, im dritten Akt werden die vier Projekte aus Übersee von weiteren vier Arbeitsgruppen erörtert. Im vierten Akt sollen die wesentlichen Erkenntnisse aus den acht Sitzungen zusammengefaßt werden, während im fünften und letzten Akt die Schlußfolgerungen diskutiert und den Lesern bzw. der Presse vorgestellt werden. Wir entschieden uns für drei Kategorien, um die wesentlichen Empfehlungen in schnell verständlicher Weise weiterzugeben. Die folgenden Kriterien wurden dabei berücksichtigt:

A: Empfehlungen, die dazu führen sollen, Theorien, Einstellungen und Politikfelder zu verändern:

- Aus Krisen führen nur zwei mögliche Wege zu Stärke, Motivation und Selbstbewußtsein:

a) die Entwicklung, Verbreitung, Durchdringung und letztlich breite Akzeptanz und aktive Förderung durch die Bevölkerung Europas im Sinne einer Provinz der Welt[13], oder einer Neuen Europäischen Identität;

---

12 Triade ist kein feststehender Begriff. Im Allgemeinen spricht man von Nordamerika oder NAFTA (das noch im Werden ist), Südostasien unter japanischer Führung und dem neuen und erweiterten Europa, was immer das in 10 oder 20 Jahren auch bedeuten mag.

13 s. Gonod und Ph. de la Saussay, Europa, Provinz der Welt, Vortrag, veröffentlicht in "Europrospective II", Namur 1991. Die Sitzungsberichte der Konferenz erschienen unter dem Namen "Europrospective II" bei der Presses Universitaires de Namur, 1993.

b) große Investitionen in Bildung und im Umgang mit W&T, die eine gegenseitige Befruchtung von Wissen und Können der unterschiedlichen Bereiche zuläßt. Befürworter beider Wege, die synergetisch miteinander kombiniert werden können, sollten sich bewußt sein, daß beide Wege die Zeit von mindestens einer Generation benötigen.

- Neben der Erkenntnis, daß Europa in ökonomischer Hinsicht in der Triade kaum noch mithalten kann, muß sich Europa auf die Bereiche konzentrieren, in denen ihre komparativen Kostenvorteile liegen:

  a) Grundlagenforschung und Innovationen in W&T aufgrund ihrer sozio-kulturellen Diversität;
  b) politische Neuerungen wie eine europäische Verfassung;

- Ein Großteil der W&T gehört zum Erbe der Menschheit und sollte deshalb jedem zugänglich sein. Davon bleibt der Schutz der Rechte geistigen Eigentums und der Technologie, unberührt;

- Werden neue Wege zur 'kohlenstoffreien Wirtschaft' eröffnet, zieht das eine Neubewertung für alternative Ansichten und die Bedeutung von Entwicklung, Wohlstand und Besitz nach sich.

B: Empfehlungen, die sich auf Veränderungen in großen und umfassende Strukturen beziehen, die auf größere Reichweite und auf Globalität abzielen:

- ein neues Bretton Woods Abkommen (und, zur Vorbereitung Europas auf solche Verhandlungen, die Gründung eines European Woods Policy Development Instituts)[14],

---

14 Auszüge aus S. Holland: In Richtung eines neuen Bretton Woods: Alternativen für die Weltwirtschaft. Abschlußbericht an das FAST Programm, Mai 1993

Die Weltbank, UNDP und UNICEF sollten über die Höhe für Entwicklungsausgaben in einzelnen Ländern entscheiden, um Mindeststandards für Ernährung, Unterkünfte, Gesundheit, die Umwelt, die Erziehung, soziale Dienste und Einkommen zu garantieren.

Die Höhe der Ausgaben sollte Fundament für ein weltweites Konjunkturprogramm bilden, das auf Initiativen der Industrieländer, besonders der Europäischen Union angewiesen sein wird, und von einem Importwachstum der Entwicklungs- und Reformwirtschaften gestützt werden sollte. Wachsenden Importen in den Entwicklungsländern auf der Basis vereinbarter Kriterien für erhöhte Sozialausgaben sollten Entwicklungsdefizite gegenüberstehen .

Der IWF sollte den Aufbau für gemeinsame Importe und Exporte und die Importziele für die Reform- und Entwicklungswirtschaften aus den Haupthandelsregionen koordinieren.

Die Entwicklungsdefizite sollten vom IWF in dem Jahresbericht Social expenditure, trade and payments für die betroffenen Länder genau aufgelistet werden. Die Europäische Union sollte eine eigenständige, unabhängige Einschätzung der angepeilten Handelsniveaus und ihrer Auswirkungen auf die unterschiedlichen Regionen, Länder der Weltwirtschaft vornehmen.

Der IWF sollte die Höhe der Zahlungsbilanz-Zuschüsse bestimmen, die notwendig sind, um die Währungen einzelner Entwicklungs- und Reformökonomien auf der Basis solcher Entwicklungsdefizite zu stützen.

Eine social conditionality sollte zur Bedingung für die bei Umsetzung der Sozialprogramme verursachten Entwicklungsdefizite erhoben werden. Die Weltbank und neue regionale Entwicklungsbanken (s. unten) hätten gemeinsame Verantwortung, die Umsetzung spezifischer Programme zu überwachen, Strafen zu verhängen, z.B. Zahlungen an solche Regierungen zu verringern oder auszusetzen, die sich nicht an die vereinbarten Bedingungen halten.

Financial conditionality könnte der IWF bei solchen Regierungen einsetzen, die auf anderen Gebieten, als den Sozialausgaben säumig sind.

Die Mittel, die die Entwicklungsdefizite der Reform- und Entwicklungsländer decken sollten, müßten Elemente von Keynes ursprünglicher Absicht für seine Bancor Einheit enthalten, z.B. sich auf das mögliche Wachstum des Welthandels, des Einkommens und versteuerbare persönliche und korporative Bezüge beziehen, die aus dem Globalen Aufbauprogramm für gegenseitigen Import und Export zwischen allen Ökonomien stammen. Solche Finanzierung sollte keine formale Anhebung der IWF Quoten beinhalten oder spezielle Rechte auf Wechsel, aber auf eine neue International Development Facility (IDF) zurückgehen. Die Zinsrate der vom IDF ausgestellten Wechsel sollte sich für die Kreditnehmer nach der Kaufkraftparität des Pro-Kopf-Einkommens richten. Diese Fazilität könnte sich durch die Beitragszahlungen der OECD Länder in Form eines International Development Bond (IDB) tragen. Dieser sollte, getreu der Empfehlungen Keynes', den Überschuß aus dem internationalen Handel 'recyclen'. In der Praxis betrifft das vor allem Japan als derzeit - und höchstwahrscheinlich auch künftiges - Hauptüberschußland und möglicherweise wichtigster Beitragszahler für den IDB. Die Europäische Union sollte auch ein Hauptbeitragszahler werden. Der IDB hätte gegenüber dem IDF eine ähnliche Funktion, wie der Anteil, den die Aktiva der kommerziellen Banken bei der Kreditvergabe spielen. Da die Kreditvergabe des IDF in spezifischen Ländern nur einen geringen Bruchteil ihrer Einnahmen ausmacht, könnte man erwarten, daß die IDB insgesamt ein Äquivalent der Marktzinsrate verdienen würde.

Dem stehen auf regionaler Ebene die Schaffung neuer Regional Development Banks gegenüber und Regional Monetary Funds hätten Anspruch auf Finanzierung durch die International Development Facility, gemessen an ihrem eigenen Anteil weltweiter Kreditvergabe. Sie sollten selbst Kredite vergeben und Wechsel ausstellen können, wie eben auch die Europäische Bank für Wiederaufbau und Entwicklung. Sie könnten damit zum Abbau von Überschüssen in der Weltwirtschaft beitragen, ohne dabei auf Veränderung in den Quotenanteilen der Hauptfinanzinstitute von Bretton Woods zu drängen.

Auf regionaler Ebene sollten Payments Clearance Unions geschaffen werden, damit Länder in spezifischen Regionen ihre Darlehen nur am Ende eines jeweiligen Finanzjahres in harte Währungen verwandeln. Im Fall der Reform- und Entwicklungsländer läßt sich absehen, daß viele Mitgliedsstaaten solcher Unionen selbst auf jährlicher Basis im Defizit harter Währungen steckenblieben. In einem solchen Fall hätten sie das Recht, sich um ein Anleihen bei der IDF zu bewerben. Die Höhe der Zinsrate bei solchen Anleihen richtete sich sowohl nach der Kaufkraftparität des Pro-Kopf-Einkommens der betroffenen Länder, wie auch nach ihrer tatsächlichen Schuldenrückzahlung. Die Stärkung der wissenschaftlichen und technischen Kompetenz von Drittweltstaaten darf nicht der spontanen Initiative von Multinationalen Konzernen (MNK) oder anderen Marktkräften überlassen bleiben. Nachhaltige Entwicklung braucht eine starke Politik, die sich an Umwelt- wie Wachstumszielen orientiert. Soll die einheimische W&T in der Dritten Welt gestärkt werden, muß der Zugang zu Importtechnologie, der MNK, für ausländische Investoren, für zwischenstaatliche Kooperation, Universitäten und internationale Behörden unbedingt erleichtert werden. Anhand dieser Schlußfolgerungen wird deutlich, wie notwendig eine Neuausrichtung der Politik von Weltbank und UN Behörden in diese Richtung ist. Besonders einsetzen sollte man sich für eine International Technology Agency (ITA), die keine bestehenden internationalen Konsultationsbehörden und Quellen für technisches Know-how ersetzen sollten, sondern ihr Geschäft und den marktwirtschaftlichen Wettbewerb beleben sollen, indem der Zugang zu Technologie für Drittweltländer finanziell unterstützt wird, unabhängige Berater und Informationen bei der Auswahl von Technologie zur Verfügung gestellt werden. Außerdem sollen ihre Kompetenzen gestärkt werden, damit sie eine kluge Auswahl treffen und mit Datenbanken umgehen lernen, die sowohl Importeuren wie Exporteuren von Technologie offenstehen. Sie würden die Funktion internationaler Aktionäre

- Eine neue GATT Runde für die Integration von Umweltschutzzielen;
- Ein Europäischer Gipfel für die Entwicklung von W&T ;
- Eine Europäische Exekutivorganisation für Internationale Kooperation;
- Eine Europäische Behörde für Kooperation zwischen europäischer und außereuropäischer W&T;
- Ein Lomé-Abkommen für den Austausch von W&T und eine Europäische Behörde für Technologietransfer. Das Lomé-Abkommen wurde mit 69 afrikanischen, karibischen und pazifischen Ländern abgeschlossen. Seine Hauptaufgabe sollte darin bestehen, vorhandene Hindernisse für den Technologietransfer[15] aufzudekken. Diese sollte dann Empfehlungen machen, die vorhandene Hindernisse beseitigen könnten.
- Eine Europäische Akademie für Technologiebewertung und Umweltverträglichkeitsprüfung, die eng mit einer ebenfalls neu zu gründenden Internationalen Technologiebehörde zusammenarbeiten sollte. Sie sollten Behörden wie die UNIDO nicht ersetzen, sondern ihnen und bestehenden Behörden für Technologiebewertung in europäischen Ländern zuarbeiten;

---

*Fortsetzung Fußnote 14:*

und internationaler Ausbilder, nicht neuerer Zulieferer übernehmen. Die ITA würde auch nicht die technologischen Funktionen bestehender Behörden ersetzen, sondern zu ihrer Stärkung beitragen. So hat die Weltbank z.B. verstärkt die Bedeutung immaterieller Investitionen in Beziehung zu ihren Anleihen und Konzessionen erkannt, aber ihr fehlen die angemessenen Kapazitäten für Technikfolgenabschätzung und Berater bei der Wahl von Technologien. Die ITA könnte stellvertretend für die Weltbank eine Unterstützerrolle übernehmen. Eine Mischung aus verstärkter Investitionskraft in einheimische Technologieentwicklung und importierte Technologie, die von internationalen Institutionen gestützt und teilfinanziert würden, könnten ein Klima für erneuten Zufluß ausländischer Direktinvestitionen schaffen helfen.

Die Stärkung industrieller W&T soll keine Schwächung der Grundlagenforschung nach sich ziehen. Für jedes wissenschaftlich/technologische System ist das von absoluter Notwendigkeit. Die Universitäten bieten den Ländern der Dritten Welt ein Fenster zur weltweit entwickelten W&T und einen Zugang zu neuen Entwicklungen. Deshalb ist es unerläßlich, die internationale Ausrichtung der Universitäten auf der Welt zu erhalten.

Neben der Grundlagenforschung gibt es andere Gebiete, auf denen das Marktversagen und externe Effekte es wünschenswert erscheinen lassen, Aktivitäten in W&T öffentlich, in 'Hybrid'-Laboren, oder unter Teilnahme der Öffentlichkeit in sog. Kooperationslaboren durchzuführen. Labore für nationale Standards, landwirtschaftliche Testlabore, metereologische Labore, astronomische Einrichtungen, Verteidigungslabore und zahlreiche Arten von gentechnischen Laboren sind weit verbreitete Beispiele. Sie gehören zur Infrastruktur für W&T in den meisten OECD Ländern. Besondere Bedeutung haben heute solche öffentliche Labore erlangt, die Regierungen und Industrie bei der Bekämpfung von Gefahren für die Umwelt unterstützen. Sie könnten den Kern für ein neues, 'grünes' techno-ökonomisches Paradigma bilden, das in den ersten Dekaden des 21. Jahrhunderts entstehen könnte.

Im wesentlichen würde diese Fazilität ihre Kredite auf Quoten- oder Wechselbasis der Regierungen finanzieren. Aus den Krediten ließen sich die gleichen Verbindlichkeiten für die Entwicklungs- bzw. Reformökonomien ableiten, wie sie bei kommerziellen Banken von den Aktiva gegenüber den Darlehen bestimmt werden (Auszüge aus Freeman & Hagedoorn, s. Anhang).

- modernere und schneller greifende Instrumente zur Finanzierung von W&T. Japan bietet da interessante Beispiele.

C: Empfehlungen, die Veränderungen auf den Gebieten, Sektoren oder Zweigen von W&T auf die Wirtschaft oder auf das Leben der Menschen unmittelbar nach sich ziehen:
- Erweiterte Programme für menschliche Arbeitskräfte oder Mobilität, analog zu den Gordon Konferenzen, die ausländischen Teilnehmern[16] Zugang bieten; interdisziplinäre und internationale Ausbildung sowie lösungsorientiertes Handeln; ein Lern-und Umschulungsprozeß, der sich durch das ganze Leben zieht. Wollen wir Kapazitäten entwickeln, die technische Veränderungen bewältigen, müssen wir den Umfang und die Qualität der Investitionen in die menschlichen Arbeitskräfte beträchtlich ausweiten;
- Gesetze, die eine Nutzung der EU Gelder für W&T zugunsten von insbesondere globalen und weniger nationalen Zielen erlauben;
- Europäische Demonstrationsprojekte geschaffen werden, z.B. 'Wasserbehandlung' [17], oder 'Unterkünfte, Wohnraum und Notunterkünfte für Menschen' [18], vergleichbar mit

---

15 Viele Hindernisse ergeben sich aus dem Zusammenhang und sind für die sich mit W&T beschäftigenden Personen und Institutionen im weitesten Sinne nicht greifbar.

Ein Haupthindernis stellt die Aufnahmefähigkeit vieler EL dar. Selbst innerhalb der EU gibt es bei der Umverteilung der Ressourcen aus den reicheren nördlichen Mitgliedsstaaten in die ärmeren Mittelmeeranrainerstaaten erheblichen Widerstand. Um wie vieles schwieriger muß es sein, den gegenwärtigen Abfluß der Mittel aus den IL in die EL anzuheben?

Der Norden 'beschäftigt sich' vor allem deshalb mit dem Süden, weil er von seiner Ausgrenzung eine Bedrohung für seinen Wohlstand befürchtet. Deshalb besteht eine erste Aufgabe für W&T darin, den Schadensumfang abzuschätzen. Beispielsweise soll nun die Gefahr der globalen Erwärmung vor allem die Menschen und ihre Lebensbedingungen bedrohen. Wobei diesen Menschen von der übrigen Welt bereits wenig Beachtung geschenkt wird.

Die jüngsten Veränderungen im Osten sind da ein gutes Beispiel. Die Ressourcen die für die Schadensbegrenzung benötigt werden, können bereitgestellt werden. Der Bedrohung für eine nachhaltige Welt muß in gleicher Weise begegnet werden.

16 'Wir müssen uns entscheiden, ob wir lieber Waren kaufen möchten, die in Ländern der Dritten Welt hergestellt wurden, oder Immigranten in den Ländern der Triade aufnehmen', Ralf Dahrendorf

17 Siehe insbesondere das indische Projekt

18 Eine solche Studie könnte sich befassen mit:
- grundlegenden Überlegungen zur Idee der Großstadt und urbanen Regionen;
- der allgemeinen Wirtschaftssituation;
- dem politischen Willen sowie der organisatorischen Fähigkeit der politischen Klasse, z.B. der Planungskapazität und der Notwendigkeit W&T zu schaffen, die Probleme lindern hilft;
- der Bauwirtschaft und -technologie, z.B. der Verbindung alter und neuer Materialien, Stahl und anderer Metalle, nicht biologisch abbaubare und chemische Produkte und Hybridhäuser;
- der Nullkostentheorie und die Theorie der geringen Kosten und des alternativen Wohnens;
- Information und Weiterbildung darüber wie Unterkünfte, Häuser und Notunterkünfte (das schließt Telematik ein) gebaut werden;
- den betroffenen Personen, Theorien der Mitsprache, Mitbestimmung, Selbsthilfe und des Selbst-Managements.

dem 'Projekt der menschlichen Gene' in den USA und dem japanischen 'Projekt die Grenzen der Menschheit';

- Andere Projekte könnten in Bereichen, Sektoren und Branchen angesiedelt sein wie:
  a) Energie, alternative Energien, Energiesysteme und -einsparungsmethoden, Wasserstofftechnologien, usw.;
  b) Transportwesen (Zügen, Lastwagen, Busse, Personenbeförderungsmittel, Solarautos, Flugzeuge, Wasserstofftechnologie, öffentliches Nahverkehrssystem usw.). Es wird vor allem notwendig sein, den Gesamtbenzinverbrauch zu senken und die Effizienz des allgemeinen Transportsystems zu verbessern, aber auch nicht-fossile Energiequellen für Transportmittel zu entwickeln und andere Gasemissionen zu senken;
  c) Kommunikation: Die Kommunikation könnte nützen:
    - technischen Zwecken;
    - dem Einsatz einer Vielzahl von Medien. Aber: Ist der Einsatz einer Vielzahl von Medien in den ärmeren Regionen heute notwendig?
    - Datenbanken. Sie könnten insbesondere bei der Zusammenstellung von Daten sowie qualitativer Analysen und ihrer Deutung eine wichtige Rolle spielen;
  d) Biotechnologie und Genetik, die sich nach den Bedürfnissen des Südens und nicht ausschließlich des Nordens richten. Internationale Organisationen wie FAO, WHO oder die Weltbank sollten eine Brückenfunktion zwischen den IL und den EL einnehmen, um Lösungen für die Probleme der EL zu finden. Die Industrie sollte verstärkt darauf setzen, biotechnologische Materialien u.a. an Wissenschaftler abzugeben, die sich mit den landwirtschaftlichen und gesundheitspolitischen usw. Probleme der EL auseinandersetzen. EL sollten bei der Entwicklung geeigneter Bildungsprogramme unterstützt werden, so daß einheimische Expertise zur Nutzung der im Ausland patentierten Technologien ausreichend vorhanden ist;
  e) Konversion:
    - ein Versuch die militärischen Waffen zu beseitigen, die das Überleben auf der Erde bedrohen (nukleare, chemische und biologische);
    - landschaftliche Wiedergewinnung von umweltverschmutzten ehemaligen militärischen Übungsgebieten;
    - Streichung der Aufträge für militärische Technologien;
    - Umorientierung der militärischen Infrastruktur für W&T auf höchster Ebene zugunsten zivilen Einsatzes;

### *c. Die Dokumente zu den vier aussereuropäischen Projekten*

Das **kanadische** IDRC Dokument beschreibt die wichtigsten Ergebnisse und Empfehlungen, die aus den jüngsten Projekten hervorgingen. Initiiert und unterstützt wurden sie vom Institut für Globale Entwicklungskooperation mit den LDCs.

Die damit verbundenen Aktivitäten folgen einigen Hauptprinzipien, z.B.: schwerpunktmäßig Kapazitäten in den Ländern aufzubauen, Finanzierung für angewandte Forschung, genaue Überwachung (Beratung durch Experten), Netzwerkarbeit usw. Das Endresultat soll nicht 'der Fisch selbst sein, oder das Bereitstellen einer Angelrute oder eine Anleitung zum Fischen; die Mittel, die zur Erfindung des Fischens führen, sollen gestellt werden und also die zur Deckung der Bedürfnisse der Menschheit führen'. Die wichtigsten Handlungsgebiete sichern tatsächlich die Zukunft der *Acht Milliarden Menschen* auf unserer Erde und ihre Gesundheit, Landwirtschaft und Umwelt sowie Kommunikation und Unterkünfte usw.

Was den Gesundheitssektor anbelangt, entwickeln die Dokumente eine Problematik und Forschungsagenda, die das gesamte Gesundheitswesen aus der Perspektive des Nutzers beleuchtet. Sie heben einige Beispiele für Initiativfunktionen hervor, wie sie der Süden in der Verhütungsforschung und Schlüsseltechnologien für die Gesundheit unternahm. Die Landwirtschaft wird v.a. in Zusammenhang mit dem Umweltschutz untersucht. Die Kapitel zeigen die wichtigsten Errungenschaften auf den Gebieten der Agroforstwirtschaft, bei den Fischkulturen und aquakulturellen Projekten, die das Zentrum zur biologischen Kontrolle im Süden anstieß und unterstützte (Grundlage der zweiten grünen Revolution?). Die Studie unterstrich auch die Biodiversität des Südens und hebt hervor, wie einige Projekte von Gemeinden mit Hilfe erneuerbarer, lokaler Ressourcen einen unschätzbaren Beitrag leisteten, indem sie natürliche Färbemittel, Biopestizide und essentielle Öle und alternativer Medizinen erzeugten. Im Bereich der Kommunikationssysteme werden Pilotinformationssysteme vorgestellt, die für LDCs finanziell tragbar sind und auch im Wohnbereich werden neue Ansätze zur Verbesseriung der Elendsquartiere diskutiert. Diese wurden als Folge einer Reihe von Forschungsprojekten über Selbstbaumöglichkeiten entwickelt.

Die Studie macht auch einige Andeutungen bezüglich des Folgeprozesses des Erdgipfels in Rio und wie er die Orientierung und Koordinierung der oben beschriebenen Projekte und ihrer Folgen beeinflußt (das International Development Research Centre, 'Global Development Cooperation').

Im Mittelpunkt der **indischen** Studie steht die Frage, wie die Bevölkerungsexplosion bewältigt werden kann (im Jahr 2020 wird es 1,2 Milliarden Inder geben). Daran knüpft auch die Frage nach dem ökologischen Gleichgewicht für unseren Planeten an, selbst wenn, wie manche Nationalisten es gerne darstellen, eine wachsende Bevölkerung als Bonus und Zeichen von Stärke gilt. Arbeit, Beschäftigung (Programme für den Mindestbedarf) und den Lebensstandard, Wasser und Energie (energieintensive und Hi-Tech Materialien), die Ausdehnung der Städte und die Umwelt werden von zahlreichen Autoren hinsichtlich ihres möglichen Beitrags zur Beantwortung der Frage untersucht, wie die Bevölkerungsexplosion bewältigt werden kann (Vasant Gowariker, 'Wissenschaft, Bevölkerung und Entwicklung').

Die **japanische** Studie geht von der Annahme aus, daß Technologie nicht die einzige Grundlage für wirtschaftliche Entwicklung oder Allheilmittel für industrielle Verschmutzungsprobleme sein kann, sondern der Leitfaktor für die künftige Entwicklung der Weltgesellschaft, die im Sinne einer pluralistischen Harmonie, die Unterschiede zwischen Menschen zu beseitigen sucht. Die Studie entscheidet sich für Methoden der Technikkontrolle innerhalb eines bestimmten Rahmens. Die Methoden müssen auf Weltebene ausgehandelt und von einem Weltinstitut für Technologiebewertung kontrolliert werden. Bereits das Planungsstadium der Entwicklung und Nutzung von Technologie sollte kontrolliert werden. Außerdem schlägt die Studie vor, die Strategien für Technologie auf das Wohlergehen der Menschen auszurichten und die maximale Freiheit für den Zugang zu Quellen des Technologietransfers und für die Verteilung technischer Informationen zu gewährleisten'. Letztlich läßt sie den Schluß zu, daß einige Metriken zur Förderung von Technologie, Umwelt und Entwicklung angewandt werden sollten, z.B. Technologie-Umwelt-Entwicklungs-Metriken. "Technologie ist Teil der Kultur ... Neue Erfindungen in Form von Technologie entsprechen einfach dem menschlichen Instinkt. Es ist eine Aktivität, die den menschlichen Geist anregt, menschliche Kreativität und Träume stärkt und neue Grenzen eröffnet. Wird Technologie richtig eingesetzt, können Menschen ein vollwertigeres, bereichertes Leben führen'.
Die Studie schließt mit der Hoffnung, Japan selbst möge als erstes Land seine beschriebene Strategie umsetzen, auch wenn die Weltgemeinschaft nicht sofort nachziehe.
Die **US**-Studie spricht drei Fragen an: Erstens, warum sollte man zugunsten von Entwicklung zusammenarbeiten? Worauf sollte eine Zusammenarbeit beruhen? Und: wie sollte sie organisiert sein? Die Studie empfiehlt den USA eine Vorreiterrolle bei der Analyse multilateraler Organisationen zu übernehmen. So könnte sie Möglichkeiten erkennen, deren Arbeit zu verbessern, insbesondere wenn sie W&T anders einsetzten. Für die andauernden Bemühungen der wichtigsten Geberländer sollten verstärkt Mittel eingesetzt werden. Innerhalb der USA muß das Weiße Haus die Führung übernehmen. Zusammen mit einer Initiative des Präsidenten sollte der Kongreß umfassende Untersuchungen, Beratungen und Anhörungen einholen, die zu grundlegenden Reformen in der Gesetzgebung der Entwicklungszusammenarbeit führen und eine kreative Zusammenarbeit zwischen allen staatlichen Behörden vorantreibt. Ein National Action Roundtable for International Development sollte eingerichtet werden, mit ausgewogenen Vertretern des Privat-, Regierungs- und unabhängigen Sektors.

Führende Organisationen auf dem Gebiet der 'W&T für Entwicklung' sollten neue Mechanismen erforschen, die einen regelmäßigen Informationsaustausch und die

Erweiterung freiwilliger Netzwerke fördern. AID (Agency for International Development) sollte sich verstärkt um amerikanische Expertise in W&T bemühen, die Fähigkeiten seiner Mitarbeiter stärken, seine langfristige Planung verbessern und seine Organisationen den sich abzeichnenden internationalen Bedingungen anpassen.

Die USA sollten sich bemühen, einen angemessenen Beitrag zur dringend erforderlichen Entwicklung Afrikas, Lateinamerikas, Asiens und des Mittleren Ostens zu leisten und gleichzeitig die sich bietenden außergewöhnlichen Möglichkeiten in Osteuropa und der ehemaligen Sowjetunion wahrnehmen.

# Kapitel I

## Der Ergebnisbericht "Miteinander Leben"*

Eine Zusammenfassung der 34 Europäischen Konferenz-Vorbereitungsstudien

"Miteinander Leben" stellt die Ergebnisse und Empfehlungen der FAST Studie 'Global Perspective 2010: New Tasks for S&T', die 1991-92 von einer Gruppe von Forschungsinstituten aus zahlreichen Ländern der EU in 35 Einzelstudien erarbeitet wurde[19], dar.

Sie macht deutlich, wie dringend sich die gegenwärtige globale W&T-Agenda nach den Bedürfnissen und Zielen von den *Acht Milliarden Menchen,* die im Jahr 2020 auf der Erde leben werden, anstelle der internationalen Wettbewerbsfähigkeit von Industrieunternehmen der am weitesten entwickelten Länder der Welt auszurichten hat. Die EU sollte als Förderer der acht "Handlungsprotokolle" eine wichtige Rolle übernehmen die durch die folgenden sechs Schritte definiert wurden:

Der **erste Schritt** gilt der Beantwortung der Frage: warum sind die Grundbedürfnisse und Ziele von *Acht Milliarden Menschen* bis zum Jahr 2020 die größte Herausforderung für W&T auf regionaler, nationaler und globaler Ebene?

Als **zweiter Schritt** wurden mögliche Entwicklungswege und Szenarien für die kommenden zwei Dekaden untersucht, um das wahrscheinlichste Szenario - und seine Wechselwirkungen mit den Zielen der *Acht Milliarden Menschen* - sowie das wünschenswerteste zu finden.

Eine solchermaßen diversifizierte langfristige Perspektive ermöglichte es, die Kernprobleme zu analysieren, von denen W&T betroffen ist (**dritter Schritt**) und die im Hinblick auf die Bedürfnisse und Ziele der *Acht Milliarden Menschen,* diese positiv beeinflussen könnte. So kristallisierten sich 47 globale Problembereiche heraus. In Anbetracht dieser großen Anzahl wurden 16 Kernproblembereiche gebildet, aus denen wiederum vier Schwerpunktgebiete für W&T herausgegriffen wurden. Prioritäten sichern jedoch noch

---

*) "Miteinander Leben" wurde von Mitgliedern des FAST Teams erstellt und von Peter H. Mettler herausgegeben. Es basiert auf dem kenntnisreichen und anregenden "Synthesis Report" von Tom Whiston, dem externen wissenschaftlichen Koordinator der FAST Studie sowie auf zahlreichen Berichten anderer Mitglieder der Forschungsgruppe und weiterem FAST Input.

19 SPRU und ECOTEC in U.K., MERIT in the Niederlanden, Centro Studi di Sistemi und die Europäische Universität in Italien, NEXUS in Irland.

keinen Erfolg. Von gleicher strategischer Bedeutung ist die korrekte Bestimmung und Einschätzung, wie sich die Hindernisse auf die Umsetzung dieser Schwerpunktgebiete auswirken könnten. So wurden, im **vierten Schritt**, zwei Haupthindernissen bestimmt:

- die gegenwärtigen Konzeptionen, Ziele und Modalitäten des Wissens- und Technologietransfers;

das internationale Finanz- und Wirtschaftssystem (das Bretton Woods-System), das vor einem halben Jahrhundert geschaffen wurde.

Der folgende logische Schritt, der **fünfte**, diskutiert die Arbeit der Europäischen Union und ihre Absichten und Pläne für die unmittelbare Zukunft (drei bis fünf Jahre) hinsichtlich einer Umorientierung der globalen W&T-Agenda im Interesse von *Acht Milliarden Menschen*. Der letzte und **sechste Schritt** gilt der detaillierten Ausarbeitung der acht Aktionspläne.

## Das *Acht-Milliarden-Menschen* Thema

Nach den vorliegenden demographischen Studien wird die Weltbevölkerung im Jahr 2020 die *Acht Milliarden Menschen* Grenze erreichen. Ist die gegenwärtige W&T-Entwicklung und -Politik auf lokaler, nationaler, regionaler und globaler Ebene so angelegt, daß sie den Grundbedürfnissen und Zielen dieser A*cht Milliarden Menschen* entspricht? Die Mehrzahl dieser Menschen lebt bereits unter uns.

### Die gegenwärtige globale W&T-Agenda dient den Bedürfnissen der Industrieländer und der reichsten sozialen Gruppen

Empirische Daten belegen, daß W&T, so wie sie heute sind, den Interessen und Bedürfnissen sowie der Effizienz und Effektivität des Wirtschaftssystems der am weitesten entwickelten und urbanisierten Gegenden und Ländern der Welt dienen. Am Beispiel der Bio- und Fischindustrie wird deutlich: Die Biotechnologie und ihre Materialien, Informationen und Kommunikationstechnologien, hat das Potential, ungeheure Fortschritte zur Verbesserung der Lebensqualität zu machen. Sie kann dazu beitragen, viele globale Probleme und Ungleichheiten in der Weltökonomie[20] zu lösen. Ihre Entwicklung konzentrierte sich bis dato jedoch darauf, die Bedürfnisse der reichsten und entwickeltsten Regionen und Länder der Welt zu befriedigen. Glaubt man Sandy Thomas[21] , überrascht uns dies nicht:

- mehr noch als irgendeine andere neue Technologie stützt sich die Biotechnologie auf die Naturwissenschaften und hängt stark von der Finanzierung ab. Nahezu die gesamte

20 Weltbank, Agricultural Biotechnology Study, Technical Report, World Bank, 1989

21 S. Thomas, Global Perspective 2010. The Case of Biotechnology, FOP 330, s. Anhang

Finanzierung in die Biotechnologieforschung fließt in Unternehmen des Nordens und kommt von den Regierungen des Nordens. Etwa 110 ärmere und weniger entwickelte Länder haben die moderne Biotechnologie nur im geringen Maße oder gar nicht entwickelt und werden möglicherweise auch künftig kaum in der Lage sein, diese aufzubauen. Die fortschreitende Privatisierung der biotechnologischen Forschung wird die Richtung so bestimmen, daß der technische Wandel der Landwirtschaft und des Gesundheitswesens der Dritten Welt in den Hintergrund gerät;

- viele kommerzielle Unternehmen haben nur bedingt Interesse daran, in F&E und technische Anlagen für weniger entwickelte Länder zu investieren, weil ihnen das kaum kommerzielle Erträge verspricht. Die mangelhafte Gesetzgebung auf dem Gebiet der Rechte geistigen Eigentums in diesen Ländern ist ein weiterer Faktor, der der Entwicklung entsprechender Biotechnologien entgegensteht;
- reiche und industrialisierte Länder nutzen Biotechnologie, um Substitute für die bislang aus den weniger entwickelten Ländern importierten Getreidesorten zu entwickeln.

Forschungsergebnisse aus den Bereichen neue Medikamente (z.B.Impfstoffe) und Nahrungsmittel (z.B. neue Getreidesorten) könnten insbesondere der Dritte Welt in größerem Umfang zur Verfügung gestellt und damit speziell ihre dringendsten Bedürfnisse befriedigen. Das aber geschieht nicht. Das Beispiel der Hochseefischerei spricht für sich: Der kombinierte Nutzen sehr großer Fangnetze (bis zu 50 km Reichweite), neuer hochentwikkelter Such- und Erkundungstechnologien, integrierter automatischer Fischverarbeitungsfabriken und Konservierungstechnologien, haben innerhalb weniger Dekaden die Fischbestände drastisch dezimiert. Der traditionelle Fischfang ist in den meisten weniger entwickelten Gebieten und Ländern Afrikas, Lateinamerikas und Asiens, ganz zu schweigen von der Mittelmeerregion, weitestgehend verschwunden und mit ihm ganze Dörfer. Es handelt sich also genau um die Menschen, die nun als riesige Armeen die städtische Armut und das Elend vergrößern. Die weitergehende Entwicklung der hochtechnologisierten und großangelegten Hochseefischerei und die weiterwachsende Verschmutzung der Meere gibt wenig Anlaß zu glauben, daß sich die W&T der Hochseefischerei in den kommenden Jahren der Bedürfnisse der Weltbevölkerung oder gar derer, die besonders darauf angewiesen sind, annimmt.

## Der grundlegende Widerspruch

Die angeführten Beispiele heben den fundamentalen Konflikt hervor, den die gegenwärtige wissenschaftliche und technologische Entwicklung und die Globalisierung der Wirtschaft in sich birgt. Einerseits bedeutet Globalisierung, daß die durch W&T erzielten Fortschritte, die das Erbe der Menschheit sind, weltweit verbreitet werden. Dazu stehen die egoistischen Eigeninteressen im Widerspruch, die sich dieses Erbe im Kampf konkurrierender Wirtschaftsinteressen und im Zuge der allgemeinen ökonomischen Privatisierung,

Deregulierung und Handelserleichterung zunutze machen möchten. Dies bildet den Rahmen, der die Entwicklung von W&T zunehmend an die Wettbewerbsfähigkeit einzelner Unternehmen knüpft, weil sich gerade multinationalen Konzerne in W&T, unterstützt von öffentlichen Mitteln, am stärksten engagieren.

Kurzfristige Profitkalküle bestimmen die Investitionen in W&T und ihre Schwerpunkte. Während W&T den wirtschaftlichen Wohlstand von einer kleinen Gruppe von Menschen, Städten und Ländern in der Welt beachtlich vermehrt hat, ist die Frage der gerechteren Verteilung noch ungelöst. Die Reichen wurden reicher und haben sich untereinander arrangiert; die Armen wurden ärmer und ausgegrenzt. Seit der Veröffentlichung des UNDP-Weltentwicklungsberichts von 1992 spricht man von der durch Journalisten zum "Champagnerglas der Weltungleichheit" erhobenen Metapher: die Reichsten 20% der Weltbevölkerung teilen sich 82,7% des weltweiten Einkommens, während die Ärmsten 20% der Welt nur 1,4%[22] unter sich aufteilen. Die Einkommensunterschiede zwischen diesen beiden Gruppen haben zwischen 1960 und 1990 um den Faktor 27 zugenommen. Wir leben in einer geteilten Welt, in der die reichsten gesellschaftlichen Gruppen und die am weitesten entwickelten Städte, Regionen und Länder der Welt in ein vergleichsweise enges, wirtschaftliches, technologisches und wissensintegriertes System eingebunden sind (z.B. die G-7, die Netzwerke und Allianzen der Triade, der OECD) und sich mehr und mehr von der übrigen Welt entfernen.

Der Handel, die finanziellen, wirtschaftlichen, gesellschaftlichen und technologischen Indikatoren zeugen von der Kluft und der Aufspaltung in eine entwickelte Welt, deren Komponenten sich zunehmend vernetzen und eine rasch verarmende Welt, deren Teile immer weniger integriert bzw. immer stärker isoliert werden.

Im Jahr 1980 stellten 102 der ärmsten Länder der Welt 7,9 % des weltweiten Exports und bezogen 9% der weltweiten Importe. Bereits zehn Jahre später waren es nur noch 1,4% der Exporte und 4,9% der Importe. Umgekehrt stieg der Anteil der Länder der Triade am weltweiten Export von 55 auf 64%. Zur Abkoppelung gehört noch ein weiterer Aspekt: 1970 machte der Handel innerhalb sowie zwischen Nordamerika, Westeuropa, Asien und dem Pazifischen Raum 60,8% des Welthandels aus. 1990 sprang er auf 73,6%. Währenddessen fiel der Vergleichswert für Afrika und den Mittleren Osten von 14,1% des Welthandels auf 9,9%. Die Kluft der ungleichen Verteilung weitet sich also aus. Zwischen 1965 und 1985 fiel die jährliche Wachstumsrate des Pro-Kopf-Einkommens in den ärmsten Ländern der Welt auf 0,4% verglichen mit den Werten von zwischen 2,4% und 3,0% bei den übrigen Ländergruppen[23] . Daraus ergibt sich für Nordamerika, Westeuropa und

22 UNDP, Human Development Report 1992, UNDP, New York, 1992

23 World Bank, World Development Report 1991, Oxford University Press, 1991

die südostasiatischen Ländern eine weitere Intensivierung ihrer finanziellen, industriellen und wirtschaftlichen Verflechtungen und wechselseitigen Abhängigkeiten. Der Anteil aller LDC-Darlehen bei internationalen Banken ging zwischen 1973 und 1993 von 17,3% auf 9,7% zurück, verglichen mit dem von 82,7% auf 90,3% wachsenden Anteil der Industrieländer.

## Es genügt nicht, nach der gerechten Verteilung zu fragen

Offensichtlich ist die wachsende Armut in der Welt und die damit verbundene wachsende Ungleichheit zwischen den Ländern und sozialen Gruppen nicht Grund genug, um führende Entscheidungsträger (öffentliche wie private) davon zu überzeugen, die Politik des Wirtschaftswachstums, die W&T-Agenda und die Entwicklung allmählich und vorsichtig umzustellen. Die Frage der gerechten Verteilung zählt nicht zu den maßgeblichen Faktoren für einen Wandel in den internationalen Beziehungen. Zwei neue Faktoren können bereits Veränderungen bringen.

Der erste Faktor zeugt von einer generellen globale Fehlentwicklung in unserer Zeit, die auf dem falschen Umgang mit natürlichen und von Menschen erzeugten Ressourcen, auf Unterentwicklung, ungleichen Verteilung von Reichtum und schlechter Ausbildung auf der ganzen Welt beruht. Die ganze Welt steht vor enormen sozio-ökonomischen, ökologischen, menschlichen und politischen Problemen.

Ein typisches Beispiel dafür ist die Krise der Großstädte in allen Ländern. Sie zeigt sich in verschiedenen Formen und hängt in Ländern wie z.B. Ägypten, Thailand, oder Frankreich von unterschiedlichen Faktoren ab. Einige sind jedoch allen gemein, wie z.B. die rasche Mega-Urbanisierung, Verkehrsstaus, die Umweltverschmutzung, die Konflikte zwischen verschiedenen Ethnien usw.. Bereits heute besteht Einigkeit darüber, daß die Städte dringend umstrukturiert werden müssen und daß Lösungen für diese Krise nicht auf Städte- oder Länderebene zu finden sind. Die Lösung der Krise der wohlhabenden Großstädte in reichen Ländern hängt von der Lösung der Krise der verarmten Metropolen der EL ab und umgekehrt. Deshalb haben sich in der vergangenen Dekade eine Vielzahl internationaler und globaler Netzwerke für innerstädtische Kooperationsprojekte gebildet. - Die Umweltprobleme sind ein anderer großer Problemkomplex. Die globale Dimension und der Lösungszwang innerhalb der nächsten 30-40 Jahre liegen auf der Hand. Sie haben zu einer globalen, sozialen Bewegung geführt, die äußerst heterogen und gegenüber den angestrebten Lösungen sogar in sich gespalten ist, die aber dennoch von den gleichen Zielen motiviert wird (nämlich zugunsten eines ökologischen Gleichgewichts und gegen Abholzung, Bodenerosion und Übernutzung der natürlichen Ressourcen usw.). Eben diese Bewegung, eine Art moralisches und globales Gewissen, gab den Anstoß für das Konzept der nachhaltigen Entwicklung, ein Konzept, das innerhalb weniger Jahre universell angenommen und verbreitet wurde.

Der zweite Faktor ist die offensichtlich wachsende Unfähigkeit des gegenwärtigen Wirtschaftssystems und der nationalen wie internationalen Regierungen, die globalen Fehlentwicklungen zu bewältigen und eine wirtschaftlich, politisch und sozial nachhaltige Weltgesellschaft zu etablieren. Eine ausführliche Diskussion über das Wesen, den Umfang und die Konsequenzen der strukturellen Defizite weltweiten Regierens findet sich in Ugo L. Businaros Bericht[24] : die Globalisierung der menschlichen Beziehungen zeichnet sich durch eine wachsende Verdichtung ihrer Interaktionen im System, durch die Reichweite dieser Interaktionen sowie durch wachsende Reaktionen aus. Selbst kleine Störungen können auf globaler Ebene große Wellen schlagen (das sogenannte Schmetterlingsprinzip). Es wird immer schwieriger, Probleme auf nationaler Ebene zu lösen. Hinzu kommt, daß neue, globale Sub-Systeme entstehen, die globale Problemdefinitionen und -lösungen erschweren. Unter den zahlreichen Beispielen sticht gerade der Fall der neuen globalen Finanz-Sub-Systeme hervor. Das neue Sub-System handelt nach seiner eigenen Dynamik, die sich mehr und mehr der Notwendigkeit des Geldtransfers, mit dem der Warenaustausch kompensiert wird, entzieht. Die Erfahrungen der vergangenen 20 Jahre zeigen, daß selbst starke Interventionen durch nationale und internationale Institutionen praktisch kaum mehr Einfluß auf die Dynamiken der Subsysteme hatten. Beschäftigt man sich mit der wachsenden Vielfalt von politischen Problemen, die einer globalen Kooperation und Koordination bedürfen, so kann man sich nicht mehr auf die bisherigen Antworten stützen (siehe Tabelle 2).

Die Beseitigung des Strukturdefizits beim weltweiten Regieren gilt als Voraussetzung für

**Tabelle 2** **Gegenwärtige Modelle des globalen Regierens**

Internationale Institutionen, die v.a. nach dem Zweiten Weltkrieg auf Initiative der USA geschaffen wurden. Sie befinden sich auf zwei Sub-Ebenen:

- politisch globale Institutionen: die UN und ihre Unterorganisationen
- finanzpolitisch globale und regionale Institutionen: der Internationale Währungsfonds, die Weltbank und regionale Nachbildungen

Informelle und exklusive Mitgliedervereine des Nordens, die in den 70ern und 80ern entstanden und unter denen der OECD am längsten besteht

Neue internationale Institutionen, die den veränderten Strategien von Ländern der Dritten Welt Rechnung tragen, z.B. UNCTAD (der UN Konferenz für Handel und Entwicklung) als Gegengewicht zum GATT.

Quelle: U.L: Businaro, op. cit. p. 12

24 Globalisation. From Challenge Perception to S&T Policy, FOP 324, siehe Anhang

den Entwurf, die Entwicklung und Anwendung von W&T, um der Zielen von *Acht Milliarden Menschen* willen und umgekehrt: wird W&T angemessen konzipiert, entwickelt und angewandt, kann es Wissen, Infrastruktur und Dienstleistungen im Sinne des globalen Regierens bereitstellen.

## Vom Wohlstand einzelner Nationen zum Wohlstand für die ganze Erde

Im allgemeinen führen die zwei neuen Phänomene (die globale Fehlentwicklung und das Defizit bei globalen politischen Handlungen) zur Schlußfolgerung, daß weder die wachsende Verarmung des Südens, noch das Nord-Süd-Gefälle oder die ungleiche Verteilung die zentralen Probleme unserer oder der kommenden 20 bis 30 Jahre sind. Mit dem Paradigma des Nord-Süd-Gefälles können die grundlegenden Dynamiken der Weltökonomie und -gesellschaft nicht mehr erfaßt werden. Zweifellos drückt die Kluft zwischen Nord und Süd im wesentlichen die globale Fehlentwicklung und die ungerechten, unfairen und undemokratischen Konstellationen sowie die Handlungsfelder in den internationalen Beziehungen aus. Gleichermaßen sind nationale/regionale Interessen sowie lokale Unternehmen und Wirtschaftskonzerne die treibenden Kräfte der Zukunft. Das Hauptkriterium aber für die bevorstehenden zwei bis drei Dekaden bilden die *Acht Milliarden Menschen*, d.h. die Antworten der heutigen Gesellschaften auf die Grundbedürfnisse und Ziele der Weltbevölkerung und die Ausrichtung der Entwicklungspolitik und der strategischen Schwerpunkte von W&T auf sie.

Unsere Gesellschaften haben tatsächlich das Wohlstandsniveau erreicht. Aber für welchen Zweck und wie entwerfen, entwickeln, produzieren und verteilen wir bzw. gebrauchen wir die materiellen und nicht-materiellen Ressourcen der Welt? Wie ändern wir das gegenwärtige ökonomische und politische System, welches eine weltweite Fehlentwicklung hervorbringt und unfähig ist, effektives globales Handeln zu gewährleisten? Der Wohlstand der Welt ist nicht länger die Summe des Wohlstands von einigen Nationen. "Made in the World" beschreibt die derzeitigen Bedingungen und Mechanismen der Wohlstandsproduktion besser als "Made in UK" oder "Made in the USA". "Made in the World" bedeutet, daß Prozesse, Produkte und Dienstleistungen zunehmend "in der Welt" entworfen, konsumiert, recycliert und beworben werden[25] .

Die Auswirkungen des sich wandelnden Kalküls vom 'Wohlstand der Nationen' zum 'Wohlstand der Welt' sind beträchtlich und in ihrem Umfang noch nicht genau erfaßt. Einmal wirkt es sich auf die Rolle, die Entwicklung und die Schwerpunkte von W&T aus. In den letzten 30 bis 40 Jahren wurden W&T-Politiken konzipiert und implementiert, haben die Industriegesellschaften die strategische Bedeutung von W&T für ihr sozio-Die Beseitigung des Strukturdefizits beim weltweiten Regieren gilt als eine Voraussetzung für

25 R. Petrella, La mondialisation de l'économie, Futuribles, Paris, September 1989.

den Entwurf, die Entwicklung und Anwendung von W&T, um der Zielen von *Acht Milliarden Menschen* willen und umgekehrt: wird W&T angemessen konzipiert, entwickelt und angewandt, kann es Wissen, Infrastruktur und Dienstleistungen im Sinne des globalen Regierens bereitstellen.

## Vom Wohlstand einzelner Nationen zum Wohlstand für die ganze Erde

Im allgemeinen führen die zwei neuen Phänomene (die globale Fehlentwicklung und das Defizit bei globalen politischen Handlungen) zur Schlußfolgerung, daß weder die wachsende Verarmung des Südens, noch das Nord-Süd-Gefälle oder die ungleiche Verteilung die zentralen Probleme unserer oder der kommenden 20 bis 30 Jahre sind. Mit dem Paradigma des Nord-Süd-Gefälles können die grundlegenden Dynamiken der Weltökonomie und -gesellschaft nicht mehr erfaßt werden. Zweifellos drückt die Kluft zwischen Nord und Süd im wesentlichen die globale Fehlentwicklung und die ungerechten, unfairen und undemokratischen Konstellationen sowie die Handlungsfelder in den internationalen Beziehungen aus. Gleichermaßen sind nationale/regionale Interessen sowie lokale Unternehmen und Wirtschaftskonzerne die treibenden Kräfte der Zukunft. Das Hauptkriterium aber für die bevorstehenden zwei bis drei Dekaden bilden die *Acht Milliarden Menschen*, d.h. die Antworten der heutigen Gesellschaften auf die Grundbedürfnisse und Ziele der Weltbevölkerung und die Ausrichtung der Entwicklungspolitik und der strategischen Schwerpunkte von W&T auf sie.

Unsere Gesellschaften haben tatsächlich das Wohlstandsniveau erreicht. Aber für welchen Zweck und wie entwerfen, entwickeln, produzieren und verteilen wir bzw. gebrauchen wir die materiellen und nicht-materiellen Ressourcen der Welt? Wie ändern wir das gegenwärtige ökonomische und politische System, welches eine weltweite Fehlentwicklung hervorbringt und unfähig ist, effektives globales Handeln zu gewährleisten? Der Wohlstand der Welt ist nicht länger die Summe des Wohlstands von einigen Nationen. "Made in the World" beschreibt die derzeitigen Bedingungen und Mechanismen der Wohlstandsproduktion besser als "Made in UK" oder "Made in the USA". "Made in the World" bedeutet, daß Prozesse, Produkte und Dienstleistungen zunehmend "in der Welt" entworfen, konsumiert, recycliert und beworben werden[25] .

Die Auswirkungen des sich wandelnden Kalküls vom 'Wohlstand der Nationen' zum 'Wohlstand der Welt' sind beträchtlich und in ihrem Umfang noch nicht genau erfaßt. Einmal wirkt es sich auf die Rolle, die Entwicklung und die Schwerpunkte von W&T aus. In den letzten 30 bis 40 Jahren wurden W&T-Politiken konzipiert und implementiert, haben die Industriegesellschaften die strategische Bedeutung von W&T für ihr sozioökonomisches Wohlergehen und für die nationale Selbstbestimmung erkannt. Vom "Wohl-

---

25 R. Petrella, La mondialisation de l'économie, Futuribles, Paris, September 1989.

stand der Nationen" zum "Wohlstand der Welt" impliziert, daß eine auf nationale Ebene ausgerichtete W&T-Politik nicht mehr ausreicht. Gleiches gilt für eine sich nur auf bestimmte Regionen beziehende W&T-Politik (z.B. die EU-Ebene). Das Ziel "Wohlstand der Welt" zwingt unsere Gesellschaften, nationale und regionale Politik und Strategien für W&T innerhalb eines großen Gefüges globaler Politik und Strategie miteinander zu verbinden.

Darum geht es und wir werden noch lange damit zu tun haben.

## Alternative Weltszenarien und Zukunftsvisionen

Wie wird die künftige Entwicklung des Weltsystems aussehen? Wird die globale Fehlentwicklung weiter fortschreiten? Wird sich das globale Handlungsdefizit verringern oder beseitigen lassen? Wie werden die zahlreichen globalen Subsysteme zueinander in Beziehung treten? Welche neuen Konstellationen der Welt werden sich innerhalb der kommenden 20 bis 25 Jahre herausbilden und stabilisieren? Welche Konstellationen erscheinen wahrscheinlich und wünschenswert? Wie wirken sie sich auf die Rolle von W&T im Sinne der *Acht-Milliarden-Menschen* aus?

## Zentrale Annahmen zur Gestehung Neuer Welten

Verschiedene neue Welten zeichnen sich ab. Niemand kann genau vorhersagen, welche Welt sich dabei durchsetzen wird und wie das globale System im Jahr 2020 aussehen wird. Wir können nur einige Hypothesen dessen formulieren, was möglich erscheint. Dabei gehen wir von unserem gegenwärtigen Wissen, von den wirkenden Kräften, den deutlichsten Trends und von den Ursachen für Wandlungen aus, ohne dabei die leisen Signale zu vernachlässigen, die bedeutenden zukünftigen Wandel ankündigen.

Wir wählen einen einfachen Ansatz, z.B. den einer nicht quantifizierten und relativ unsystematischen Interpretation der Ergebnisse der maßgeblichen FAST Studien der vergangenen fünf Jahre. Aus ihnen leiten wir zwölf Annahmen ab (siehe Tabelle 3). Sie erheben keinen Anspruch auf Vollständigkeit, sind selektiv und beschränken sich auf solche Aspekte, die uns innerhalb der uns gegebenen Möglichkeiten für Visionen bedeutsam erscheinen. Unsere Annahmen stützen sich darauf, daß:

- die neuen Globalisations-, Forschungs-, Technologie- und Wirtschaftsprozesse zunehmen. Die 'Triadisierung' (wachsender Handel und wirtschaftliche Integration zwischen den USA, Japan und Westeuropa) wird als dominante Form der wirtschaftlichen

Globalisierung[26] im Kontext einer wachsenden 'Regionalisierung' wirtschaftlicher Gebiete wie der EU, NAFTA, der Asiatischen Freihandelszone oder dem Mahgreb bestehen bleiben. Wirtschaftskriege wie auch Kooperationsabkommen werden gleichermaßen den Prozeß der Triadisierung begleiten;

- die durch Inflation aufgeblähte Wirtschaft und das verstärkt zu beobachtende Phänomen der Verschuldung die Weltwirtschaft bis an die Grenze des Infarkts bringen werden;
- der gegenwärtige Trend zu generellen Formen der Privatisierung von wirtschaftlichen Tätigkeiten, die Deregulierung von Marktformen und die Liberalisierung nationaler Märkte in den 90er Jahren überwiegen wird;
- der fortschreitende Abbau des Wohlfahrtsstaates in allen Ländern der Welt weitergehen wird. Die Weltbevölkerung wird im Jahr 2020 die Schwelle von 8 Mrd. erreicht haben. Die Bevölkerung Westeuropas wird dann aus 310 Mio. älteren Menschen bestehen, während die Bevölkerung Asiens sich zwischen 3,5 und 4 Mrd. einpendeln, die Afrikas 1 Mrd. übersteigen wird;
- eine neue technisch-organisatorische 'Revolution' die Produktions-, Dienstleistungs-, Wirtschafts- und Unternehmenssektoren umstrukturieren[27] ;
- neue Automations-, Informations- und Kommunikationssysteme die Hauptantriebskraft der technologiegelenkten Veränderungen und der Produktionszuwächse werden. Größere Energie-, Material- und Produktionseffizienz unterstützen den Wandel, der von den Automations-, Informations- und Kommunikationssystemen in Gang gebracht wurde. In den kommenden zehn Jahren werden neue bio-technologische Prozesse, Produkte und Dienstleistungen vorbereitet. Die schlanke Produktion kristallisiert sich als das neue Produktionsmodell für die Länder und Regionen mit hohen technologischen Standards heraus. Das bedeutet keineswegs, daß fordistische oder neofordistische Formen der Massenproduktion verschwinden oder daß alternative Modelle zur schlanken Produktion nicht ebenfalls entstehen können, wie das der anthropozentrische Ansatz vorsieht[28] . Ein riesiger Umstrukturierungsprozeß wird bestehende Fabriken, Landwirtschafts- und Dienstleistungsunternehmen umgestalten, ein Prozeß, der Innovation und Entmaterialisierung der technischen und Führungsebene miteinander verbindet;
- große Industriemultis in einen Prozeß der organisatorischen Umstrukturierung eintreten werden. Intern werden sie gezwungen sein, ihre Massenproduktion und Organisation durch ein einzelnes Mutterunternehmen umzustellen, um in einen Prozeß flexibler sowie spezialsierter, wechselnd autonomer Produktionseinheiten einzutreten.

---

26 cf. R. Petrella, 'Internationalisation, multinationalisation and globalisation of S&T. Towards a new division of labor in science, technology and innovation', in Knowledge and Policy, vol. 5, no 3, Groningen, 1992; C. Freeman and J. Hagedoorn, Globalisation of Technology, FOP 322

27 Siehe F. Lehner, Anthropocentric Production Systems. The European response to advanced manufacturing and globalisation, FAST, Office of Publication of the European Community, Luxembourg, 1992

28 On Anthropocentric Production Systems, siehe W. Wobbe, What are Anthropocentric Production Systems? Why are they a strategic issue for Europe, FAST, Luxembourg, 1992

Außerhalb des Unternehmens werden sie allmählich ihre linear transnationale Verbreitung verlieren und sich zu quasi-globalen Netzwerken auf Sektoren und Länder ausdehnen. Die Molekularstruktur in den technisch fortgeschrittenen Ländern wird aus kleinen und mittelständischen Unternehmen bestehen (sog. KMU). Weiter wird der Unterschied zwischen entwickelten KMUs, die voll in das System eines globalen Netzwerks integriert sind und den traditionellen KMUs stärker hervortreten;

- keine neuen und effektive Maßnahmen entwickelt und angewendet werden, so daß der oben beschriebene Prozeß in eine neue Welle massiver Arbeitslosigkeit in der Triade münden wird. Diese wird durch den ständigen Zustrom von Immigranten verstärkt. In Westeuropa werden neue Migrationswellen aus Tschechien, Rußland, Nord- und Zentralafrika die sozialen Spannungen zwischen den ethnischen Gruppen verschärfen;
- der Druck in Richtung Ökologisierung der Industrie, Landwirtschaft und des informellen Sektors ein Hauptmotiv für den Wandel symbolisiert. Umweltverträgliche Produktionsprozesse, Produkte und Dienstleistungen werden gefordert, auferlegt und nachgefragt. Eine neue Generation von Steuern (Ökosteuern) werden das Finanzsystem in technisch-fortschrittlichen Ländern erweitern und verändern. Ökosteuern werden jedoch nicht wie, von vielen Unternehmern befürchtet (oder von Umweltschützern befürwortet), so einschneidend sein. Wie sie eingeführt werden und welche Inhalte zum Tragen kommen wird vom 'Imperativ' des Wettbewerbs[29] bestimmt. Als Argument gegen eine rasche und intensive Ökologisierung wird angeführt, daß ein Land sich im Wettbewerb messen können muß, um eine mögliche Welle der Arbeitslosigkeit zu vermeiden;
- Städte und urbane Gebiete, mehr noch als Nationen, der zentrale Raum sein werden, wo sich die Re-Industrialisierung und Re-Organisierung der Wirtschaft vollziehen wird. Es ist eine Folge der Globalisierung, daß Städte und Regionen als neue einflußreiche Akteure auftreten werden. Die sich auf sie beziehenden und von ihr ausgelösten Veränderungen werden sich vorrangig in Städten[30] abzeichnen. Ein Problem besteht darin, nicht vorhersagen zu können, ob die Strategien der Weltstädte eine erbitterte Konkurrenz um regionale oder globale Führung auf einem bestimmten Gebiet vorziehen, so wie es Unternehmen und Nationalstaaten getan haben, oder ob sie innerstädtischer und innerregionaler Kooperation und gemeinsamen Entwicklungsprojekten[31] den Vorrang geben werden;

---

29 Siehe EU-Kommission , Environment and Competitiveness of European Industry, DG III, 1992

30 Nämlich in den 50-60 wichtigsten Weltstädten wie New York, Tokio, London, Singapur, Paris, Zürich, Frankfurt/M., Los Angeles, Montreal, Toronto, Chicago, Mailand, München, Turin, Seoul, Osaka, San Fransisko, dem urbanen Ranstad und dem Ruhrgebiet

31 Gegenwärtig ist eine Intensivierung des Wettbewerbs um eine verbesserte Position zwischen den Städten und Großstädten weltweit zu beobachten. Leider erkennen die Stadtoberhäupter nicht, daß dies innerhalb von 15-20 Jahren zu einem negativen Summenspiel führen wird. Siehe R. Drewett et alii, The Future of European Cities. The role of S&T. Synthesis, FOP 306, und R. Petrella, L'avenir des villes européennes. Questionnements et enjeux, FAST, 1991

**Tabelle 3 Annahmen über wichtige Trends, Veränderungen und Perspektiven**

1. Die Triadisierung der Weltwirtschaft wird sich frühestens innerhalb der kommenden zehn bis fünfzehn Jahre durchsetzen. Das wird Handelskriege und industrielle Konflikte zwischen den Mitgliedsstaaten der Triade nicht verhindern.

2. Die wissenschaftliche Fundierung der Technologie und die Technologisierung von Wirtschaft und Gesellschaft werden verstärkt und auf hohem Niveau zunehmen. Die strategische-industrielle Bedeutung dieser Phänomene hat - für die 90er Jahre - Vorrang vor den sozio-ökonomischen, politischen und kulturellen Bedeutungen

3. Die Weltbevölkerung wird bis zium Jahr 2020 zunehmend aus dem geo-ökonomischen Gleichgewicht geraten sein. Asien wird dominieren (etwa 5 Mio. Menschen), Afrika total verarmt und Lateinamerika destabilisiert sein.

4. Der gegenwärtige Trend zu allgemeinen Formen des **PDL**, d.h. die Privatisierung wirtschaftlicher Aktivitäten, die Deregulierung der Marktstruktur und die Liberalisierung der Ökonomien wird sich - wenigstens in den 90er Jahren - durchsetzen. Der Abbau des Wohlfahrtsstaates wird sich in allen davon betroffenen Ländern der Welt weiter fortsetzen. Deshalb werden die Interessen der reichen und technologisch fortgeschrittenen Länder auch in Zukunft die globale W&T-Agenda bestimmen.

5. Fundamentalismus (religiöser, technisch-wissenschaftlicher und sozio-ökonomischer Natur) wird sich in den kommenden 5 bis 10 Jahren ausbreiten (Der Kult des Wettbewerbs ist ein Beispiel für wirtschaftlichen Fundamentalismus). Fundamentalismus wird die Rolle traditioneller Formen von politischer Mobilisierung und Repräsentanz schwächen. Zwischenmenschliche Intoleranz wird weiter fortschreiten.

6. Eine neue technologisch-organisatorische "Revolution", schlanke Produktion, das Toyotische System und Druck auf neue Formen des anthropozentrischen Produktionssystems werden die Industrie erneuern.

7. Große Unternehmen werden sich zunehmend untereinander vernetzen. KMUs werden einem Prozeß der Reorganisation und Marktprozesse unterliegen.

8. Eine neue massive Welle der Arbeitslosigkeit wird auf uns zukommen, wenn die zu beobachtenden Trends sich fortsetzen.

9. Das "Ergrünen" der Industrie wird sich ausdehnen, soweit es die Wettbewerbsfähigkeit und die Interessen der Unternehmen zulassen.

10. Städte und urbane Gebiete werden zu den zentralen Gebieten für die Reorganisation der Weltwirtschaft in 20 bis 25 Jahren und darüber hinaus. Neue Formen von mikrokorporatistischen Abkommen zwischen urbanen Gebieten und den globalen Netzwerken der multinationalen Konzerne bilden die neue globale Regierungskunst.

11. Langfristig werden sich die Strategien der Behörden zwischen voll entwickelter oder gemäßigter sozialer Marktwirtschaft und Protektionismus abwechseln.

12. Die zivile Weltgesellschaft, die in den 70er und 80er Jahren entstand, wird ihr Fundament, ihre Institutionalisierung und Verhandlungsmacht stärken. Dennoch werden internationale Abweichungen und ein noch hohes Niveau an Diversität ihren Einflußbegrenzen, vor allem dann, wenn Behörden zugunsten der Wettbewerbsideologie, der Marktwirtschaft und des Überlebenskampfes auszugleichen suchen.

- die Oberhäupter von Städten und Stadtregionen deshalb eine gewichtige Rolle für die Verbesserung (oder bei der Verschlechterung) von urbanen Gesellschaften und dem sozialen Zusammenhalt (bzw. dem mangelnden Sozialgefüge) spielen werden. Von ihnen wird es auch abhängen, ob sich der Trend verstärkt, der zur Spaltung zwischen diesen Städten, Regionen und sozialen Gruppen führen kann, die als Mitglieder in der technisch hoch entwickelten Welt in der Triade aufgenommen werden oder bleiben und solchen Städten, Regionen und sozialen Gruppen die Bestandteil der allmählich marginalisierten und ausgegrenzten Welt der Armut und Unterentwicklung werden;
- das Verantwortungsgefühl der zivilen Weltgesellschaft vis-à-vis wissenschaftlicher und technologischer Entwicklungspolitik erfolgreich für die Einrichtung der UN-Konferenz für Umwelt und Entwicklung in Rio kämpfte.

Trotz der Grenzen und wichtigen Ergebnisse der Konferenz und der im allgemeinen noch nicht weiter verfolgten und umgesetzten Agenda 21, der Verpflichtungen, die alle Teilnehmerstaaten eingegangen sind, stellte die Rio-Konferenz das erste Zusammentreffen auf Weltebene dar, auf der eine zentrale Diskussion über den Wohlstand der Erde geführt wurde. Das wurde an der Debatte über die Invesititonsbereitschaft entwickelter Länder zugunsten weltweiter nachhaltiger Entwicklung deutlich (z.B.durch Veränderung ihrer Konsummuster und durch einen größeren Finanztransfer in die armen Länder) über die Invesitionsbereitschaft der weniger entwickelten und armen Länder in lokale (begrenzte) nachhaltige Entwicklung (nämlich durch eine effektive Kontrolle des Bevölkerungswachstums, größere Investitionen in Ausbildung und das Gesundheitswesen) als in Waffensysteme, mehr partizipatorische Wachstumstypen und weniger ethnische und innerstaatliche Konflikte. Die Rio-Konferenz galt als das große Ereignis, weil sie aufzeigte, daß Fortschritte in Richtung partizipativer und effektiver Weltregierung machbar sind und sich langfristig positiv auswirken können.

- Je mehr die zivile Weltgesellschaft fortschreitet, desto mehr wird es sich positiv auf die gegenwärtige Tendenz zur Entwicklung und Verbreitung aller Arten von Fundamentalismus auswirken, die ethnische Konflikte, innerstaatliche Bürgerkriege, sowie Intoleranz und soziale Ausgrenzung erzeugen;
- Schließlich neigen nationale Behörden dazu (ebenso wie vernetzte innerstaatliche und internationale Institutionen) zwischen vollentwickelten Marktwirtschaften (daher auch der fortschreitende Prozeß der Privatisierung, Deregulierung und Liberalisierung) und moderaten Formen protektionistischer Politik zu schwanken. Zusammengenommen werden die Behörden berücksichtigen, daß ihre grundlegenden Funktionen darin bestehen, die internationale Wettbewerbsfähigkeit ihrer lokalen Unternehmen und industriellen Spitzentypen zu erhalten und stärken. Diese Strategie wird jedoch in einigen Jahren an ihre Grenzen stoßen. Ein neues, ausgewogenes Konzept für die Rolle des Staates könnte sich möglicherweise innerhalb der nächsten Dekade entwickeln. Dafür sprechen die zu beobachtenden neuen Formen von nationalen und regionalen Gesellschaftsverträgen, die mögliche Brücken für einen globalen Gesellschaftsvertrag bauen

können. Wie werden diese möglichen Trends, Veränderungen und Perspektiven zusammenwirken, um die künftige Struktur der Welt zu bestimmen? Dazu sind die Meinungen, Wahrnehmungen, Werte und Ziele der Menschen maßgeblich.

## Weltszenarien: Die vielfältigen Ideen und Visionen von Menschen

Die Vielzahl möglicher Weltszenarien reflektiert tatsächlich das breite Spektrum der menschlichen Wahrnehmung und ihrer Erwartungshaltungen, insbesondere die vielfältigen Strategien und Handlungsmöglichkeiten bei Entscheidungsträgern auf städtischer, nationaler, regionaler und globaler Ebene. Was Menschen beschäftigt ist für unsere Zukunft entscheidend. Manche Menschen denken, daß nichts wirklich Neues eintreten wird: 'business as ususal' liegt ihrem Denken zugrunde. Die globale Vernetzung menschlicher Beziehungen und die Interessen von *Acht Milliarden Menschen* ist für sie Wunschdenken oder eine unrealistische Vision. Ihrer Auffassung nach wird es eher zu einer Intensivierung fortschreitender Prozesse der Internationalisierung und Transnationalisierung kommen und im Zuge dessen die Anpassung an ökonomische, politische und ökologische Strategien und Lösungen gering sein. Ein anderes Verständnis haben die techno-industriellen Oligarchien der industrialisierten Länder. Sie sind tonangebend für die sozio-ökonomischen und technologischen Kräfte, die die Globalisierung der internationalen Beziehungen herbeiführen und die Triadisierung der Welt. Die Globalisierung der Wirtschaft symbolisiert für sie eine Revolution, eine neue Welt, eine neue Ära. Sie verwenden oft Ausdrücke wie 'globale Welt', 'globaler Markt' und 'globale Kommunikation'. Im Satz "Mein Markt erstreckt sich auf die ganze Welt" symbolisiert sich die Einstellung der führenden Vertreter der westlichen Wirtschaft.

Demzufolge wird die kommende Global-Welt auch sehr unterschiedliche Wirkungen auf Technologien (und ihre Maße und Normen), Firmen- und Organisationsstrategien, Märkte, Arbeitsplätze und Positionen der Länder innerhalb der internationalen Arbeitsteilung haben. Die neue Zukunft der Welt muß auf einem weitreichenden Prozeß der Marktöffnung in Übereinstimmung mit den Prinzipien des GATT beruhen, auf dem Ende von staatlichen Monopolen (der Deregulierung und Privatisierung), auf neuen Spielregeln für die privaten und öffentlichen Akteure. Sie befürworten eine stärkere Kooperation auf globaler Ebene zugunsten der weltweiten freien Marktwirtschaft. Man könnte diese Gruppe auch die 'Anhänger einer GATT-Zivilisation' nennen.

In dieselbe Gruppe gehören die Vertreter der These, daß unsere Gesellschaft in einer Ära des "Techno-Globalismus" lebe. Dieser umschreibt den wissenschaftlich und technisch erzielten revolutionären Wandel, ausgelöst durch neue Informations- und Kommunikationssysteme, die treibenden Kräfte der Globalisierung von Wirtschaft und Gesellschaft. "Technoglobalismus" stammt aus den 80er Jahren und wurde von japanischen Intellektuellen und Industriellen weltweit verbreitet. Den Japanern diente er auch als Erklärungskonzept für die rasche Verbreitung japanischer Technologie und Industrieanlagen in der Welt. Jüngst wurde von den Japanern "Globalisation" als neuer Begriff vorgeschlagen. Damit soll ausgedrückt werden, daß der Prozeß der Globalisation sich von Wirtschaftsaktivitäten über eine weitreichende Reorganisation aller Ebenen bis zum intensivierten Austausch zwischen Städten und Regionen[32] vollzieht.

Eine dritte Personengruppe ist überzeugt, daß die Globalisierung von Wirtschaft und Gesellschaft ein neues Strukturphänomen ist, das zu einer neuen globalen Geschichte führt. Wir beziehen uns auf die Verfechter von "One Common Earth", die davon ausgehen, daß unsere Gesellschaften in einer Ära globaler gemeinsamer Probleme stehen, die globale Lösungen erfordern. Zu dieser Gruppe gehören die in die Hunderttausende gehenden Aktivisten der Nicht-Regierungsorganisationen und Verbände und die große Familie der internationalen und der "Weltregierungs"-Institutionen um die Vereinten Nationen.

Aus ihrer Sicht stellt sich die Globalisierung der Wirtschaft und der Probleme (wie der Umweltkrise, der Beziehung zwischen Entwicklung und Umweltschutz, weltweiter Verarmung, neuer Krisen usw.) nicht länger als eine Glaubensfrage oder umstrittener Punkt dar.

Die globalen Probleme unserer Zeit sind so gravierend und weit verzweigt, daß global übergreifende Strategien und globale Instrumente unbedingt eingesetzt werden müßten. Darüberhinaus machten die neuen Globalisierungsprozesse eine national ausgerichtete Politik überflüssig und ineffizient. Der nationale Rahmen erweist sich zunehmend als unzureichend für die Bandbreite der Herausforungen wie Möglichkeiten. Gleichermaßen stellt eine insgesamt freie, deregulierte, globale Marktwirtschaft ein effektives Instrument dar, die globalen Spannungen und wachsende Ungleichheit zwischen Ländern, Regionen und sozialen Gruppen zu bewältigen. Die Globalisierung verlangt nach einer neuen, deregulierten Weltordnung, die auf dem Prinzip der Allmendegüter beruht, das globale öffentliche Interesse und politische Regierbarkeit weltweit fördert.

## Sechs Szenarien für die kommenden drei Jahrzehnte

Die neue Weltordnung der Zukunft wird aus den untereinander konkurrierenden und teilweise konvergierenden Interessen der oben genannten Gruppen hervorgehen. Sie wird von den nationalen Gegebenheiten abhängen und sich möglicherweise unterschiedlich auf die lokale und globale Ebene auswirken. Daraus läßt sich die in

---

32 Empirisch angewendet wird das Konzept der 'Globalisierung' bei W. Ruigrok et. al., Cars and Complexes. Globalisation v. Globalisation Strategies in the World Car Industry, FOP 285

Tabelle 4 vorgestellte Matrix mit zwei Achsen ableiten, die die künftigen Strukturen der Weltwirtschaft beschreibt:

Die erste Achse verläuft zwischen Aufspaltung und Integration; die zweite Achse zwischen "Regieren über Marktmechanismen" und "Regieren über gemischt kooperative Mechanismen".

Sollte sich das Bild der Aufspaltung durchsetzen, könnten daraus die folgenden drei Szenarien für eine fragmentierte Welt hervorgehen:

**Tabelle 4** **Mögliche Achsen einer Weltwirtschaftsordnung Entwurf von Weltszenarien**

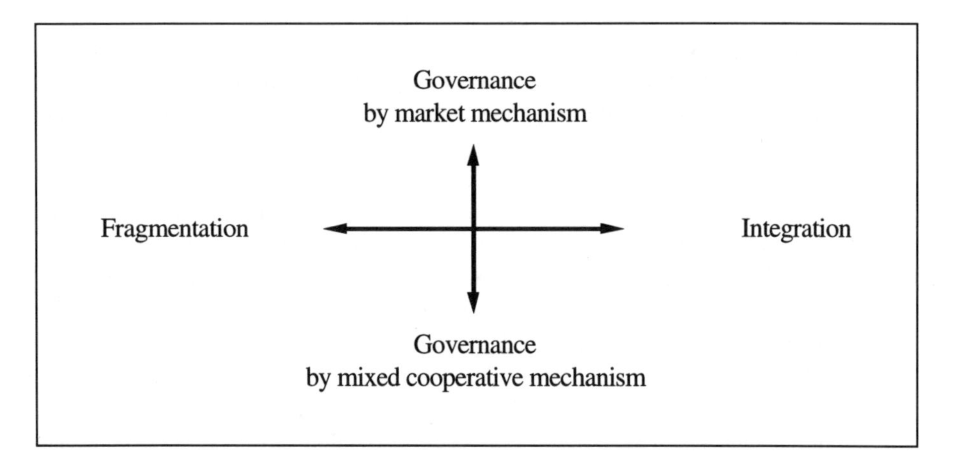


**Szenario A - Die Welt der Apartheid**

In diesem extrem angelegten Szenario entwickeln sich die fortschrittlichsten Städte, Regionen und Länder der technisch-wissenschaftlichen Welt abgekoppelt vom Rest der Welt, dank ihrer schnellen Entwicklung und ihres weitreichenden Einsatzes von Produktionsprozessen, Produkten und Dienstleistungen, die durch die Integration von immer ausgereifteren Technologien und komplexerem Wissen charakterisierbar sind. Die Industrieländer werden neue Energiesysteme einführen, neue dematerialisierte Wirtschaftsformen, neue Informationssysteme sowie Infrastrukturen und Dienstleistungen für Multimedia, neue fortgeschrittene Forschungsorganisationen und Bildungs-/ Hochschulsysteme. Die entwickelte Welt wird systematisch ihren eigenen Entwicklungsmustern folgen und dadurch zunehmend autonom. Sie wird ihre Kontakte mit anderen Städten, Regionen und Ländern der Welt lockern, für die es zunehmend schwieriger wird mitzuhalten. Für die ärmeren Städte, Regionen und Länder bedeutet das der Beginn eines Teufelskreises der wirtschaftlichen Verarmung, veralteten Infrastruktur und vielfach auftretenden ethnischen und innerstaatlichen Kriegen. In diesem Szenario können die weniger entwickelten Regionen ihre eigenen Bedürfnisse nicht decken. Sie stellen einen Unruheherd für die entwickelte Welt dar. Sie werden auf der wirtschaftlichen Abkopplung beharren, indem sie die Einfuhrschranken multiplizieren, ihr militärisches Aufgebot, repressive Interventionen und Kontrollmöglichkeiten ausbauen. Allgemein gesprochen gilt dieses Szenario als relativ unwahrscheinlich und die Möglichkeit seiner Verwirklichung innerhalb der kommenden 20 Jahre geht gegen Null. Dennoch sind einige wichtige Elemente, wie die wachsende technisch-wissenschaftliche Differenzierung zwischen entwickelten und unterentwickelten Teilen der Welt, sinkenden Import-Export-Beziehungen der zwei Welten, die militärische Übermacht der entwickelten Welt und jüngste Wellen des Fremdenhaßes teilweise nachvollziehbar.

**Szenario B - Die Welt des Überlebens**

Dieses Szenario charakterisiert eine Situation, in der sich die Fragmentierung der Welt innerhalb einer freien, privatisierten, deregulierten und liberalisierten Marktwirtschaft vollzieht. Die Aufspaltung entsteht in einem Klima allgemeiner Feindseligkeit (homo homini lupus). Unternehmen, gesellschaftliche Gruppen, Städte und Staaten sowie Regionen verteidigen und kämpfen um den eigenen komparativen Kostenvorteil und ihre Positionen. Das Leitmotiv ist allein das eigene Überleben, getreu dem Gewinnerprinzip. Dadurch werden individuelles Verhalten und kollektive Strategien geprägt. Die technische Innovation, die die Arbeitsproduktivität erhöht, wird als effektivste Waffe eingesetzt, um Mitstreiter aus dem Rennen zu schlagen. Wettläufe und 'Kriege' um neue Technologien werden ein hohes Maß an Instabilität schaffen, ohne jedoch das gesamte Szenario zu destabilisieren, wenigstens für die kommenden 20 Jahre. Amortisieren wird es sich nur für andere, beispielsweise für internationale Organisationen wie den IWF und die Weltbank. Die staatlichen Behörden werden ihre Funktion für W&T und ihre 'Rolle für die Industrie' innerhalb einer fragmentierten, globalen Wettbewerbswirtschaft darin sehen, ein günstiges Umfeld für die Stärkung der Wettbewerbsfähigkeit ihrer 'nationalen' ('lokalen') Firmen zu erzeugen.

Das Szenario B existiert bereits weitestgehend. Im Kern charakterisiert es unsere heutige Welt. Fahren wir so fort, könnte das bedeuten, daß nur wenige Situationen, die weltweit als Probleme betrachtete werden, mit realen Bedürfnissen übereinstimmen. Im Laufe der nächsten 10-15 Jahre werden sich die meisten Regionen der Welt diesem Szenario angenähert haben.

**Scenario C - Pax Triadica**

Dies ist das Szenario einer fragmentierten aber nichts desto trotz relativ stabilen Welt, in der alle Länder unter der Kontrolle der drei am weitesten entwickelten Regionen der Welt

(Nordamerika, Westeuropa, Japan und Südostasien) kommen. Diese Regionen werden finanziell, wirtschaftlich und technologisch immer stärker miteinander verknüpft. Die Argumentation und die innere Logik des Szenarios basiert auf drei Faktoren: Erstens, dem Prozeß der technologischen, wirtschaftlichen und finanziellen Abhängigkeit, der in den drei Regionen so groß ist, daß eine Krise in nur einer Region der Triade nicht im gemeinsamen Interesse der beiden anderen Regionen sein kann. Zweitens darf keine Region (innerhalb der kommenden 20 Jahre) darauf spekulieren, seine militärische, wirtschaftliche oder politische Macht so weit auszudehnen, daß sie über die anderen beiden eine Hegemonialstellung einnehmen kann. Drittens benötigt das System ein Stabilitätsniveau, d.h., daß die zahlreichen Ursachen für mögliche weltweite Krisen (wie z.B. schnelles Bevölkerungswachstum, lokale Kriege, ethnische Konflikte in den periphären Regionen der Welt oder Umweltkatastrophen, etc.) möglichst ausgeschaltet werden.

Wirtschaftliche Daten, die die Entwicklung und Aussichten der Weltwirtschaft auf globaler und sektoraler Ebene für die kommenden fünf bis zehn Jahre beschreiben, lassen vermuten, daß die Industrie- und Finanzwelt sowie die führenden politischen Entscheidungsträger eher dem Pax Triadica Szenario als dem des Überlebens zuneigen. Es basiert auf offenem Wettbewerb mit staatlichen Eingriffsmöglichkeiten und national wie regional (bzw. kontinental) 'geschützter' sozialer Marktwirtschaft, bzw. es schwankt zwischen der Strategie, die unerbittliche Konkurrenz zwischen Firmen, Städten, Regionen und Ländern bevorzugt, und der, die Innovation dazu nutzt, die wirtschaftliche Sicherheit der Region zu gewährleisten. Im ersten Fall werden die Hauptakteure der betroffenen Länder protektionistische Maßnahmen und/oder überzeugende "Block-to-block" Strategien ergreifen. Im zweiten werden die triadischen Regionen ihre ungeheuer große Macht dazu nutzen, eine externe Bedrohung zu verhindern.

Viele der typischen Elemente greifen bereits heute, so z.B. die G-7 Länder, die weltweites wirtschaftliches Gleichgewicht und Ordnung zu garantieren versuchen. Gleiches gilt für kooperierende multinationale Konzerne, wie das die wachsende Zahl strategischer Allianzen zwischen europäischen, japanischen und amerikanischen Unternehmen verdeutlicht. Sollte sich diese Tendenz durchsetzen, sind drei weitere Szenarien denkbar.

**Szenario D - Nachhaltige Weltintegration**

Ähnlich wie bei Szenario A handelt es sich hier um ein 'extremes' Szenario. Es beruht auf den Prinzipien der *global commons*, der Solidarität zwischen den Menschen, der gerechten Verteilung des Wohlstands, der sozialen und umweltpolitischen Verantwortung, dem kulturellen Dialog, der Achtung der Menschenrechte und der universellen Toleranz. Diese Prinzipien sollen in den Alltag, in Unternehmen und

Städten sowie auf nationaler, kontinentaler und globaler Ebene integriert werden. Szenario D geht davon aus, daß die globalen Probleme so enorm groß sind, daß globale Regeln und Strategien angestrebt werden müssen, um sie in den Griff zu bekommen und daß auf der zu regulierenden Ebene solche Mechanismen, Prozeduren und Institutionen geschaffen werden müssen, die ein effektives Regieren weltweit gewährleisten. Der Imperativ der freien Marktwirtschaft soll durch einen Imperativ der sozial- und umweltverträglichen, auf kooperativen Prinzipien basierenden Wirtschaft und Gesellschaft ersetzt werden. Ein dem Szenario unterliegender Mechanismus ist die Hybridisierung von Know-how, Expertise, lokalem Wissen aus anderen Ländern und Gegenden der Welt durch pluralistische Formen von technologischen, wirtschaftlichen und sozialen Entwicklungsprojekten.

Das stellt ein neues Gleichgewicht zwischen umwelt-, wirtschafts- und sozialbezogenen Faktoren und Umweltverantwortung her. Die Verantwortung soll weit über die Bereiche der regulierten Arbeitsproduktivität, der Energie- und Materialeffizienz, des Recyclings und des Managements von menschlichen Arbeitskräften hinausgehen.

Das wird eine bedeutende Umstrukturierung der internationalen Zahlungsbilanzen für Rohstoffe, Fertigprodukte, Abfälle und dem Umgang mit menschlicher Arbeitskraft zur Folge haben. Das Szenario setzt neue Wirtschaftsmechanismen weltweit, neue und wesentlich umfassendere Erziehungsprogramme, neue institutionelle Strukturen, einen massiven Austausch von Wissen und Technologie voraus und wird die **I**nternationalen **E**igentums **R**echte (IER) beseitigen. Das bedeutet, daß Wissenschaft, Technologie, Wirtschaft und Ethik in Einklang gebracht werden. Es erfordert auch neue Wege, weg von der Orientierung an einer einzelnen akademischen Disziplin, d.h., daß neue Formen der Energieproduktion und -Verteilung, neue Positionen gegenüber der Landwirtschaft und der Landnutzung, des Einsatzes von Arbeitskräften, eine neue Haltung gegenüber dem Bergbau eine neue technikorientierte Ökologie entwickelt werden müssen.

Ein Teil der für die Finanzierung des neuen Kurses notwendigen Ressourcen wird von der Friedensdividende kommen. Das Szenario wird auch Ergebnis einer allmählichen, aber wirksamen militärischen Abrüstung sein. Sozial wie wirtschaftlich gesprochen wird es keine Triaden, keinen Protektionismus und keine Grenzen lokaler Entwicklung geben. Das Szenario erfordert universelle, soziale und wirtschaftliche Gerechtigkeit. Es ist eine Welt, in der ein kooperativer neben einem konkurrierenden Geist herrscht. Es ist eine Welt, in der die Innovation durch W&T für alle und nicht nur für diejenigen, die die notwendigen Mittel zur Entwicklung haben, verfügbar ist. Es gilt als relativ unwahrscheinlich, daß sich dieses Szenario innerhalb der nächsten 20 Jahre durchsetzen wird.

Dennoch bilden sich bereits jetzt Prozesse und Mechanismen heraus, die für die Realisierung des Szenarios notwendig sind. Dazu zählt z.B. die 1992er UN-Konferenz über Umwelt und Entwicklung in Rio. Sie stellte einen ersten Versuch dar, über die Bedingungen, Produktionsmittel und die Verteilung des Reichtums auf globaler Ebene zu verhandeln. Aus der Rio-Konferenz ist auch die Agenda 21 hervorgegangen. Abgesehen von ihren strukturellen Schwächen stellt sie einen Entwicklungsplan für eine Weltwirtschaft im gemeinsamen Interesse aller Länder dar, der bei seiner Umsetzung eine neue Generation globaler Regierungsinstitutionen schaffen wird.

**Szenario E - Eine multi-regionalisierte Welt**

Dieses Szenario beschreibt eine Situation, in der die Prozesse und die Institutionalisierung der integrierten Weltwirtschaft auf zwei Wegen verläuft. Einmal vollzieht sich Integration auf kontinentaler Ebene wie im Fall der EU, des Mahgrebs, der NAFTA, des Mercosur, der neuen GUS oder der Asiatischen Freihandelszone (AFTA). Der zweite Integrationsprozeß geschieht weltweit, beruht auf der Kooperation der unterschiedlichen regionalen Einheiten und reorganisiert internationale Institutionen wie den heutigen IWF, die Weltbank und die WTO. Gleiches gilt für die Vereinten Nationen und ihre zahlreichen Unterorganisationen wie die UNESCO, FAO, ILO oder WHO. Die Welt schreitet in Richtung regionaler Integration fort, wenngleich nicht garantiert werden kann, daß dieser Prozeß in Afrika, Zentralasien, dem Indischen Subkontinent und Lateinamerika gleich verlaufen wird. Schon heute ist deutlich, daß die regionale Wirtschaftsintegration in Westeuropa, Nordamerika und Süd-Ostasien weiter fortgeschritten ist.

Die Kooperation zwischen regionaler und globaler Ebene wird in der zweiten Hälfte der 90er und zu Beginn des nächsten Jahrhunderts eine Zeit intensiver Reformen des Bretton Woods Systems und der UN-Organisationen einleiten. Unterstützt wird dies durch die Tatsache, daß beide Systeme 50 Jahre alt werden. Ebenso wird der Beginn eines neuen Jahrhunderts ein Klima für Reformen sowie für neue Mechanismen und Institutionen der globalen, interregionalen Kooperation schaffen. Die Rückkehr zur weltweiten Stabilität um 2005 - vorausgesetzt die sozialen, kulturellen, finanziellen und wirtschaftlichen Bereiche der am weitesten entwickelten und integrierten Regionen der Welt und anderen regionalen Einheiten kooperieren miteinander - wird den Zusammenhalt weiter stärken.

**Szenario F - Das Universelle GATT**

Dieses Szenario beschreibt eine Situation, in der der Prozeß und die Institutionalisierung einer integrierten Weltwirtschaft in einen einzigen Weltmarkt münden. Es entsteht also eine Art Europäischer Markt auf globaler Ebene, der von den EU-Mitgliedsstaaten am 1. Januar 1993 geschaffen wurde. Er beruht auf einer Wirtschaftsform, die sich ganz nach den Prinzpien des GATT richtet. In Anlehnung an den Europäischen Markt sollen in einem einzelnen Weltmarkt die Güter, Dienstleistungen, das Kapital und die Menschen frei zirkulieren können. Der *eine* Weltmarkt wird einen neuen globalen Vertrag für die Unterzeichnerstaaten des gegenwärtigen GATT erforderlich machen. Er wird einen radikalen Wandel in vielen politischen Bereichen nach sich ziehen, wie z.B. dem Banken- und Versicherungswesen, der Fiskalpolitik, der Landwirtschaft und der Sozialversicherungspolitik. Eine beträchtliche Zahl bi- oder transnationaler Handelsabkommen wird durch starke Anti-Trust Vereinbarungen und Institutionen ersetzt.

Insgesamt ist es jedoch unwahrscheinlich, daß dieses höchst überzeugende Szenario innerhalb der nächsten 15 bis 20 Jahre umgesetzt wird. Aus den vorangegangenen sechs Szenarien haben das Überlebens-Szenario und das Pax Triadica Szenario die besten Aussichten auf Umsetzung.

Für die nächsten 10-15 Jahre haben das Apartheid-Szenario und das der nachhaltigen Weltintegration die geringsten Chancen auf Realisierung. Für die nächsten 30 Jahre gilt das universelle GATT-Szenario als relativ unwahrscheinlich. Angesichts der Ziele von "Miteinander Leben" sind die aussichtsreichsten Szenarien nicht gleichzeitig die geeignetsten. Zu den letzteren zählen die Multi-Regionalisierten Welt und die Nachhaltige Weltintegration. Trotz der geringen Wahrscheinlichkeit für seine Umsetzung innerhalb der kommenden 30 Jahre, gilt das Multi-Regionalisierte Szenario als das geeignetste. Das bedeutet aber, daß eine Politik pro der *Acht Milliarden Menschen* sich gegen das Survival-Szenario ausspricht und "Pax Triadica" in das Multi-Regionalisierte Szenario umgewandelt wird.

**Tabelle 5** **Sechs Welt-Szenarien**

| | Regieren mit Hilfe von Marktmechanismen | Regieren mit Hilfe von gemischt-korporativen Mechanismen |
|---|---|---|
| Vorherrschende Integrationslogik | B. Die Welt des Ueberlebens | |
| | A. Die Apartheid-Welt | C. Die Pax Triadica |
| Vorherrschende Fragmentierungslogik | F. Das Universelle GATT | D. Die Nachhaltige Weltintegration |
| | E. Die Multiregionalisierte Welt | |

**Konsequenzen für die W&T-Agenda**

Welche Konsequenzen ergeben sich für W&T aus diesen Szenarien und welche Konsequenzen lassen sich daraus für die W&T-Politiken auf lokaler, nationaler und regionaler Ebene ableiten?

Es überrascht nicht, daß W&T die Szenarien A und D prägt. Szenario A könnte tatsächlich auch 'Globale Techno-Apartheid' heißen. Das trägt der Tatsache Rechnung, daß sich der Prozeß der Ausgrenzung und Absonderung des Apartheid-Szenarios in erster Linie in den Bereichen von W&T abspielt[33] . In ähnlicher Weise läßt sich Szenario D als das Technologieszenario für einen nachhaltigen und globalen Gesellschaftsvertrag beschreiben, weil die Mehrzahl der für die Umsetzung von Szenario D benötigten Innovationen im Bereich von Infrastruktur-, Informations- und Kommunikationsnetzwerken liegen, die nur eine angemessene W&T entwerfen, liefern und betreiben kann[34]

In Szenario B wird W&T vollständig von der Ideologie und dem Imperativ des industriellen Wettbewerbs sowie der technologischen und industriellen Kriege instrumentalisiert. Militärische Ausgaben werden nicht abnehmen. Die Dekade der 90er wird den westlichen Mächten dazu verhelfen, ihre militärische Ausrüstung auf den neusten Stand zu bringen. Im gleichen Kontext von Szenario B wird Gentechnologie vom industriellen Kalkül geprägt sein. Der Entwicklung und Anwendung von Gentechnologie werden also in denjenigen Ländern besondere Aufmerksamkeit geschenkt, in denen der Imperativ des Wettbewerbs die W&T-Politik bestimmt.

Im Pax Triadica stehen W&T im Mittelpunkt. Sie sollen dem internationalen Wettbewerb und dem Bedarf an Kooperation innerhalb der Triade gegenüber anderen Regionen der Welt dienen, damit der Pax Triadica erhalten und gestärkt wird. Daraus folgt, daß sich die W&T-Politik einer Reihe von Anpassungszwängen, Forderungen und Handlungsweisen stellen muß. Besonders bei den Szenarien-Mischformen steht die W&T-Politik ununterbrochen komplexen und unerwarteten Situationen gegenüber. Deshalb wird ihr wirklicher Einfluß nicht so entscheidend sein, wie er es sollte.

33 cf. R. Petrella, "Techno-Apartheid", Los Angeles Times, 18. August 1992

34 Etwas enger gefaßt ist ein solches Szenario in Al Gore, Earth in Balance. Forging a new common purpose; Earthscan Publishers, London 1992

**Die bedeutendsten Anwendungsgebiete von Wissenschaft und Technologie im Dienste der *Acht Milliarden Menschen***
und
**Schwerpunkte wissenschaftlicher und technologischer Entwicklungen**

## Prinzipien gemeinsamer Entwicklung und Mit-Bestimmung

Die wahrscheinlichsten Szenarien für die nächsten 20-25 Jahre (B und C) sind nicht die geeignetsten für die *Acht Milliarden Menschen*, da sie auf der Idee der Aufspaltung und Teilung der Welt basieren. Bei den beiden geeignetsten (F&E) besteht nur für die Multi-Regionalisierte Welt eine hohe Wahrscheinlichkeit auf Umsetzung. Dieses Szenario hängt von der richtigen Anwendung zweier miteinander verknüpfter Prinzipien ab:

- gemeinsame Entwicklung auf der regional integrierten Ebene und der interregional globalen Ebene. Gemeinsame Entwicklung bedeutet, daß die sozialen Gruppen, Städte, Teilnehmerstaaten einer bereits integrierten Region oder einer im Integrationsprozeß befindlichen Region, gemeinsame Entwicklungsziele haben. Sie liegen im Interesse der Bevölkerung dieser Region und führen zu Regeln, Institutionen, Mechanismen und Ressourcen zur Erreichung dieser Ziele;
- Mitbestimmung auf regionaler Ebene sowie zwischen den verschiedenen Regionen der Welt. Mitbestimmung bedeutet, daß das System mit komplexen und diversifizierten Partizipationsmöglichkeiten arbeitet. Diese können den Entscheidungsprozeß bezüglich der Entwicklungs- und Allokationsschwerpunkte für materielle und immaterielle Mittel sowie der Auswertung der Ergebnisse von angewandten Strategien und Aktionen beeinflussen.

Gemeinsame Entwicklung und Mitbestimmung ermöglichen lokalen und regionalen Einheiten die große Bandbreite der räumlichen und sozialen Interaktionen zu berücksichtigen und ihre Bedürfnisse deshalb so anzusprechen, daß sie auch effektiv bei der globalen Problemlösung kooperieren können. Beide Prinzipien machen militärische Abrüstung und damit verbundene Investitionen für militärisch-industrielle W&T gegenstandslos. Das ist von großer Bedeutung, denn:

- die jährlichen Militärausgaben belaufen sich weltweit auf einer Billion Dollar oder 5 % des Gesamtoutputs. Etwa 80% davon geben die EL aus (einschließlich der ehemaligen Ostblockstaaten)[35] .
- Die Militärs geben durchschnittlich 10% für W&T aus, während der Durchschnitt für alle anderen Bereiche in allen OECD Ländern bei 1 bis 3 % liegt.

35 M. Kaldor, Global Perspective On Security. War and Armament, FOP 335

Baut man die Zukunft auf gemeinsame Entwicklung und Mitbestimmung, so stimmt das viel mehr mit den Gegebenheiten unserer Welt überein. denn in dieser haben 'militärische Methoden, die sich auf geopolitische Ziele oder Konfliktlösung richten, einen wesentlich geringeren Nutzen, insbesondere auch angesichts steigender Kosten und Zerstörungsgewalt'.

Regierungsmethoden, die sich nur auf die militärische, wirtschaftliche oder soziale Vorherrschaft stützen, sind heute von immer geringerer Effizienz und Effektivität. Sie können sich nur auf kurze Dauer und auf der lokalen Ebene als effektiv erweisen. Langfristig und global besehen sind sie nutzlos. Ohne gemeinsame Entwicklung und Mitbestimmug wird es nicht möglich sein:

- in erster Linie die Grundbedürfnisse (nach Nahrung, Wasser, Behausung, Gesundheitsversorgung, Mobilität, Ausbildung, Freiheit und Identität) für die Mehrheit der Menschen zu befriedigen;
- das Problem der Arbeitslosigkeit auf der Welt zu lösen (65% der heutigen Weltbevölkerung von 5,6 Milliarden Menschen sind ihr Leben lang arbeitslos oder unterbeschäftigt). Kommt es aber zu einer Verschiebung der Produktionskraft der IL in Niedriglohnländer bei steigender Weltarbeitslosigkeit, verringert sich das Problem der Arbeitslosigkeit weder für die IL noch für die EL;
- die Entwicklung in unterentwickelten Ländern oder Regionen voranzutreiben, die globalen Umweltprobleme jedoch nicht zu verschärfen;
- neue Entwicklungsformen und -wege in den entwickelten Ökonomien zu unterstützen und das beste Wissen und Können in den Süden zu transferieren, ohne ihn dadurch einem kulturellen oder politischen Imperialismus zu unterwerfen;
- eine sozial-nachhaltige Weltentwicklung zu fördern, die auf Ausgleich zwischen wirtschaftlicher Effizienz, Umweltanforderungen, sozialer Gleichstellung und politischer Demokratie beruht.

**Ein intuitiver Überblick:**
**47 zentrale Bereiche für die Anwendung von W&T**

Bedenkt man den Umfang und die Reichweite der Probleme für die Weltgemeinschaft bei der Befriedigung der Grundbedürfnisse und der Ziele der *Acht Milliarden Menschen*, so sind die Chancen für W&T auf allen Gebieten enorm: Grundlagenwissenschaften, angewandte Technologie und neue Systeme umfassen die Interessen und die Verantwortung des öffentlichen und des privaten Sektors. Um die Hauptgebiete für W&T zu identifizieren, stützen wir uns auf die Methode: der Gruppendiskussion. In ihr gibt jedes Mitglied seine Ziele für die *Acht Milliarden Menschen* und für die zentralen Bereiche von W&T an, woraus dann eine Liste der Bereiche erstellt wird. Dabei einigten wir uns auf folgendes:

- niemand kann die Entwicklungen und Entdeckungen präzise vorhersehen, die von W&T in den kommenden Dekaden ausgehen werden. Einfallsreichtum und intellektuelle Kreativität werden Determinismen zu bekämpfen wissen. Um wachsam und intellektuell sowie institutionell flexibel zu bleiben, müssen interdisziplinäre Forschung der aufeinander bezogenen, zentralen Bereiche sowie Know-how und Expertisen angeregt werden;
- die Tatsache, daß wir die aufeinander bezogenen, zentralen Bereiche von W&T hervorheben bedeutet nicht, daß W&T im Sinne der 'technical fix'-Mentalität zur Bewältigung der globalen Probleme ausreichen;
- es gibt auf der ganzen Erde bereits eine Menge Wissen über die Befriedigung der zentralen Grundbedürfnisse. Dieses Wissen bezieht sich vor allem auf die Bereiche Wasser, Landwirtschaft, Umwelttechnik, Lagerung und Verteilung von Lebensmitteln, Kommunikations- und Energiesysteme usw.. Zur Nutzung und Verbreitung sind Managementfähigkeiten wichtig. Das weist auf die grundlegende Bedeutung der menschlichen Entwicklung, Ausbildung und Partizipationsmechanismen für hunderte von Millionen Individuen hin. - Tabelle 6 stellt die Ergebnisse unserer Diskussionsgruppe vor. Wenngleich wir keine Einkaufsliste anbieten, wirken die Ergebnisse dennoch wie eine solche. Die Gruppe hat deshalb mehrere Versuche unternommen, die 47 Gebiete einzugrenzen.

**Eingrenzung auf 16 Kernbereiche**

Dieser Versuch erwies sich als besonders relevant. Er begann mit der Frage: "Was bedeutet "Miteinander Leben" für die *Acht Milliarden Menschen*?" Welche grundlegenden Voraussetzungen müssen für "Miteinander Leben" geschaffen werden? Zur Beantwortung dieser Frage unterteilten wir die grundlegenden Voraussetzungen in zwei Kategorien, die zwar differenziert aber nicht getrennt werden können: "Was bedeutet: 'Zu existieren?' " und "Was bedeutet: 'Zu Ko-Existieren?' "

Um physisch, sozio-ökonomisch, politisch und kulturell existieren zu können, müssen die *Acht Milliarden Menschen* Zugang haben zu:

| | |
|---|---|
| - Lebensmitteln | - Energie- |
| - Behausung | - Bildung |
| - Gesundheitsversorgung | - Sicherheit |
| - Arbeit | - Kultureller Identität |

Um ko-existieren zu können, benötigen die *Acht Milliarden Menschen,* auf Grund allgemein akzeptierter Standards von physikalischer und sozialer Infrastruktur, sozioökonomischer Mechanismen, vielfacher Formen des kulturellen Dialogs und institutionalisierter Formen des Regierens auf allen Ebenen, Zugang zu:

| | |
|---|---|
| -Verkehrssystemen | - einer nachhaltig geschützten Umwelt |
| - Informationssystemen | - Gerechtigkeit und Solidarität |
| - den Künsten | - einer demokratischen Regierung |
| | - Kommunikationssystemen |

Freiheit (für den Einzelnen oder die Gemeinschaft) ist das zentrale bindende Element zwischen Existenz und Koexistenz.

Dieser Ansatz hat uns geholfen, die 47 Kategorien auf 16 zentrale Bereiche einzugrenzen, in denen W&T wirksam werden können. Die zwei Kategorien (Existenz und Koexistenz) sind nur teils frei gewählt. Der Grad einer nicht nachhaltigen Lebensweise in der gegenwärtigen Welt ist so hoch, die Kluft zwischen Menschen und Ländern so gravierend und die Wahrscheinlichkeit der Szenarien B und C so groß, daß die Suche und der Erhalt des kleinsten gemeinsamen Nenners für die menschliche Existenz (für einige Milliarden Menschen) sowie die soziale Koexistenz (der *Acht Milliarden Menschen*) von größter Dringlichkeit sind. Die 16 zentralen Bereiche stellen eine hinreichende Grundlage eines Entwurfs zu einem globalen Entwicklungsprogramm für W&T dar! Wir möchten einige strategische Empfehlungen zu ihrer Operationalisierbarkeit machen, obwohl die Radikalität derselben ihre politische Akzeptanz und Umsetzungschancen mindert.

**Vier Schwerpunktgebiete für W&T**

Wir wählten erneut den qualitativen Zugang, um aus den 16 Gebieten Schwerpunkte herauszugreifen:

Nach der qualitativen Vorentscheidung auf vier Schwerpunktgebiete (je zwei für Existenz und Koexistenz) haben wir uns nach den folgenden Kriterien gerichtet:

- der Zahl der bedürftigen/notleidenden Menschen;
- dem Maß für die unmittelbare Machbarkeit;
- größerer Dichte, langfristig;
- mehr Möglichkeiten für die Expansion von 'Hybridmärkten' für Prozesse, Güter, Dienstleistungen, die zur Bedürfnisbefriedigung für die Armen in entwickelten und unterentwickelten Ländern gebraucht werden;
- dem größeren Beitrag zu Innovationen in Anwendungstechnologien;
- größeren Beiträgen zur kulturellen Vielfalt;
- größere Anpassungsfähigkeit an neue globale Regeln und Institutionen;
- mehr Initiativkraft und Innovation von der Europäischen Union;

**Tabelle 6 — 47 zentrale Bereiche für die Anwendung von W&T**

1. Erhalt der Öko- und Biosphäre.
2. Ökologische Struktur: Erhalt der Artenvielfalt.
3. Verbesserte Lebensmittelproduktion bei geringstmöglicher Umweltverschmutzung.
4. Ausreichende Trinkwasserversorgung, Wasser-Aufbereitung, -nutzung & -recycling.
5. Weniger Umweltverschmutzung und Verschwendung
6. Rückgewinnung von Land- und Wüstengebieten.
7. Wiederaufforstung.
8. Nutzung natürlicher Rohstoffe.
9. Neue und verbesserte Formen der Fischerei, ihrer Technologien und ihrer Vermarktung.
10. Fortschritte in der Landwirtschaft und der Agrotechnologie; sowie der angeschlossenen Bewässerungssysteme und der Bodennutzung.
11. Rückgang der material- und energieintensiven Systeme.
12. Stark verbessertes Recycling und Substitution von Materialien.
13. Niedrige Energiekatalyse bei der Herstellung von synthetischen und natürlichen Produkten (wie der Fixierung von Stickstoff).
14. Anwendung biotechnischer Methoden bei der Nahrungsmittel-, der Gesundheits-, der Verschmutungs- und Abfallbeseitigungskontrolle.
15. Die Entwicklung von energiebezogenen Technologien, Produkten, Prozessen, Systemen im Sinne der Nachhaltigkeit und geringen Umweltverschmutzung.
16. Alternative und regenerative Energiesysteme.
17. Fortschritte bei der Energieeffizienz (Übertragung, Herstellung und der Nutzung).
18. Die erweiterte Entwicklung und weltweite Verbreitung von hybridangelegten und konzipierten Unterkünften.
19. Ökologische Umgestaltung der Unterkünfte für Menschen.
20. Die städtische Umgestaltung zur Minderung von Transportschwierigkeiten.
21. Verbesserte (integrierte und alternative) Transportsysteme; verbesserte Synergie bei Kommunikations- und Transportsystemen.
22. Anwendung von IT im weitesten Sinne nicht nur in Kommunikationssystemen und bei der Datenübertragung, sondern an allen Stellen, wo es die Kontrolle und das Überwachen analytischer Funktionen erleichtert.

23. Fortschrittliche Produktionstechnologien (Roboter, Automation..), die auf dem Vorbild menschlicher Fähigkeiten und Wissen beruhen.

24. Stärkung der menschlichen Expertise im Gesundheits-, Umwelt- und Bildungssystem.

25. Breit angelegtere und humanere Entwicklung und Anwendung von Informations- und Kommunikationstechnologien am Arbeitsplatz, im Bildungsbereich, für ältere Menschen und in der Kultur.

26. Entwicklung eines sanfteren Technologietransfers in der Informations- und Kommunikationstechnologie.

27. Ausweitung der Aktivitäten von W&T in der Telekommunikation auf weniger entwickelte Länder.

28. Im Rahmen regionaler Initiativen

29. Das Konzept und die Produktion von Multimedia-Anwendungen im Bildungs- und Gesundheitswesen, im Öffentlichen Dienst und in der Regierung zu verbessern.

30. Gesellschaftsbezogenen und relevanten Nutzen bei der Anwendung von Virtual Reality fördern.

31. Beträchtliche Fortschritte bei der Kostensenkung im Bildungsbereich machen, während die Effektivität und die Verteilungseffizienz der Systeme erhalten bleiben (durch den Einsatz vielfältiger Multimedia Techniken).

32. Verbesserte Techniken bei der Technikfolgenabschätzung und bei den damit verbundenen Datenbanken, der Verbreitung von Ergebnissen und ihrer Verfügbarkeit.

33. Entwicklung verbesserter Prüftechnologien im Umweltschutz und der damit verbundenen Kontrollanforderungen (auf lokaler, regionaler und globaler Ebene).

34. Verbesserung der internationalen und lokalen Netzwerke für Datenübertragung.

35. Verstärkte Arbeit an der Analyse und dem Entwurf von 'angemessenen Technologien, Systemen und Produktionstechniken' für alle Gesellschaftssysteme und erneute Überprüfung dieses Konzeptes für den global-nachhaltigen Kontext.

36. Verbesserte physikalische Infrastruktur für die am stärksten vernachlässigten Regionen.

37. Anwendung von technischem Wissen, gekoppelt mit einer sozialen Untersuchung ländlicher Gemeinschaften.

38. Weitestgehende Verbreitung dessen, was zur Deckung der Grundbedürfnisse in allen Gemeinschaften notwendig ist, als oberstes Organisationsprinzip.

39. Entwicklung neuer künstlerischer Ausdrucksformen (in der Musik und darstellenden Kunst usw.).

40. Erhalt und Pflege des kulturellen Erbes; Rehabilitation historischer Zentren und Denkmäler.

41. Unterstützung der Sprachvielfalt, verbesserte Aneignung neuer Sprachen bei Erwachsenen, Bewahrung der Sprachen von Minderheiten.
42. Förderung von 'Technologie für Demokratie' (Technologie für verbesserte Beteiligung an Entscheidungen und Maßnahmen sowie Wissensverbreitung).
43. Entwurf, Entwicklung und Einsatz von Technologien für bürgerorientierte Behörden und staatliche Einrichtungen.
44. Versuch solche Mittel zu beseitigen, die die Existenz der Welt gefährden (nukleare, chemische, biologische Waffen).
45. Wiedergewinnung von umweltverschmutzten militärischen Übungsgebieten.
46. Auftragsstreichung für militärische Nukleartechnologie.
47. Umstrukturierung militärischer Infrastruktur in W&T auf hoher milit. Ebene.

**Tabelle 7** **Sechzehn kritische zusammenhängende Gebiete**

"MITEINANDER LEBEN" BEDEUTET, DASS DIE 8 MILLIARDEN MENSCHEN:

| AUF FOLGENDEN EBENEN EXISTIEREN: | UNTER FOLGENDEN BEDINGUNGEN KOEXISTIEREN MÜSSEN: |
|---|---|
| - physischen (individuell and kollektiv)<br>- sozio-ökonomischen<br>- politischen<br>- kulturellen | - der physischen and sozialen Infrastruktur<br>- den verbreiteten sozio-ökonomischen Mechanismen und Diensten<br>- den vielfältigen Formen des kulturellen Dialogs<br>- den institutionalisierten Formen des Regierens auf allen wichtigen Ebenen |
| Das bedeutet Zugang zu: | Das bedeutet Zugang zu |
| 1. Nahrungsmitteln | 10. Transport |
| 2. Energie | 11. Information |
| 3. Obdach / Behausung | 12. Kommunikation |
| 4. Bildung | 13. Regierung und Demokratie |
| 5. Gesundheitsversorgung | 14. Nachhaltiger Umweltqualität |
| 6. Sicherheit | 15. den Künsten |
| 7. Arbeit | 16. Gerechtigkeit und Solidarität |
| 8. Kultureller Identität | |
| 9. Freiheit | |

Nachdem wir die Bereiche zugeordnet hatten, einigten wir uns auf die folgenden vier Schwerpunktgebiete für W&T:
- Behausungen (bis hin zu Siedlungen);
- Bildung;
- Kommunikationssysteme;
- die Umwandlung unserer heutigen Wirtschaft in eine kohlenstoffreie Wirtschaft.

Wir behaupten nicht, daß dies die obersten Prioritäten für W&T für die Acht Milliarden Menschen sein müßten. "Das" beste Schwerpunktgebiet kann es nicht geben! Wir halten sie alle für entscheidend.

**Das Beispiel "Behausung":**

Wie umfangreich dieser Schwerpunkt wirklich ist und auf welche Weise er angegangen werden könnte, veranschaulichen die folgenden Daten:
- Etwa 100 Mio. Menschen werden obdachlos geschätzt (die Zahl reflektiert nicht die wachsende Obdachlosigkeit in den IL, allein in Europa gibt es zwischen einer und fünf Millionen Obdachlose);
- 1 bis 1,5 Mrd. Menschen leben in menschenunwürdigen Wohnungen;
- 1 bis 3 Milliarden Menschen leben in Unterkünften, die kaum ihren Bedürfnissen gerecht werden[36] .

Das Anwachsen der Bevölkerung auf Acht Milliarden Menschen verschärft das Problem, wenn nicht umgehend systematisch nach Lösungen gesucht wird. Der wachsende Bedarf an Wohnraum betrifft nicht nur die weniger entwickelten und armen Länder des Südens, sondern auch die entwickelten und reichen Länder des Nordens. Es stellt die gesamte Problematik, bzw. alle bisherige Konzepte der Entwicklung und Planung menschlicher Unterkünfte, Dörfer, Städten und Regionen in Frage.

Das Behausungsproblem läßt sich vielleicht am besten durch folgende Liste der Bedürfnisse veranschaulichen:
- gesicherter Zugang zu Grundstücken;
- Zugang zur Grundversorgung;
- Zugang zu finanziellen Mitteln;
- Zugang zu finanziell tragbaren Baumaterialien;
- die Fähigkeit zur Selbstorganisation der Menschen (Selbsthilfe, Eigenplanung, Organisation auf Ebene der Familien und Gemeinden);
- Zugang zu Informationssystemen;

---

36 G. Ceragioli and L. Milione, The Shelter Problem, FOP 334

- Entwicklung lokaler Wohnungsmärkte (lokale Kräfte, lokale Unternehmen, lokaler Materialverbrauch).

Im Alltag besteht die Wohnraumproblematik aus zwei wichtigen Herausforderungen:
- den 1 bis 2 Mrd. Menschen in den weniger entwickelten Regionen der Welt eine Unterkunft zu bieten;
- die Diskriminierungsprobleme auf dem großstädtischen Wohnungsmarkt der EL zu lösen und ihre ungeheuren Peripherien wieder zu urbanisieren (die schwarzen Löcher der städtischen Zivilisation).

**Das Beispiel "Bildung"**

Es bedarf keiner empirischen Funde, um aufzuzeigen, daß Bildung eines der grundlegendsten Probleme der Welt ist. Für Liebhaber philosophischer Gedanken verweisen wir auf K'hau-Tzu (551- 479 v.Chr.): "Wenn du über ein Jahr planst, planze einen Samen in die Erde. Planst du für zehn Jahre, so pflanze einen Baum. Planst du aber für einhundert Jahre, dann solltest du den Menschen eine gute Ausbildung angedeihen lassen."

Obwohl der Bildungssektor der größte Industriezweig der Erde ist (weltweit über 45 Mio. Mitarbeiter; mehr als 5% des BSP fließen in den Bildungssektor), bleiben viele Grundprobleme weiterhin bestehen:
- Bildung im richtigen Verhältnis zur wachsenden Bevölkerung zu erweitern (die Tendenz verläuft entgegengesetzt: den Bildungsetat zu kürzen!);
- den ungeheuren Schwund und den Schulabbruch zu bewältigen;
- die hohe Analphabetenrate in den EL zu senken (ganz zu schweigen von Analphabeten in den IL);
- den Konsequenzen von Analphabetentum und Schulabbruch, z.B. soziale Probleme und globale Entwicklungsunterschiede zu begegnen;
- die Bildungsinstitutionen eines Landes auf sekundärer und tertiärer Ebene auszuweiten;
- die Kosten des Bildungssystems zu senken;
- die notwendige Ausbildung im Ausland auf höheren Bildungsebenen prüfen, aber 'Braindrain' und lokale Diskriminierung vermeiden;
- die Bewältigung des Bildungs-Arbeitslosenproblems (durch Gemeinschaftsprojekte zwischen lokalen Behörden und Industrien);
- zu einem lebenslangen Lernprozeß ermutigen;
- Technologie in all seinen Formen dort zu nutzen (Computer, Multi-Media, Fernunterricht) wo es den Lernprozeß unterstützt, Kosten senkt und den Einfallsreichtum sowie den Austausch zwischen Lehrern und Schülern fördert;
- Bildung für bessere Gespräche und gegenseitigen Respekt zwischen den Kulturen,

Religionen, ethnischen Gruppen zu nutzen (Kurse, die ein globales Bewußtsein auf allen Ebenen schaffen);
- zu Austauschformen auf globaler und interregionaler Ebene, Besuchen und gemeinsamen Projekten ermutigen (die Schaffung transnationaler Universitäten und Forschungszentren).

**Das Beispiel "Kommunikation"**

Kommunikation als zentraler Bereich für globale Nachhaltigkeit und die *Acht Milliarden Menschen* ist weniger offensichtlich als Bildung. Das erklärt sich dadurch, daß sich die Funktion der Kommunikation innerhalb der vergangenen Dekaden stark verändert hat. Das Kommunikationsproblem für die *Acht Milliarden Menschen* läßt sich wie folgt zusammenfassen:
- Die Fortschritte in der Technologie, die den revolutionären Funden in der Mikroelektronik folgten und dem Anbruch des digitalen Zeitalters, versprachen ein integriertes global vernetztes Kommunikationssystem. Dem steht als größte Bedrohung die offene und sich ausweitende Kluft zwischen den ärmsten und anderen Ländern der Erde gegenüber. Darüberhinaus haben auch LDCs untereinander sehr unterschiedliche Möglichkeiten sich die Kommunikationstechnologien zunutze zu machen, die Schnittstelle verläuft hier zwischen urbanen und ländlichen Gebieten;
- Die Situation innerhalb der EL einerseits sowie den EL und dem Norden andererseits verschlechtert sich nicht relativ, sondern in vielen Fällen absolut. Daraus ergibt sich, daß die Probleme der Nachhaltigkeit und der Telekommunikationssysteme eng miteinander verknüpft sind. Der *Missing Link* Bericht von 1984 stellte folgendes Ziel heraus: Anfang des nächsten Jahrhunderts sollte nahezu die gesamte Menschheit in Reichweite eines Telefons leben.[37] Das Gebiet um Tokio hat alleine mehr Telefonanschlüsse als ganz Afrika zusammengenommen, dessen Bevölkerung 500 Mio. Einwohner zählt. Japan alleine hat mehr Telefonanschlüsse, als die EL Asiens, Afrikas und Südamerikas zusammen[38] Darüberhinaus konzentrieren sich Telefonanschlüsse in den LDCs stark auf die urbanen Gebiete. Schätzungsweise nicht einmal die Hälfte der Weltbevölkerung hat Zugang zu einem Telefon;
- Es entsteht langsam politischer Druck, mit Hilfe dessen die grundlegenden Strukturen der globalen Kommunikationssysteme neu bewertet werden. Während die LDCs in den VN nun die Mehrheit stellen, wurde die NWIKO angestoßen (**N**eue **W**elt **I**nformations- und **K**ommunikations**o**rdnung). Die 70er und 80er wurden noch von heftigen Auseinandersetzungen um 'ausgewogeneren' Informationsaustausch, wie es der Sü-

---

37 ITU, The Missing Link. Report of the Independent Commission on Worldwide Telecommunications Development, Special Report, Geneva 1984

38 Zitat nach S. O'Siochrù, op. cit, p.2

den forderte (einschließlich des Rechts, den grenzüberschreitenden Handel und die Verteilung von Ressourcen zur Entwicklung von Kommunikationssystemen zu kontrollieren) und um den 'freien Informationsfluß', auf dem der Norden beharrte (einschließlich des Rechts, alle Kommunikationsprodukte zu transferieren und exportieren) beherrscht. Die gegenwärtige Situation ist aber von der Arroganz des Nordens gekennzeichnet;

- Fortschritte in der Technologie waren nicht die Triebkräfte; sie schufen vielmehr ein von miteinander konkurrierenden, politischen und wirtschaftlichen Kräften umkämpftes Terrain. In der Telekommunikation mußte sich das bequeme System staatlicher Anbieter von Basisdienstleistungen und Herstellern für nationale Geräte verändern. Dabei mußte es nicht zwangsläufig den Kurs der Privatisierung und Deregulierung einschlagen, er war eher das Ergebnis eines stillschweigenden Einverständnisses bezüglich großer Veränderungen in der Politik und einer konzertierten Aktion der privaten Interessen unterstützt von einigen Regierungen. Die Liberalisierungs- und Privatisierungspolitik wird nun zunehmend als einzige Option der nach Liquidität dürstenden LDCs dargestellt. Tatsächlich aber kann es dabei auch einfach zum Ersetzen der regulierten Staatsmonopole durch un- (oder de-) regulierte globale Oligopole kommen;
- Demnach ist bereits ein Wechsel eingetreten, weg von demokratischen Formen (in der Regierung und Weltinstitutionen wie der ITU und UNESCO) hin zu elitären Körperschaften im Dienste reicher Nationen, dem GATT, dem IWF und regionalen Körperschaften, sowie dem starken Einfluß der Multis;
- Die Probleme bezüglich der Entwicklungsbedürfnisse, Gleichheit, ausgeglichenes Wirtschaftswachstum und der Souveränität sind bislang ungelöst und werden zunehmend starrer.

## Das Beispiel "Kohlenstoffreie Wirtschaft"

Aktionen pro kohlenstoffreier Wirtschaft werden sich unmittelbar zugunsten der ökologischen Nachhaltigkeit auswirken, auch wenn ihr Hauptziel eher langfristig ist. Sie gehören zu den vielen unterschiedlichen Ziele und Akteuren, die zusammen die Basis für Nachhaltigkeit bilden. Deren Hauptziel ist es, die Basis einer neuen Technologie für die nächsten 30-40 Jahre zu schaffen.

## Hindernisse und Schranken

### Allgemeine und schwerpunktspezifische Hindernisse

Die Anwendung von W&T in den vier Schwerpunktgebieten kann nicht losgelöst vom allgemeinen Prozeß der W&T-Anwendung auf die oben angedeuteten globalen Probleme untersucht werden. Die Nutzung des gesamten Potentials von W&T stößt auf zahlreiche Schranken und Hindernisse. Während einige Schranken und Hindernisse innerhalb des eigentlichen W&T-Prozesses liegen, befinden sich die meisten größeren Schwierigkeiten außerhalb des W&T-Systems. Hinsichtlich der internen Schwierigkeiten können diese begrifflicher oder 'theoretischer' Natur sein, also in der wissenschaftlichen Analyse liegen : Die Forschung ist noch nicht in der Lage, das untersuchte Problem zu 'lösen' (beispielsweise die Kernfusion, Krebs oder AIDS-bezogene Forschung usw.). Hindernisse können auch mit einer unangemessenen Definition von Problemen zusammenhängen, insbesondere wenn fachübergreifende Grenzen überschritten werden (etwa die sich gegenseitig beeinflussenden Möglichkeiten, die sich aus der Biologie und der Physik ergeben, oder, auf der 'sektoralen' Ebene, Probleme bei multidisziplinär verflochtenen Forschungsprogrammen in Gebieten wie Kommunikation, Energie und Transportwesen auftreten). Weiterhin können Probleme wegen unangemessener oder unzureichender Ausbildung auftreten oder wegen der Unfähigkeit der Universitäten, derartige Ausbildungen überhaupt zu bieten. Das wiederum kann mit der Organisation der Wissenschaft, der Disziplinen und der Universitäten (einschließlich ihrer Finanzierung) zusammenhängen. Dennoch ist es wahrscheinlich, daß solche internen Probleme keineswegs die Hauptursache der Schwierigkeiten darstellen, denen wir in der nächsten Dekade gegenüberstehen. Die wesentlichen Hindernisse und Schranken, die der Anwendung des Gesamtpotentials von W&T entgegenstehen, werden in ihrer Form extern sein und in ihrem Ursprung und/oder ihrer Ursache Fragen der Bewertung und institutionelle sowie ökonomische Aspekte betreffen.

Um jedoch einen eher willkürlichen oder Ad-hoc-Zugang bei der Ermittlung der Schranken und Hindernisse zu vermeiden, wurden sechs Ebenen und Kategorien von Hindernissen und Schranken identifiziert, die folgende Themen betreffen bzw. sich auswirken auf:

- die Übereinstimmung über den Umfang der Aufgaben, die bewältigt werden müssen (eine logistische Frage);
- das Vorhandensein (das Fehlen) eines allgemein wahrgenommenen Bedürfnisses, solche Aufgaben anzugehen (eine politische Frage);
- die Allokation von ausreichend intellektuellen, personellen und wirtschaftlichen Ressourcen zur Durchführung der Aufgaben (eine wirtschaftliche Frage);
- den universellen Zugang zu erforderlichem Wissen und Expertise (eine ethische Frage);
- die angemessene Förderung von Ausbildungsprogrammen mit dem Ziel, W&T-Programme aufzugreifen, zu nutzen, weiterzuentwickeln und zu verbreiten unabhängig von der Ebene und dem Gebiet (eine wirtschaftliche und logistische Frage);

- die Definition und die Entwicklung von wirtschaftlichen, politischen und kulturellen Bedingungen in einem Gesamtzusammenhang, die angemessenen Formen von gleichberechtigter Bestimmung und Information gestatten (eine Kombination der Fragen).

Natürlich sollte man sich von den Schranken und Hindernissen nicht entmutigen lassen. An einigen Stellen werden sie bereits überwunden, das zeigt sich insbesondere in der sich entwickelnden Agenda der Umweltpflichten und in der wachsenden weltweiten Anerkennung der vor uns liegenden Problemen. Energiesteuern, Recycling, Aufforstung und die Beobachtung globaler Klimaveränderungen stehen für einen neuen Konsens. Das Ziel, die kohlenstoffreie Wirtschaft, gilt nicht mehr als unrealistisch.

## Zwei Haupthindernisse:

## Technologietransfer und das Bretton Woods - System

Die Hindernisse, die wir für die allgemeine Ebene sowie für die Ebene der einzelnen Schwerpunktgebiete definiert haben, liegen in der Entscheidungsstruktur begründet. Da es jedoch zu viele von ihnen gibt, läßt sich auf dieser Basis kaum ein Handlungsprogramm erarbeiten. Daher richtet sich unsere Aufmerksamkeit auf zwei weitere Hindernisse: das erste erklärt sich aus der Sichtweise der internen Dynamik der W&T-Konzeption, das zweite aus der institutionellen Verwaltung des Reichtums der Erde und der Wirtschaftsbeziehungen der IL[39] und der EL[40] . Wir beziehen uns auf:

- den Technologietransfer (TT);
- die heutigen internationalen Finanz-Institutionen (das Bretton Woods -System, z.B. die Weltbank oder den Internationalen Währungsfond).

## Der notwendige Übergang vom Technologietransfer zur Hybridisierung

Die Behauptung, daß TT ein Entwicklungshindernis sei soll, wird bei den einen Erstaunen auslösen, während die anderen nichts anderes erwartet haben werden. Diese letzteren haben wahrscheinlich die Ergebnisse aller entsprechenden Konferenz-Vorstudien betrachtet: Grenzen und Bedingungen, innerhalb derer Wissens- und Technologietransfer bisher zur Befriedigung der Grundbedürfnisse und der Ziele der *Acht Milliarden Menschen* eingesetzt wurden, müssen erneut sorgfältig gepfüft werden. Wann und warum wirkt sich TT als ein Hindernis aus? Die Frage ist von besonderer Relevanz, weil TT zwischen Nord und Süd in den 50er und 60er Jahren eine wichtige Rolle im Rahmen der Industrialisierungs-

39 Industrieländer
40 Entwicklungsländer

prozesse der LDCs gespielt hat, deren Wirtschaftssysteme eine Importsubstitutions-Strategie verfolgten. Es war auch die zentrale Frage der 70er und frühen 80er Jahre hinsichtlich der Fähigkeit von LDC, technische Innovationen und Veränderungen "aufzugreifen". Die wachsenden Schwierigkeiten gründeten sich auf Faktoren wie Wissen, Know-how, W&T und Management. Diese Faktoren lassen sich weder leicht übertragen, noch lassen sie sich schnell entwickeln. Heute stellt TT aus folgenden Gründen ein Hauptproblem dar: Neben den wachsenden Schwierigkeiten mit der Übertragbarkeit immaterieller, hochentwickelter Technologien und technischer Systeme hat die sich herausgebildete Triadisierung von Technologien und der Wirtschaft weltweit den Transfer erheblich eingeschränkt. TT findet nun fast ausschließlich innerhalb der Länder der Triade statt. Auch sind multinationale Konzerne immer weniger bereit, Wissen und Technologien weiterzugeben, auf denen ihr komparativer Kosten- und Wettbewerbsvorteil auf internationalen Märkten basiert. Multinationale Konzerne konzentrieren sich heute mehr auf sich selbst, bestimmen internationale Normen und Standards und auf Behörden mit dem Ziel Druck auszuüben, ihren Einflußbereich auszudehnen - besonders auf dem Gebiet des biotischen Kapitals. Dadurch kontrollieren sie das Konzept und die Entwicklung von strategisch relevanter W&T.

TT wirkt den *Acht Milliarden Menschen* aus folgenden Gründen entgegen:

- transferierte Technologien sparen meist viele Arbeitsplätze ein. Auf Grund ihrer technischen Reife dienen nicht für die Beschäftigungsbedürfnisse von EL. Um aber das Beschäftigungsniveau auch nur zu halten, müssen im kommenden Jahrzehnt über 1,5 Mrd. Arbeitsplätze geschaffen werden, wozu sich nur arbeitsintensive Technologien eignen;
- die meisten transferierten technischen Systeme basieren auf weitgefächerten Produktionslinien, für deren Produkte lokale Märkte keine Aufnahmekapazitäten haben. Die Wirtschaftssysteme werden destabilisiert, weil sie weitgehend von Exporten abhängen, die sie selbst nicht bestimmen;
- die Spezifizierung auf gefertigte Produkte orientiert sich grundsätzlich nicht an den Bedürfnissen eines Landes. Die Bevölkerung ist gezwungen, Produktion, Konsum, Bildungs-und Wertesysteme, etc. zu ändern, um diese den Anforderungen der Transferökonomien anzupassen;
- durch TT gesteigerte Produktivität und Qualität schadet oft den lokalen Industrien, indem diese vom Markt verdrängt werden;
- Multinationale Konzerne treffen ihre Investitionsentscheidung nach strengen Auswahlkriterien, die sich nach der Profitmaximierung richten. Das führt die Empfängerländer, -regionen und -gegenden zu einem Kampf um ausländische Investitionen, aus dem sie mit geschwächten Verhandlungspositionen gegenüber den "externen" Partnern sowie wachsenden Schwierigkeiten bei regionalen Kooperationen hervorgehen

**Tabelle 8** **25 Hindernisse für die nachhaltige Anwendung von W&T auf das Ziel der Acht Milliarden Menschen**

1) Die Eurozentriertheit und Ausrichtung auf westlich industrialisierte Länder.

2) Wirkliche Komplexität globaler Probleme und den daraus resultierenden Unsicherheiten bezüglich der Form, der Ebene und dem Ort der Forderungen an die Politik.

3) Ungenügende Forschung und Entwicklung (F&E) oder alternative Herstellungsformen, Lebensstile, Energieproduktion oder was auch immer die nachhaltigen Systeme fördert.

4) Internationale, politische und ideologische Spannungen, die eine Zusammenarbeit zugleich einschränken und die Aufmerksamkeit auf F&E, die Investitionen und Ausgaben für Militär- und Verteidigungshaushalte lenken.

5) Psychologische Gleichgültigkeit, die Sichtweise des Einzelnen im Gegensatz zum Bewußtsein der Gesellschaft.

6) Auf einen Ultra-Materialismus fixiert sein, zu Lasten der sozialen und humanistischen Ethik.

7) Während das Konzept der Externalitäten einige Aufmerksamkeit auf sich zog, wurde nicht darüber nachgedacht, wie weit der Begriff ausgelegt werden sollte (viz. der radikale Bedarf nach einer ganz neuen umwelt-ökonomische Agenda).

8) Mangelnder Konsens oder fehlende Wahrnehmung für globale Probleme, deren Um fang breit angelegte, politische Lösungsstrategien erforderlich machen.

9) Konkurrierende und protektionistische Ethik, die den globalen Koordinationsbestrebungen entgegensteht.

10) Fehlerhafte Entwicklungsperspektiven (aus lokaler und interner Sicht), die die Problematik des Dualismus ignorieren.

11) Mangelnde Allokation von F&E für relevante Bereiche.

12) Die anstehenden Gesamtkosten bei realistischer Problembewältigung und die Weigerung einer reichen Minderheit, ihren Lebensstil tiefgreifend umzustellen.

13) Defizitäre Entwicklungsperspektiven (aus externer Sicht, z.B. vom IWF, der Weltbank, GATT), die auf dem internationalen Gefälle und einer unangemessenen Analyse der sich im Wandel befindlichen technisch-wirtschaftlichen Welt beruhen.

14) Schleichende Veränderungen bei gegenwärtigen Forschungsprojekten, den Agenden der Industrie und dominanter Lebensstile.

15) Ablehnung eines "kulturellen Planungsethos" zugunsten sozialer Marktwirtschaft.

16) Vorhandene Interessen des militärisch-industriellen Komplexes und der damit verbundene hohe Kostenfaktor bezüglich Ressourcen, Arbeitsqualifikation und W&T.

17) Die auf Makro-Ebene gesetzten Grenzen für die Verbreitung von Wissen und technischer Expertise.

18) Die Bandbreite an markt-, wirtschafts-, technologietransfer- und wissensbezogenen Hindernissen zwischen teilweise integrierten, entwickelten/triadischen Nationen und den ausgegrenzten ärmeren Nationen.

19) Handels- und Wirtschaftsschranken zwischen 'Nord und Süd'.

20) Eine, gemessen an ihrem Potential, schlecht ausgebildete Bevölkerung.

21) Die Kräfte des 'freien Marktes', die in erster Linie auf die kurzfristigen Interessen und deren Konsumethik reagieren.

22) Mangelnde Fertigkeiten der einheimischen Bevölkerung und eine defizitäre technologische Infrastruktur in den ärmeren Ländern.

23) Transnationale und 'private' Marktstrukturen, die sich in erster Linie nach den Bedürfnissen der IL richten oder deren gegenwärtige Patente ebenso wie die Produktion den Bedingungen des Weltmarkts angepasst sind.

24) Mangelnde Kontrolle und Koordination durch einflußreiche Institutionen auf regionaler, internationaler und globaler Ebene.

25) Die überbetonte Ausrichtung auf zentralistische, kapital-intensive Herstellung, Produktion und Verteilung, die zunehmend die wesentlichen Aspekte der westlichen Zivilisation prägen (einschließlich institutioneller Mechanismen).

**Tabelle 9** **Potentielle Gewinne und Hindernisse beim Einsatz von Kommunikationssystemen für Acht Milliarden Menschen**

| Potentielle Gewinne | Hindernisse |
|---|---|
| Eine Grundversorgung mit Telekommunikation (vorwiegend Telefon) kann lokale und nationale Entscheidungsstrategien beim Einsatz von Ressourcen in LDCs stark unterstützen. Es kann auch Verwaltungs, -Organisations- und Sozialdienste sowie Notdienste verbessern. Darüberhinaus kann es die soziale und kulturelle Lebensqualität verbessern, besonders in Gesellschaftssystemen, die grundlegende Veränderungen und starke Migration durchleben. | Telekommunikation gewinnt in EL nicht die Bedeutung auf Grund anderer Präferenzen.<br><br>Finanz- sowie generelle Hilfen sind, gemessen am Bedarf, generell vollkommen unzureichend; die Forderungen der ost-europäischen Staaten verschlechtern die Situation weiter.<br><br>Die Finanz- und generellen Hilfen sind an unangepasste Bedingungen geknüpft.<br><br>Statt auf wirksame lokale Hilfen legt die Weltbank Wert auf langfristige, internationale und hochmoderne Dienstleistungen; und die Kreditallokation erfolgt nach politischen Gesichtspunkten. |

Weltbank. IWF und die IL konzentrieren sich auf Privatisierung und Liberalisierung als den einzig weiterführenden Weg.

Die Konkurrenz um INTELSAT schränkt ihre Entwicklungsfähigkeiten und ihre Mittel ein.

Mangelndes Wissen bei den Forschern sowie den Sponsoren im Hinblick auf Alternativen zur Privatisierung und Liberalisierung bei sektoralen Umstrukturierungen.

Mangel an entsprechender menschlicher, technischer und physischer Infrastruktur in den LDCs.

Brain Drain gut ausgebildeter Arbeitskräfte aus LDCs.

Unangemessene einheimische Technologien und Technologieengpässe.

Fehlende Zugriffsrechte auf Fernerkun-dungsergebnisse für die erkundeten Länder und Gebiete.

Unklare Aufgabenstellung in F&E kostet unnötige Gelder.

In den LDC wird oft unangepasst Hilfe oder gar keine Hilfe angeboten.

Politische, wirtschaftliche und technische und Hindernisse auf Grund mangelnder Absprachen bei regionalen Versuchen der Zusammenarbeit.

Zunahme der lokalen Autonomie, dadurch daß die Telekommunikation sich positiv auf Dezentralisierung auswirkt.

Die eingeschränkte Möglichkeit (und fehlender politischer Wille) der Nationalstaaten, die Aktivitäten der MNK global zu kontrollieren. Mangel an und Schwäche von global regulierenden und kontrollierenden Behörden.

Fortschrittliche Dienstleistungen; einschl. Netzwerk-Dienste, könnten KMUs in EL sowie LDCs bei der Integration in die sich globalisierende Weltwirtschaft helfen.

MNKs können sich monopolistische Nachfragevorteile zunutze machen, während dies anderen nicht gelingt.

Unangemessene Tarifstrukturen.

Vorschriften schränken die Möglichkeiten gegenseitiger Subventionen ein.

Das Überspringen von Entwicklungsstufen in der Entwicklung von Netzwerken in LDCs kann den Gewinn im Verhältnis zu den Kostenverhältnissen in EL erhöhen.

Vielleicht gibt es in Zukunft dadurch auch Überspringungs-Möglichkeiten im Übertragungsbereich, daß man Glasfasern einsetzt.

Telekommunikations- und Kommunikationsmedien verfügen im allgemeinen über die Möglichkeit (das gilt auch für die Informations- und Unterhaltungsmedien) kulturelle Ängste und Distanzen abzubauen, nützlichen Austausch und Vielfalt zu intensivieren, sowie Verständnis und Wissen zu vergrößern.

Die Schwäche global regulierender und gesetzgebender Foren, mehr Gleichheit zu gewährleisten und die Entwicklung von Normen zu verbessern.

Die Strategien der Weltbank und des IWF begünstigen fortschrittliche Dienstleistungen für internationale statt nationale Verwendung in LDCs.

Finanzknappheit und andere Faktoren, die Investitionen entgegenstehen, blockieren Überspringungsversuche ebenfalls.

Privatisierung und Deregulierung können vertikale Beziehungen innerhalb der Industrie einführen und effektiven Wettbewerb dadurch schmälern.

Regionale Kooperationen zum Zweck von Übersprüfen zwischen kleineren Ländern steht vor zahlreichen technischen und anderen Hindernissen.

Die Entwicklung von Netzwerken bietet auch eine Möglichkeit, einen industriellen Sektor oder Teilsektor für Telekommunikationsanlagen zu schaffen, der wiederum in eine breitere nationale Entwicklungstrategie münden kann.

Ein ausgeglichenerer Informationsaustausch ist von den USA, UK und zahlreichen anderen IL sowie von deren MNKs und Lobbygruppen wortreich blockiert worden. Sie bestätigten ausdrücklich, den auf Eigeninteressen basierenden kommerziellen und politischen Wert solcher Informationsflüsse und unterstützten generell Schritte in Richtung einer stärkeren Kontrolle durch den privaten Sektor und weniger demokratische Beteiligungsformen in Organisationen, denen sie angehören.

Globale Organisationen wie die UN können ausgewogenere Abmachungen weder umsetzen, noch einfordern.

Der Besitz aller Medienarten konzentriert sich in den Händen einiger weniger globaler Unternehmen, deren Interessen lediglich auf wirtschaftliche Ausbeutung gerichtet sind.

In vielen LDCs gibt es kaum nationale Strategien und zudem können sie nur schlecht mit Informationsflüssen umgehen. In einigen Fällen identifizieren sich die lokalen Eliten eines Landes ausdrücklich mit der externen kulturellen Vorherrschaft und erzwingen eine kulturelle Homogenisierung.

Telekommunikation und andere Kommunikationsmedien (einschließlich Film, Video, Radio und TV) können zu den lokalen Entwicklungsstrategien beitragen, die zunehmend an Bedeutung für nachhaltige, lokale und nationale Entwicklung gewinnen. Im Kontext partizipativer Entwicklungsansätze, besonders auf lokaler Ebene, steht die Identitätsförderung, die Stärkung des Zusammenhalts und der Erfahrungsaustausch auf den unterschiedlichsten Gebieten.

"Kulturelle Synchronisation", eine eng an Kommerz orientierte Sichtweise und Entwicklungsmodelle ohne Beteiligung werden vom Norden immer noch zum Zweck kurzfristiger Interessen verfolgt, was den Wandel behindert.

Es gibt wenig Unterstützung von Regierungs- oder offizieller Seite für partizipative, demokratische Entwicklungsmodelle in oder außerhalb der LDCs, weil sie zahlreiche Ziele dieser Akteure gefährden könnten. Hinzu kommt, daß der Norden selbst ein nur begrenztes Modell für partizipative Demokratie verfolgt, das weiterreichende Beteiligungsformen in den ökonomischen Strukturen ausschließt. Auf globaler Ebene stehen für eine solche Politik vor allem die Weltbank und der IWF. In ganz unterschiedlicher Weise zeigte sich jedoch jüngst ein deutlich gewachsenes Interesse an lokal orientierten und partizipativen Entwicklungsmodellen.

Vor allem im Rahmen wachsender Konkurrenz in der Triade unterliegt der Wissensaustausch und die Verbreitung von Technologie verstärkt dem Imperativ des globalen Wettbewerbs, weshalb sie sich immer mehr auf die integrierten und entwickelten Teile der Welt (das Pax Triadica Szenario) beschränken. Erschweren wir jedoch die Zugangsbedingungen zu Wissen und Technologie, tragen wir zur ungleichen Entwicklung der Welt bzw. zur zunehmenden Teilung der Welt in einen integrierten und einen ausgegrenzten Teil (das Überlebensszenario) bei.

Unsere Studie hat für die Rolle von W&T eine Einschätzung vorgenommen, um den negativen Folgen von TT entgegenzuwirken sowie von seinen positiven Auswirkungen zu profitieren. Sie zählt ökonomische Netzwerke zu den natürlichen Vehikeln zur Hybridisierung, gemeinschaftlicher Entwicklung und Mitbestimmung[41] .

41 Für eine detaillierte Analyse der Rolle von Netzwerkverbänden siehe G. Thill, The Transfer of Scientific and Technological Skills and Expertise and their Appropriation. The Relevance of Associative Networks, FOP 307

Die grundlegende Bedeutung von Netzwerken ist zweigeteilt: jeder wichtige 'Transfer' setzt die Fähigkeit der Menschen zu einem gemeinschaftlichen Projekt (z.B. mit der Gemeinde) voraus, bzw. eine kulturelle Identität oder die Fähigkeit, im gegenseitigen Austausch Vorstellungen über Ziele und Zukünfte zu entwickeln.

Eine globalen Entwicklung für die *Acht Milliarden Menschen*, die ökologische Nachhaltigkeit, Wirtschaftlichkeit, soziale Gerechtigkeit und politische Freiheit enthält, setzt eine starke interdisziplinäre und intersektorielle Befruchtung voraus, wobei der Suche nach und der Anwendung von kombinierten Technologien Priorität gegeben werden muß. Hierbei handelt es sich um eine notwendige Vorbedingung zur Etablierung realer Austauschverhältnisse im Gegensatz zu den monetären und kommerziellen Bedingungen für den freien 'Austausch' von Gütern, Rohstoffen, menschlicher Arbeitskraft und Dienstleistungen. Dort, wo keine Bedingungen für einen Austausch gegeben sind, werden diejenigen, die den Zugang zu Wissen und Technologie auf wissenschaftlicher, technischer und industrieller sowie militärischer Grundlage kontrollieren, einen Zuwachs an Macht erfahren und so Ungleichheiten und Fragmentierung auf die globale Ebene tragen.

Es gibt keine effektive technologische Innovation oder gemeinsame Entwicklung, die nicht dem lokalen Know-how, der sozialen und kulturellen Realität und den Bedürfnissen der Verbraucher angepaßt ist. Da man Entwicklung auf lokaler Ebene oft ignorierte oder als 'Hindernis' sah, führte die Anwendung von W&T nicht nur oft zu neuer Marginalisierung in den weniger entwickelten und ärmeren Regionen der Welt, sondern auch im Norden. Alle Fallstudien, die PRELUDE zu den Themen:
- Pharmakologie;
- Telekommunikation und Entwicklung;
- Nachhaltige Entwicklung: Gesundheit, Viehzucht und Umwelt

durchführte, bieten empirische Evidenz für die Rolle der Netzwerkverbände als angemessenes Instrument, um den Bedürfnissen nach interdisziplinärer und intersektoraler Befruchtung und Hybridisierung zu entsprechen.

Netzwerke werden als Zusammenschlüsse unterschiedlicher Akteure, sozialer Gruppen und Institutionen definiert. Macht man sich ihre verschiedenartigen Erfahrungen, Bedürfnisse, Wahrnehmungen, Ressourcen und Visionen zunutze, so kann man sie als Indikatoren neuer Probleme und Lösungsansätze einsetzen. Ein Netzwerk bietet im wesentlichen einen Raum für fortlaufende Verhandlungen, wie auch für gemeinsame Bildungs- und Lernprozesse.

Jedes Netzwerk besteht aus einer Vielzahl von Unter-Netzwerken. Das bedeutet, daß unterschiedliche Netzwerke eine Gruppe, Gemeinschaft, Region oder kritische Masse bilden können, um
- Gebrauch von lokalen Materialien und immatieriellen Mitteln zu machen;
- in den Bereichen Behausung, Telekommunikation und im Umweltmanagement die Effizienz zu steigern bzw. die Kosten zu senken;
- die Verhandlungsposition lokaler Firmen und Behörden gegenüber dem Finanzsektor zu stärken.

Der Einstieg über ein Netzwerk ermöglicht eine systematische und fruchtbare Vor-

gehensweise in äußerst heterogenen und komplexen Situationen:
- durch die Multiplizität der in einem Netzwerk bestehenden Kenntnisstände (der Bauer und der Spezialist in der Biomedizin, das Kabelfernsehen und der Erzähler eines mexikanischen Dorfes);
- durch Umgehung klassischer Bipolaritäten: traditionell vs. modern, Nord vs. Süd, endogen vs. exogen, Fremder vs. Nachbar, Hersteller vs. Verbraucher, technisch vs. sozial, etc.;
- durch die Integration unterschiedlicher Perspektiven und Dimensionen (symbolische, wirtschaftliche, bildungsbezogene, soziale, ethische, politische, etc.).

Würden alle relevanten Akteure (W&T-Personen, Politiker, Verbraucher, etc.) zusammengebracht, könnten transnationale und interregionale Zusammenschlüsse zu bestimmten Entwicklungsprojekten die Zeitunterschiede überbrücken. Es gibt sie alle: die Erfinder neuer Ideen, diejenigen, die für die Produktion verantwortlich sind und die Erben unzähliger Traditionen.

Netzwerkzusammenschlüsse kombinieren zugleich unterschiedliche Zeiträume und den Prozeß des Austausches von Fertigkeiten sowie die Aneignung von Wissen und Technologien. Ohne dabei andere Institutionen ersetzen zu wollen, geben sie ihnen ihre Fähigkeiten zum Institutionalisieren, d.h. zum Fördern neuer Kreativitätsprozesse zurück. Darüberhinaus korrigiert ihre heterogene Natur das strategische Kalkül durch Taktik. So besehen ist der Verbraucher nicht mehr der Kunde, sondern ein Subjekt. Das steht im Gegensatz zu den meisten großangelegten Projekten wie Flughäfen, Krankenhäusern und den Städten der Gegenwart. Insgesamt stellen Zusammenschlüsse von Netzwerken offene Kommunikations-, Mitentscheidungsprozesse und -entwicklungen dar. Netzwerkverbände begünstigen nicht den 'Transfer' an sich, sie ermöglichen aber die Entwicklung von notwendigen wie nützlichen theoretischen und praktischen Kompetenzen und Fachwissen, das mit einer technologisierten Industrie in Verbindung gebracht wird. Es gibt keine 'Verpflanzung', sondern es wird ein innovativer Prozeß auf lokaler Ebene angestoßen und institutionalisiert. Hybridisierung von Wissen, Know-how und anderen Fähigkeiten führt zur lang ersehnten Anerkennung der vielen verschiedenen historischen Formen von Wissenschaft und Kultur. Hybridisierung stellt ein mächtiges Instrument zur effektiven Aneignung, Erhaltung und Bewertung von W&T dar. Sie schätzt wirkliche Partnerschaft.

Gemeinschaftliche Entwicklung und Mitbestimmung für die Acht Milliarden Menschen beruht auf angemessenen Formen sozialer und kultureller Konditioniertheit, nicht nur einer angemessene ökonomische Ausgangslage. Wie beispielsweise das "Dritte Treffen der Metropolen" im Oktober 1991 zum Thema "Nachhaltige Stadtentwicklung" hervorhob, erfordert eine "Initiative zu Wohnraum für Menschen":

- die aktive Teilnahme von Bürgern bei der Festlegung eines konzeptuellen Rahmens und einer Strategie für nachhaltige Stadtentwicklung;
- weitreichende Beteiligung bis hin zu konzertierten Aktionen zwischen Menschen, Bildungs- und Forschungseinrichtungen, den wirtschaftlichen und kommerziellen Sektoren wie den Behörden auf allen Ebenen;
- die Förderung kultureller und sozialer Vielfalt.

Eine angemessene W&T-Strategie für die *Acht Milliarden Menschen* muß unweigerlich als ein komplexes System von offenen Netzwerkzusammenschlüssen angelegt, umgesetzt und bewertet werden, das Städte, Dörfer, Regionen und Kontinente in einem dichten Geflecht von kooperierenden Projekten verbindet und Solidarität zwischen Wissenschaftlern, Ingenieuren und Industriellen aus weniger entwickelten Ländern fördert. Als Mitglied eines Netzwerkes gewinnt man auf effizienteste Weise hinzu. Dank interregionaler Zusammenschlüsse von Netzwerken ist Hybridisierung eine Möglichkeit, zu neuen innovativen Formen des Regierens auf regionaler oder globaler Ebene zu kommen.

### Das Bretton Woods System

### Zu einer neuen Generation globaler Finanz- und Wirtschaftsinstitute

Sodann müsste ein neuer Typ von Netzwerken geschaffen werden, der sich am besten durch das System internationaler Institutionen, das vor 50 Jahren zum Steuern sowie für die Stabilität der internationalen Finanz- und Wirtschaftsbeziehungen geschaffen wurde, beschreiben läßt: Das Bretton Woods System, das die allseits bekannten Institutionen: IWF, Weltbank und GATT aus der Taufe gehoben hat. Es spielte in seiner Anfangsphase eine positive Rolle beim Prozeß der Wiederherstellung einer internationalen Wirtschaftsordnung in der 'westlichen' Welt. Die Gründung des Systems wurde durch die feindliche Bipolarität und die unangefochtene Vormachtstellung der USA erleichtert.

Die Dekolonisation, Japans Aufstieg zur wirtschaftlichen Weltmacht und das allmähliche Erwärmen des Kalten Krieges in den 70er und 80er Jahren haben die Wirtschaftsdynamiken und -beziehungen des allgemeinen Weltzusammenhangs grundlegend verändert. Und auch die seit dem Ende der 60er Jahre andauernde Wirtschaftskrise hat ihre Rolle gespielt und Strukturdefizite und -unzulänglichkeiten des Bretton Woods Systems zutagegefördert.

Die Strategien des IWF, der Weltbank und des GATT in den 80er Jahren haben die Glaubwürdigkeit des Systems als dem geeignetsten Instrument für eine globale, soziale und umweltverträgliche Entwicklung, ganz zu schweigen von den *Acht Milliarden Menschen,* noch stärker in Frage gestellt.

Die Hauptursache für die Krise liegt darin, daß das Konzept ursprünglich eine verwirrende Mischung keynesianischer und monetaristischer Paradigmen war, die den IWF, die Weltbank und GATT dazu veranlaßten, in EL und IL zu Strategien und Maßnahmen zu greifen, die ursprünglich nur für IL vorgesehen waren.

IWF und Weltbank orientierten ihre Finanzpolitik bis vor kurzem an Deregulierung und leugneten die Zweckmäßigkeit staatlicher Sozialhilfepolitik. Gestützt auch durch die Liberalisierungspolitik des GATT, konnten sie so weitgehend Strukturanpassungsstrategien durchführen und aufoktroyieren, die sich in den **drei D's** zusammenfassen lassen: **D**eflation, **D**evaluation und **D**eregulierung[42] .

---

42 Eine kritische Analyse des Bretton Woods Systems bietet auch S. Holland, In Richtung eines neuen Bretton Woods. Alternativen für die Weltwirtschaft, Abschlußbericht an FAST, Mai 1993; siehe auch Auszüge im Anhang

*Warum wurde das Bretton Woods System zu einem Haupthindernis für global-orientierte W&T?*

Zunächst wird heute zugegeben, daß die Strukturanpassungsstrategie, abgesehen von wenigen Ausnahmen, für das Wirtschaftswachstum und das soziale Wohlergehen der Länder, die sich den Vorgaben des IWF, der Weltbank oder des GATT beugten, nicht zuträglich war. Die Politik der Strukturanpassung, die in über 80 weniger entwickelten Ländern durchgeführt wurde, hat in der Dekade der 80er genau das verhindert, was es bewirken sollte. Das Versagen der 'Dekade der Strukturanpassungen' unterstrich ein IWF-Beamter in einer jüngst veröffentlichten Studie: "Man kann nicht mit letzter Gewißheit sagen, ob diese Programme 'funktionierten' oder nicht. Aufgrund der vorliegenden Studien kann man nicht wirklich davon ausgehen, daß die vom IWF finanzierten Programme zur Besserung der wirtschaftlichen Situation, der Inflation und des Wirtschaftswachstum beigetragen haben. Es scheint im Gegenteil so zu sein, daß die Strukturanpassungsprogramme häufig von steigender Inflation und sinkenden Wachstumsraten begleitet wurden"[43] . Als deutliches Zeichen für das Versagen des IWF und der Weltbank gilt der Rückgang von ausländischen Direktinvestitionen in Ländern unteren und mittleren Einkommens in Afrika, Lateinamerika und der Karibik zwischen 1983 und 1990 (der Anteil der ausländischen Direktinvestitionen fiel in diesen Ländern von 0,4% auf lächerliche 0,1% der weltweiten Gesamtinvestitionen).

Zweitens konnten und können Strategien, die sich auf Theorien wie die des komparativen Kostenvorteils, Faktorkosten-Gleichungen, Handelsliberalisierung und Kosten- und Nachfragesenkungen stützen, die Maximierung des Wohlstands weltweit nicht gewährleisten. In der Praxis schmälerten solche Strategien den Wohlstand von zwei Drittel der Menschheit, schadeten Lateinamerika und Afrika und könnten auch in Rußland ähnlich wirken. Drittens war die IWF-Politik und, bis in die jüngste Zeit, auch die Politik der Weltbank, die für Privatisierungslösungen und gegen Lösungen durch öffentliche Hände votierte, von Vorurteilen gegenüber sozialen und wirtschaftlichen Entwicklungen in den EL geprägt.

In vielen EL hat sich dies auf die Demokratie selbst bedrohlich ausgewirkt. Oft mangelte es an Initiativen zur Entwicklung eines sozialen Marktes, was wiederum die Fähigkeit der EL, sich sozialverträglich zu entwickeln und dadurch Gewinn aus dem ungeheuren Potential ihrer Menschen zu ziehen, behinderte. Gleichzeitig wurden die Chancen, zwischen IL und EL eine positiven Gesellschaftsvertrag abzuschließen, untergraben. Unter solchen Bedingungen litt die Rolle von W&T erheblich. Während EL zu exportorientierten Aktivitäten gedrängt wurden und sich die Zahl ihrer Wirtschaftssektoren verringerte, verloren sie nicht nur die Entwicklung der Infrastruktur und des Potentials von W&T aus den Augen, sondern bevorzugten auch diejenige W&T, die mit den Exportgütern verbunden ware und durch die ihre wissenschaftliche und technologische Abhängigkeit von den reichen Ländern erneut verstärkt wurde.

---

43 M. Khan, The Macro-economic Effects of Fund Supported Adjustment Programmes, IMF Staff Papers, vol. 37, no 2, 1990

Nach Stuart Holland ist die Zeit gekommen, neue und auf Veränderung hinwirkende Paradigmen in die Politik einzuführen. Aus seiner Sicht sollten die politische Reform und die institutionelle Neuschöpfung des Bretton Woods Rahmens folgende Punkte enthalten:

1) Festlegung bestimmter Niveaus für Entwicklungsausgaben, um Mindeststandards in den Bereichen Ernährung, Wohnen, Gesundheit, Umwelt, Bildung, Sozialdienste und Mindesteinkommen zu gewährleisten;

2) Diese Ausgabenniveaus sollten den Grundstein für ein weltweites Erholungsprogramm legen, das sich teils auf die Initiativen der IL, insbesondere der EU, stützt, aber auch von den wachsenden Importen der EL und ihrer sich erholenden Ökonomien, auch "Entwicklungsdefizite" genannt, getragen wird.

3) "Entwicklungsdefizite" sollten vom IWF in einem Jahresbericht über Sozialausgaben, Handel und Zahlungsbilanzen aufgeführt werden.

4) Auf der Basis dieser Entwicklungsdefizite sollte der IWF sodann die nötigen Zahlungsbilanzhilfen bestimmen, um die Währungen der einzelnen Entwicklungsländer bzw. der sich erholenden Ökonomien, zu stützen.

5) "Social conditionality": Bei Umsetzungen der Programme für Sozialausgaben, die zu Entwicklungsdefiziten führen, sollte sie angewandt werden. Die Weltbank und neue Regionale Entwicklungsbanken sollten gemeinsam Verantwortung für die Kontrolle der Umsetzung spezifischer Programme übernehmen. Sie sollten Sanktionsmöglichkeiten im Sinne einer Minderung oder Aussetzung der Finanzierung bei solchen Regierungen haben, die sich nicht an die getroffenen Vereinbarungen halten.

6) "Financial conditionality" könnte der IWF auch den Regierungen auferlegen, die den Anforderungen auf anderen Gebieten als dem der Sozialausgaben nicht nachkommen.

7) Die Mittel für die Entwicklungsdefizite der Transformations- und Entwicklungsländer sollten aus einer neuen **I**nternational **D**evelopment **F**acility (IDF) stammen.

8) Das Rückgrat dieser Fazilität könnten die Beitragszahlungen der OECD-Länderregierungen bilden, z.B. in Form von **I**nternational **D**evelopment **B**onds (IDB). Diese sollten, getreu der Empfehlungen Keynes', den Überschuß aus dem internationalen Handel 'recyclen'.

9) Auf regionaler Ebene stehen diesen neue Regional Development Banks den Regional Monetary Funds gegenüber, die einen Anspruch auf Finanzierung durch IDF haben sollten, gemessen an ihrem Anteil weltweiter Kreditvergabe.

10) Payments Clearance Unions sollten auf regionaler Ebene eingerichtet werden, damit Länder in spezifischen Regionen ihre Darlehen nur am Ende eines jeweiligen Finanzjahres in harte Währungen verwandeln.

**Empfehlungen** der in Auftrag gegebenen Studien.

**Einleitung: Die als "Protokolle" bezeichneten Empfehlungen**

Acht Protokolle wurden durch drei 'Ziele' weiter unterteilt.

Es gibt zahlreiche Gründe für die Anwendung dieser Formel. Protokoll bedeutet, daß sich mehrere Parteien darauf geeinigt haben, ein Dokument zu unterzeichnen, dessen Inhalt alle beteiligten Parteien ausgearbeitet haben. In diesem Sinne wird jede Empfehlung von der genauen Auflistung der wichtigsten und am direktesten betroffenen Parteien begleitet. Protokolle beschreiben die Ziele des Abkommens genau. Gleiches gilt für die Mittel und Modalitäten, die für wichtig erachtet werden und sich am optimalen Erfüllen der Ziele messen. Für uns bedeutet das, die allgemeinen Definitionsbedingungen der Ziele und die Wahl der Mittel und Wege offenzulegen. Wir wollen jedoch vermeiden, die Wahl der Mittel und Modalitäten genau zu spezifizieren, weil sie von den Prioritäten der betroffenen Parteien abhängen. Protokolle sollten deshalb folgendes ansprechen:

- Politische Ziele (nicht nur da, wo ein Handlungsbedarf besteht, sondern auch wie man die notwendigen Bedingungen zum Erreichen der Ziele schafft);
- Organisatorische Ziele (insbesondere die Schaffung von Netzwerkzusammenschlüssen und neuer Institute, je nach Bedarf);
- Ziele für die Umsetzung (insbesondere W&T bezogene Aktivitäten).

Protokolle, die für Aktionen im Bereich von W&T im Sinne eines so weiten Zieles angewendet werden (den *Acht Milliarden Menschen*) sind notwendig und nützlich, weil alle mit W&T verbundenen Erfolge von den Beziehungen zwischen den Akteuren in W&T und anderen gesellschaftlichen Akteuren abhängen.

Ein Protokoll ist eher ein offener Prozeß als eine Handlungsempfehlung, weil es bei der Umsetzung noch Spielraum für Anpassungsprozesse läßt. Gewöhnlich kalkuliert ein Protokoll den offenen Prozeß mit ein, weil es nach der Halbzeit eine Evaluation, Kontrollpunkte oder Revisionsklauseln vorsieht. Je mehr sich die W&T-Agenda für die *Acht Milliarden Menschen* auf Hybridisierung und Netzwerkzusammenschlüsse innerhalb der allgemeinen Prinzipien für gemeinsame Entwicklung und Mitbestimmung stützt, desto mehr sollten W&T-spezifische Aktionen als gemeinsames Lernen und Experimentieren angelegt sein.

Da sich die Ergebnisse und Empfehlungen hauptsächlich auf die EU, insbesondere die Kommission, konzentrieren, lassen sich Protokolle auf der Grundlage von wenigstens einem Akteur beschreiben (in diesem Fall einem politischen Akteur), der gegenüber anderen Akteuren eine Initiativfunktion übernehmen kann. Deshalb bemühen sich die Empfehlungen von FAST, die Kommission zu überzeugen, daß sie eine führende Rolle bei der Umgestaltung der W&T-Agenda spielen muß, um den Grundbedürfnissen und Zielen der *Acht Milliarden Menschen* zu dienen.

Unsere Empfehlungen enthalten zwei Kategorien von Protokollen: zum einen sind es Protokolle für das allgemeine Verständnis und zum anderen Aktionsprotokolle.

Die Protokolle für das allgemeine Verständnis orientieren sich daran, welche Schritte zum 'Handeln' führen und wie sie vorbereitet werden können. Für diese Empfehlungen sprachen sich die Mitglieder des 'Global European Committee' aus. So hielten sie, als wichtigstes Ergebnisse der Studie, die Vermittlung von Ideen und Argumenten fest, die eine Bestimmung von Schwerpunkten erleichtern.

Die Aktionsprotokolle drehen sich um vier W&T-spezifische sowie um ein institutionelles und um ein organisatorisches Gebiet.

***Erstes Ziel: Entwicklung eines besseren allgemeinen Verständnisses,*** *wie Aktionen auf kooperativer Basis definiert werden können, wie man sich mit ihnen identifizieren könnte, welche Umfänge und Probleme sie haben und welche Chancen sie bieten könnten.*
Das spezifische Ziel der ersten beiden Protokolle besteht darin, uns auf die gemeinsame Entwicklung vorzubereiten.

Wenn in der Vergangenheit globale Initiativen fehlschlugen lag das häufig daran, daß dem allgemeinen Problemverständnis nicht ausreichend Aufmerksamkeit und Zeit geschenkt wurde. Selbst die 'Verbreitung' der besten Praxis braucht effektive Methoden um ein breites Verständnisses für ihre Voraussetzungen und Folgen zu erreichen.

Das allgemeine Verständnis zu fördern wird ein noch wichtigeres Ziel, wenn es dazu dient, Verständnis für "W&T für die gemeinsamen Entwicklung" zu erreichen. Um zu diesem Ziel beizutragen, schlagen wir zwei Protokolle vor:

***Protokoll 1: Ein Weltforum für W&T***

Das Weltforum für W&T verfolgt das allgemeine Ziel, den Abgeordneten verschiedener Kulturen, gesellschaftlicher Gruppen und Länder Möglichkeiten zur Diskussion von Problemen und Konflikten zu bieten, die mit der W&T für *Acht Milliarden Menschen* verbunden sind. Das spezifische Ziel bei der Entwicklung des Weltforums ist es, innerhalb von drei Jahren zwei Sub-Aktionsprotokolle zu entwickeln: das erste könnte sich mit der Schaf-fung eines neuen Nobelpreises für W&T auf dem Gebiet der *Acht Milliarden Menschen* befassen, das zweite könnte einen Vorschlag ausarbeiten für ein gemeinsames globales Fernsehprogramm für einen Dialog über W&T.

Die am unmittelbarsten betroffenen Parteien, die eingeladen werden, sich mit dem Weltforum zu assoziieren und einem von der EU vorzuschlagenden Abkommen beizutreten, sind:
- Parlamentarier (Abgeordnete 'lokaler' und regionaler Parlamente);
- Abgeordnete der globalen Zivilgesellschaft (einschließlich der Abgeordneten verschiedener Religionen);
- Mitglieder des Sektors für W&T
- Führende Vertreter aus Industrie und Wirtschaft (dem Finanz- und Wirtschaftsbereich).

Regierungen (nationale und internationale Organisationen) sollten nicht Mitglieder des Forums sein. Es sollte jedoch von Anfang an klar sein, daß sich die Umsetzungsergebnisse und die Vorschläge des Forums direkt an sie richten:

- Die Initiative zur Schaffung eines weltweiten Forums sollte von einem Abkommen zwischen der Kommission und dem Parlament der EU kommen. Dieses sollte eine angemessene Anfangsfinanzierung sichern;
- Die Gründerparteien werden dem Weltforum den Auftrag geben, je nach Bedarf öffentliche Anhörungen zu globaler W&T durchzuführen.

***Protokoll 2: Kooperative Experimente zum dreifachen 'T'***

Transport, Telekommunikation und Tourismus

Das allgemeine Ziel besteht darin, eine Reihe kooperativer Experimente auf regionaler Ebene zu erstellen, entwickeln und auszuwerten; Das dreifache 'T' soll im Interesse gemeinsamer regionaler und globaler Entwicklung angewendet werden.

Die Hauptachse wird die Anwendung von Transporttechnologien (bereits vorhandener sowie erst noch zu entwickelnder), von Telekommunikationssystemen und im Tourismus einzusetzender Technologie (die meisten von ihnen gehören dem Transport und Telekommunikationssektor an) beschreiben. Die Idee dahinter ist, physische und soziale Infrastruktur zu schaffen, damit es zwischen Menschen, Ideen, Gütern und Dienstleistungen zu einem intensivierten Autausch kommt. Letztlich soll es die Menschen und Gesellschaften einer Region stärker zusammenführen. Das Protokoll geht genau auf die Formen und Möglichkeiten ein, die das erreichen können:

- Die Nutzung bestehender Kooperationseinrichtungen sowie, je nach Bedarf, die Schaffung neuer Organisationen und Netzwerke;
- Kooperative Technologieprojekte, die auf umfassende technologische Kooperation ausgerichtet sind (einschließlich Bildung und Schulung) und bei denen die drei 'T's im Mittelpunkt stehen;
- Ausgewählte Kooperationsprojekte zwischen dem Transport-, Telekommunikations- und Tourismussektor zu planen (z.B. präventive Umwelttechnologien zur Verschmutzungskontrolle);
- Organisationen, die mit der gemeinsamen Umsetzung betraut sind (vielleicht sollten regionale „3-T-Kooperationsbüros" geschaffen werden);
- Austauschprogramme für Studenten, Experten, Nutzer und Entscheidungsträger;

Das Protokoll wird die folgenden Regionen als Experimentierfelder für Kooperationsprojekte erwägen:
- die Andenpaktregion;
- Afrika südlich der Sahara;
- die Mittelmeerregion;
- die russisch-chinesische Region;
- die Region um das Schwarze Meer;
- die Region um das Japanische Meer;
- Interregionale Experimente.

In all diesen Regionen sollten die folgenden Parteien aktiviert werden:
- lokale Regierungen;
- regionale (internationale) Institutionen;
- multinationale Konzerne, die auf die drei 'T's spezialisiert sind;
- Organisationen mit unbürokratischen Strukturen.

Im Einzelnen sollte mit innovativen Anwendungsformen in den drei 'T'-Bereichen experimentiert und diese Experimente durch
- wissenschaftlichen Austausch;
- Austausch von Menschen aus allen Lebensbereichen;
- wirtschaftliche Kooperationsprojekte;
- den Erhalt des kulturellen Erbes und die Kontrolle der Umwelt;
- regionale Sicherheit und kulturellen Dialog
gefördert werden.

***Zweites Ziel: Wissenschaft und Technologie*** *zur Bewältigung von vier globalen Grundbedürfnissen zu stärken (nachhaltige Koexistenz überall zu fördern)*
Dazu schlagen wir vier Protokolle vor:

***Protokoll 3: W&T zugunsten von Wohnraum für Menschen***
***Wohnung und Behausung als Schutz***

Allgemein soll zunächst geholfen werden, das Behausungskonzept (Wohnräume für Menschen) zu überarbeiten (das heute, nach wie vor, von zentraler Bedeutung und ein wichtiger Indikator für die soziale Integration der Menschen in allen Gesellschaften der Welt ist). Dies kann dadurch erreicht werden, daß man zeigt, daß es materiell, wirtschaftlich und sozial möglich und wünschenswert ist, das heutige Wissen und die vorhandene Technologie zu erweitern. So kann im Laufe der kommenden zwei Dekaden Wohnraum für Hunderte von Millionen Menschen in entwickelten und unterentwickel-ten Ländern bereitgestellt werden.

Dieses Protokoll, das von der EU vorgeschlagen wurde, sollte folgende Parteien berücksichtigen:

- Architekten und Designer;
- Vertreter der Bau- und Konstruktionsindustrie;
- die Nichtregierungsorganisationen;
- Parlamentarier;
- private Stiftungen.

Vertreter von Stadt- und Landesverbänden sollten zur Managementberatung Netzwerke gründen, deren Aufgabe es, neben anderen Funktionen, sein soll, finanzielle Garantien zu gewährleisten. Die Ergebnisse sollen in erster Linie den nationalen Fachministerien und den internationalen Regierungsorgani-sationen vorgelegt werden. Der Inhalt und die Achsen, auf der die Aktionen schwerpunktmäßig verlaufen, sollen durch die Vertreter der Bauindustrie festgelegt werden. Das Mandat, auf das sich die betroffenen Parteien berufen, wird den Zweck der Aufgabe näher ausführen: die Bauindustrie sollte einen Plan für 'Wohnraum für die *Acht Milliarden Menschen*' vorlegen, der nicht darauf beschränkt sein sollte, ihre Marktchancen zu erweitern.

Diese „Behausungs-Initiative" sollte auf folgenden Hauptachsen verlaufen:

- der Förderung neuer architektonischer Ideen in W&T und ihrer Umsetzung, insbesondere:

o das Konzept der globalen Qualität und die Austauschbarkeit der verschiedenen Elemente untereinander, die diese Qualität hervorbringen. Mehr noch als Kostenfaktoren sollte die globale Qualität dem Konzept zugrunde liegen;

o einen multi-disziplinären Entwurfsansatz verwenden;

o der spezielle marginale Nutzer sollte die Hauptzielgruppe des Designers sein. Die Stadt sollte als eine Stadt der 'alternativen' Menschen betrachtet werden. Diese Vision könnte sich als nützlich erweisen, allen Bewohnern eine wohnlichere Umgebung zu schaffen;

o sie sollte standardisiert sein, ihre Normen sich den lokalen Gegebenheiten anpassen und den Bedarf an Ressourcen verringern;

o der Entwurf sollte grundlegende Möglichkeiten für eine anschließende Nachbesserung und Modifikation enthalten.

- auf Entwurf und Umsetzung angemessener Modelle für städtische Integration. Modelle sind in vielerlei Hinsicht kontrovers. Eine ist immer die Technologie: Fortschrittliche Technologie (z.B. Telematik) sollte nicht in konsumierender Weise entworfen und angewandt werden. Das Protokoll sollte die besten Prozesse 'erarbeiten', denen entwickelte und weniger entwickelte Länder bei der Bereitstellung und Nutzung von Telematik in der Wohnraumproblematik folgen;
- auf der Unterstützung von Selbsthilfe und Selbstmanagement. Ein wachsendes Bewußtsein ermöglicht Selbstmanagement teilweise oder ganz innerhalb des Bauprozesses und eine anschließende Kostensenkung. W&T haben die Aufgabe, die an die Erwartung der Eigenkonstruktion geknüpf-ten Möglichkeiten besser zu kennen, um die Bedürfnisse und tatsächlichen Wünsche der Menschen besser zu erfüllen. Europa sollte sich bei W&T engagieren, um den Integrationsprozeß von angemessener und diversifizierter Technologie bei der Entwicklung von Wohnraum auf der Erde zu fördern;
- auf der Vorbereitung von Hybridisierung. Dadurch, daß sich Hi-Tech an Umgebungen anpaßt, können und müssen selbst Selbsthilfeinitiativen daraufhin untersucht werden, ob nicht auch hybridisierte Technologien verwendet werden können;
- auf der Organisation eines experimentellen, multidisziplinären Projektes für kostengünstigen Wohnraum. Das Protokoll wird die Bedingungen für einen weltweit wettbewerbsfähigen Preis näher spezifizieren;
- zwei experimentelle Projekte für Städte mit 'alternativen Bewohnern' zu lancieren, d.h. eine Stadt für Nutzergruppen wie geistig Behinderte, Gelähmte oder Menschen in Roll-

- auf der Kontrolle abzureißender und umzustrukturierender Stadtkerne in den entwickelten Ländern, selbst für alternative Bewohner. Arbeiten oder städtischer Abriß müssen eine besondere Relevanz haben, um in die bestehenden Wohngebäude jüngere oder ältere Ehepaare bevorzugt aufzunehmen. Anpassungsmöglichkeiten müssen für favorisierte oder andere Gruppen (einschließlich der Immigranten aus den LDCs) unter allen Umständen vereinfacht werden, um dem Eigenbau durch sie oder für sie eine Chance geben. Dabei tragen gerade die NROs eine wesentliche Verantwortung, die in den Prozeß der Wohnraumverbesserung eingreifen.

Das Protokoll und die darin enthaltenen Aktionen streben nach konstruktiven Ergebnissen:

- Politische Akteure:
o um zu verstehen, wie dramatisch die Wohnraumproblematik heute ist;
o daß es möglich ist, sich den Herausforderungen zu stellen und Lösungen innerhalb kurzer Zeit zu entwickeln;
o den Blick der Bürger und Konstrukteure auf die Wohnraumproblematik zu lenken;
o die Schicht der alternativen Nutzer zum Dreh- und Angelpunkt der Wohnraumproblematik zu machen;
o die Suche nach Lösungen gemeinsam mit den Nutzern, Konstrukteuren, Architekten und Designern anzugehen.
- Regierungen und internationale Organisationen:
o die zur Problemlösung wichtigen Normen und Standards zu überarbeiten;
o sich auf Ressourcen zu konzentrieren, mit denen wichtige Pilotprojekte durchgeführt werden können;
o die betroffenen Bereiche durch zentralisierte Produktion und Intervention zu organisieren und zu managen;
o die Selbsthilfe und die Eingriffe durch Selbstmanagement abhängig von der Situation zu favorisieren;
o die Normen- und Designflexibilität in allen Konstruktionsphasen und beim Management der Unterkünfte prinzipiell beizubehalten;
o die Lösungen schnellstmöglich umzusetzen, sobald sie auf ihre Stichhaltigkeit hin geprüft wurden.

- für die Handelnden im Bereich W&T:
o die Beziehung zwischen Nutzern, Normen und Prozessen klären;
o genau zu verstehen, welche Anforderungen die Nutzer an das Konzept für globale Qualität und die damit verbundene Austauschbarkeit der Elemente, Flexibilität und Anpassungsfähigkeit stellen;
o Lösungsvorschläge vorbereiten.

- Produktions- und Konstruktionsprozesse, neue Materialien und neue Technologien zu entwickeln, um Lösungen für Gebäude umzusetzen:
generell: 'hybridisierte' Komponenten zu entwickeln;

- für die Nutzer:
o die Aufgabe der Förderer gegenüber ihren Anforderungen und der Lösungsprozesse für die Wohnraumproblematik zu akzeptieren;
o eine Fähigkeit zum Selbstmanagement für den Bauprozeß und das Wohnobjekt zu entwickeln;

- für die Bürger im allgemeinen:
o ein Bewußtsein für Technologie zu entwickeln;
o ihre Lebensweisen und Wohnmodelle als Teil der Herausforderung der Globalisierung neu zu überdenken;
o eine Weltkultur mitzuprägen;
o die sich auf die weltweiten Hausprobleme beziehenden Vorschläge der politischen Entscheidungsträger zu unterstützen;
o überzeugt sein, daß eine umgehende Lösung der Wohnraumproblematik im allgemeinen Interesse liegt.

### *Protokoll 4: Das Kommunikationsprojekt*

*W&T für Koexistenz und gemeinsame Entwicklung*

Das allgemeine Ziel des Projektes besteht darin, öffentliches Interesse für Kommunikationssysteme zu schaffen und auf regionaler wie globaler Ebene zu konsolidieren. Darauf aufbauend sollen in W&T Maßnahmen getroffen werden, die eine Entwicklung zusammenhängender globaler Netzwerke stützen und Kooperationsstrukturen aufbauen. Durch den Trend zu Privatisierung, De-Regulierung und Liberalisierung hat der Begriff des öffentlichen Interesses für die nationale Ebene an Bedeutung verloren. Gleichzeitig trägt der gegenwärtige Trend zur Globalisierung nicht viel dazu bei, auf transnationaler oder globaler Ebene das Interesse der Öffentlichkeit wachzurufen. Deshalb besteht der erste Schritt des Projektes darin, ein besseres Verständnis für sich selbst zu schaffen und für die einzuschlagende Richtung bestimmte Richtlinien aufzustellen. Das spezifische Ziel besteht darin, eine Reihe von F&E- sowie Technologieprojekten zu fördern, die auf lokaler Ebene starke Kapazitäten durch innovative Hybridlösungen und durch den sozial relevanten Einsatz von Telematik und Multimedia im globalen Rahmen aufbauen.
Davon betroffen sind vorwiegend:
- Vertreter der Telekom und der Multimediaindustrie;
- Vertreter aus den Künsten;
- Journalisten;
- Internationale Berufsorganisationen;
- nationale, internationale und globale Organisationen, die sich nach bestimmten Standards und Normen richten
- Vertreter von Behörden (nationaler und internationaler Regierungsorganisationen)

sollten eine Begleitforschungsinstanz auf der Basis von Mitarbeitern unterschiedlichster Herkunft einrichten.

Zuerst aber gilt es für die betroffenen Parteien, die neuen Bestandteile und Dimensionen eines globalen, kohärenten Kommunikationsrahmens zu klären. Dazu gehören:

- eine institutionelle Struktur;

die transnationale Verantwortung zur Kooperation;

- die Finanzierung;
- Normen und Standards;
- der Handel;
- die Möglichkeit auf regionaler Ebene zu kooperieren (siehe auch die Verbindungen zu Protokoll 2).

Sie werden sich dann der wichtigsten Aufgabe zuwenden, also der Konzeption und Implementation von einer Reihe von Forschungs- und Technologieentwicklungsprojekten, wie z.B.:

- dem möglichen Einsatz von Kommunikationssystemen bei den Strategien zur Entwicklungsbeteiligung auf lokaler Ebene (Umwelt, Bildung, dem öffentlichen Dienst, Gesundheitswesen, etc.);
- technische Hybridoptionen und Verhandlungen mit MNKs;
- Gemeinschaftsprojekte in der Grundlagenforschung zwischen LDCs;
- den langfristigen Konsequenzen des kulturellen Durchdringens der nationalen Entwicklung;
- der Einschätzung der Konsequenzen einer Liberalisierung in der "Kulturindustrie";
- den Möglichkeiten der Rückführung von Gewinnen an LDCs aus der Verwertung von Aufnahmen aus der Erdumlaufbahn;

Das zu erreichen wird das Protokoll bestimmte Wege und Möglichkeiten aufzeigen:
- die Entwicklung alternativer Strategien für eine sektorale Umstrukturierung;
- die Nutzung regionaler und globaler Organisationen wie der UN beim Einsatz von Satelliten für die gemeinsame Entwicklung;
- die systematische Studie des Einflußes der Kommunikationstechnologie auf die Gesellschaft und wie dieser Einfluß durch unterschiedliche politische Strategien und veränderten Einsatz optimiert werden kann;
- die Austauschprogramme für Personal in politischen und akademischen Einrichtungen unterstützen;
- die Unterstützung für Dokumentationszentren in LDCs;

### *Protokoll 5: Die Wende zur kohlenstoffreien Wirtschaft*

Das allgemeine Ziel besteht darin, die Wirtschaft in Richtung zukunftsfähiger Entwicklung zu lenken, indem der spezifische Beitrag und die Bedingungen für eine kohlenstoffreie Wirtschaft herausgearbeitet werden. Die konsumorientierte, materialintensive, auf dem Einsatz von Kohlenstoff basierende Wirtschaft und seine entsprechenden Entwicklungsmodelle können mittel- bis langfristig wohl kaum bestehen bleiben, wenn die gesamte Weltbevölkerung am Wohlstand einer nachhaltigen Zukunft teilhaben soll. Die betroffenen Parteien sollen dazu eine Einschätzung abgeben und die bestehenden und zu erwartenden Chancen dafür berücksichtigen sowie Versuchsprojekte initiieren:

- eingeschränkter Verbrauch und die Substitution von Materialien;
- kohlenstoffreie Verbrennungssysteme;
- ein neues Paradigma für Kooperation, Regulation und Verantwortlichkeit im Umweltschutz;
- neue Lebensstile und lokale Lösungen.

Die betroffenen Parteien repräsentieren dieselben Gruppen, Interessen, Institutionen und Wähler, die an der UN Konferenz in Rio de Janeiro teilnahmen. Diese 'Verbindung' ist wichtig, weil die beteiligten Parteien, noch bevor sie sich an die Konversionsarbeit in Hinblick auf eine kohlenstoffreie Wirtschaft machen, feststellen werden, daß sie erheblichen Nutzen aus einer genauen Analyse der bisherigen Ergebnisse der Umsetzung der Agenda 21 ziehen können. Diese wird auch Einblick in die Gründe und Hindernisse geben, die die Agenda 21 zu einer weiteren 'berühmten Erklärung' abwerten!

Die beteiligten Parteien sollten solche Aktionen und Mechanismen herausfinden, die über kurz oder lang den Schritt zur kohlenstoffreien Wirtschaft realistisch erscheinen lassen. Das Protokoll widmet sich besonders:

- der Organisation und Überwachung wissenschaftlicher Netzwerkzusammenschlüsse aus IL und EL sowie innerstädtischer Experimentationsnetzwerke;
- dem Entwurf alternativer Szenarien und der Organisation dezentralisiert durchgeführter, globaler Debatten;
- der Schaffung einer 'Welt-Wirtschaftsakademie zum Studium der kohlenstoffreien Wirtschaft' sowie entsprechend orientierter regionaler Wirtschaftsbehörden innerhalb bestehender Organisationen, die auf nachhaltige Entwicklung ausgerichtet sind.

### *Protokoll 6: W&T zur (Fort-) Bildung für Jedermann*

Das allgemeine Ziel liegt darin, partielle und vielfältige Initiativen zu diskutieren, die auf vorhandenes Wissen zurückgreifen, um die Bevölkerung dieses Planeten innerhalb der kommenden zwei Dekaden im Sinne der Ethik von Koexistenz, gemeinsamer Entwicklung und Mitbestimmung umzuerziehen. Das läuft der vorherrschenden Ethik des Wettbewerbs, konkurrierender Märkte, Unternehmen, Nationen, Städte und Universitäten entgegen. Die Aufgabenstellung für die beteiligten Parteien lautet, entsprechende Anforderungen im Bildungsbereich für Schulungsprojekte, Lehrpläne, für die Forschung in der Ausbildung, für den Gebrauch von Telematik und Multimedia, für den Unterricht der Lehrer, für Bildungseinrichtungen, für neue Wirtschafts- und Managementschulen, für Auswertungseinheiten und vor allem Möglichkeiten für ausreichende finanzielle Mittel zu formulieren. Bei den betroffenen Parteien handelt es sich um:

- Lehrerverbände (auf allen Ebenen)
- Bildungsakademien, -stiftungen, professionelle Organisationen;
- militärische Organisationen;
- transnationale Kooperation in der Wirtschaft;
- Vertreter der 'Globalen Zivilgesellschaft' (einschließlich Elternverbände).

Die betroffenen Parteien werden zu den oben angeführten Aufgaben außerdem:

- die Verfahren und Mittel herauszufinden, die Umschulungsinitiativen auf globaler Ebene mit sich bringen;
- die Bedingungen und finanziellen Erfordernisse konkretisieren, die die Förderung breit angelegter, internationaler Austausch- und Ausbildungsprogramme erfordert;
- die Durchführbarkeit globaler Projekte zur Verbesserung der Verhältnisse von Bildung und Beschäftigung und Bildung, Technologien zur Steigerung der menschlichen Fähigkeiten und der Beschäftigungssituation erforschen.
- prioritäre Aktionen bestimmen für mehr Süd-Süd Bildungs- und Forschungsprogramme und Lehreraustausch; Verbreitung der besten Übungsprogramme;

***Drittes Ziel: Neue Globale Institutionsmechanismen und -funktionen definieren***

Zur Gewährleistung einer effizienten Mitbestimmung

Zu diesem Zweck wurden zwei Protokolle vorgeschlagen:

***Protokoll 7: Ein Netzwerk für Hybridisierung***
***Eine neue Generation von Wissenschafts-, Forschungs-, Bildungs- und Technologietransfers***

Es ist das allgemeine Ziel, mit der Organisation multiregionaler, -sektoraler und -kultureller wissenschaftlicher und technologischer Netzwerkzusammenschlüsse als Alternative zum traditionellen Wissens- und Technologietransfer von Nord nach Süd zu experimentieren und auszuwerten. Ziel soll es auch sein, ein effektives Instrument zu finden, mit dem lokale, technologische, ökonomische und soziale Ausgrenzung vermieden werden können. Das betrifft vor allem solche Dynamiken, die bereits im Entwurf, der Entwicklung und dem Gebrauch von globaler W&T auf Ausgrenzung angelegt sind.

Das spezifische Ziel wird darin bestehen, daß sich die betroffenen Parteien für eine begrenzte Zahl von Projekten entscheiden, von denen einige auf Forschungsarbeiten zurückgehen. Andere wiederum beschäftigten sich mit der Auswertung bestehender wissenschaftlicher und technologischer interregionaler und globaler Netzwerke und ihrer Beiträge, die sie zur Anwendung von Prinzipien für gemeinsame Entwicklung und Mitbestimmung leisten. Ein konkretes Ziel der Auswertung soll sein, die Netzwerke besonders zu kennzeichnen, die die meisten positive Beiträge geleistet haben.

Die von diesem Protokoll betroffenen Parteien sind:
- Vertreter regionaler und globaler Regierungsorganisationen;
- Industrielabors und professionelle Organisationen;
- Private Stiftungen;
- Vertreter lokaler innovativer Stiftungen.

Die Hauptinterventionsgebiete sollen nach dem Grad der entwickelten Hybridisierung bestimmt werden, wobei den Bereichen, in denen das Potential für Hybridisierung hoch ist, der Vorzug gegeben wird, also z.B. Notunterkünften, Kommunikationssystemen, nachhaltiger Entwicklung und Bildung. Weitere Kandidaten sind Transportsysteme, Ernährung und Landwirtschaft.

Da in der EU und Nordamerika die Tradition für grenzüberschreitende, kultur- und sektorübergreifende Netzwerkarbeit am stärksten ausgeprägt ist, sollte dieses Protokoll eine Euro-Amerikanische Initiative sein, die den betroffenen asiatischen, afrikanischen und lateinamerikanischen Parteien vorgelegt wird. Als Initiativ-Sekretariat könnte eine informelle Gruppe aktiv werden und die EU sollte die nötigen Initiativ-Mittel bereitstellen.

### *Protokoll 8: Reform der Internationalen und Globalen Finanz- und Wirtschaftsinstitute*

Allgemeines Ziel ist es, die Anforderungen zu diskutieren, die zu einer allmählichen Umsetzung eines pro-aktiven Bretton Woods Rahmenwerks führen und die die Entwicklung und den Einsatz von W&T im Interesse der *Acht Milliarden Menschen* vereinfachen und anregen würden. Dazu sollten sich die betroffenen Parteien anfangs mit so allgemeinen Fragen auseinandersetzen wie:
- Wesen und Umfang der weltweiten Gemeinsamkeiten;
- der Definition und der Verwendung von Indikatoren für sozial- und umweltverträgliche Entwicklung (und des Produktivitätskonzepts);
- der Entwicklung eines neuen sozio-ökologischen Steuersystems (das sich auf den Begriff weltweiter Rechnungslegung stützt).

Das spezifische Ziel besteht darin, das neue multi-regionale, integrierte Finanz- und Wirtschaftssystem (analog zu Szenario D) und die neue Politik, die von neu gegründeten Institutionen gemacht wird und nicht auf die drei D's des IWF und der Weltbank aufbaut, zu definieren und zu bewerten.

Die betroffenen Parteien sind:

- Experten und Vertreter von Wirtschaftsinstituten;
- Vertreter einer Auswahl von LDCs, die entweder am meisten unter dem vergangenen System litten oder von ihm profitierten;
- Parlamentarier;
- Vertreter globaler Zivilgesellschaften.

Die Probezeit sollte drei Jahre betragen. Anschließend sollte ein Evaluationsbericht die Ergebnisse diskutieren und die Diskussion auf die globale Ebene hineintragen, z.B. über möglichst viele Parlamente.

## Schlußfolgerung

Die Grundbedürfnisse und Ziele der *Acht Milliarden Menschen* verlangen nach einer Welt, die sich in Richtung militärischer, ökonomischer und sozio-kultureller Abrüstung bewegt. Eine dreifache Abrüstung ist möglich, obwohl uns heute nur die Wahl zwischen den Szenarien des 'Überlebens' und der 'Pax Triadica' einerseits einem 'multiregionalisierten' Szenario bleibt. Die Rolle derer, die sich heute zugunsten von W&T zusammengeschlossen haben, steht den Kalkülen von Pax Triadica und den neuen 'strategisch-generischen' Technologien des 'Überlebens'-Szenarios nahe. Keines von beiden ist geeignet oder wünschenswert. Die EU hat beträchtliche Fortschritte bei ihren eigenen Integrationsbemühungen zu einem gemeinsamen Markt gemacht. Sie vermittelt heute allerdings den Eindruck, als habe sie den Geist ihrer Anfangsphase aufgegeben, als Europa, neben anderen Innovationen, die Abkommen von Yaounde und Lomé entwickelte und abschloß.

Die 90er Jahre ermutigen zu Qualitätssprüngen. Da Europa aber nur eine der Provinzen dieser Welt ist, werden sowohl die Arten als auch die Auswirkungen dieser Sprünge von allen anderen Provinzen beeinflußt.

# Kapitel II

# Vier vergleichbare Forschungsansätze

## KANADA: Globale Entwicklungszusammenarbeit und wie Wissenschaft für die Entwicklung nutzbar gemacht werden kann

### Internationale Entwicklung: Rahmenbedingungen für die 90er Jahre

In seiner zwanzigjährigen Geschichte hat das kanadische Internationale Zentrum für Entwicklungsforschung (IDRC) bedeutende Beiträge zur internationalen Entwicklungsarbeit geleistet. Um den Stellenwert und die Wirksamkeit des Zentrums aufrechtzuerhalten, müssen wir uns nun an größere Veränderungen auf der internationalen Ebene vorausschauend anpassen. Die heutige Weltordnung ist grundverschieden von der von 1970, als das Zentrum gegründet wurde. Die politischen, wirtschaftlichen, sozialen, kulturellen und ökologischen F&E-Veränderungen dieser letzten Jahrzehnte haben einen völlig neuen Zusammenhang für die EL und für das IDRC geschaffen. Dieser Abschnitt gibt einen kurzen Überblick über einige dieser Veränderungen und untersucht dabei, wie sie sich auf die entwicklungspolitische Szene allgemein und auf das IDRC im besonderen auswirkten.

Unsere Zeit zeichnet sich durch mehrere größere Komplexe von Veränderungen aus. Jeder davon zwingt uns, alte Ideen und Konzepte neu zu überdenken. Wir müssen dabei auch die Art ändern, in der wir uns den Prozeß der Entwicklung verdeutlichen, insbesondere die Rolle, die Forschung und wissenschaftliche Erkenntnisse darin spielen könnten.

Der erste Komplex von Veränderungen betrifft unser politisches Umfeld, das einem rapiden Wandel unterliegt. Das vorherrschende Charakteristikum der Nachkriegszeit - das Ost-West-Mächtegleichgewicht - wurde grundlegend transformiert. Die Welt ist immer noch dabei, sich an die neue Weltordnung anzupassen, in der Ost-West-Spannungen einen weit geringeren Einfluß haben. Auch die Rolle des Nationalstaates hat sich geändert. Wenngleich unsere politischen Systeme und unsere Auffassungen über das Management ökonomischer, ökologischer und sozialer Kräfte noch auf dem Konzept des Nationalstaates basieren, erodieren supranationale und transnationale Einheiten zunehmend die Fähigkeit des Staates, derartige Erscheinungen zu kontrollieren. Auch der Totalitarismus ist in vielen Teilen der Welt auf dem Rückzug, da immer mehr demokratische Bewegungen und politischer Pluralismus sich ausbreiten und Fuß fassen können. Repressive Regime stoßen stärker auf Protest und oftmals auch auf internationale Sanktionen.

Der zweite Komplex von Veränderungen betrifft das explosionsartige Wachstum der sozialen Bedürfnisse in den EL, vor allem aufgrund des Bevölkerungszuwachses. Dieses wurde ausführlich im Weltentwicklungsbericht der Weltbank von 1990, der sein Hauptaugenmerk auf die Armut richtete, und in dem UNDP-Bericht über die menschliche Entwicklung von 1991 dargestellt. Der Bedarf an Nahrungsmitteln hat sich vervielfacht, vor allem in den ärmeren Ländern. Obgleich die Landwirtschaft weltweit mehr als genug produziert, um allen Menschen eine ausreichende Ernährung zu bieten, hat sich gezeigt, daß die bestehenden politischen, sozialen und institutionellen Einrichtungen, sowohl auf nationalen als auch auf internationalen Ebenen, dies letztendlich nicht gewährleisten konnten. Auch im Bereich der Grundversorgung mit Gesundheit und Bildung ist die Situation ähnlich.

Das Bevölkerungswachstum führte auch zu einem Anstieg der Landflucht. Fortschreitende Verstädterung schuf eine immense Nachfrage nach Wohnraum, Kanalisation, Transport und Energie. Dies fügt der Verarmung, die die Landbevölkerung in den meisten EL kennzeichnet, noch den unbefriedigten Bedarf und die weitverbreitete Armut in den Städten hinzu. Überbevölkerung führt auch zu Unterbeschäftigung und Arbeitslosigkeit, die sich zu zwei der schwierigsten Probleme der EL entwikkelt haben.

Zudem hat die Welt - wenn auch verspätet - erkannt, daß das globale Ökosystem endlich und nicht in der Lage ist, dem durch unkontrolliertes Bevölkerungswachstum und Entwicklung entstanden Druck zu widerstehen. Daher ist ökologische Nachhaltigkeit zu einem der herausragendsten Aspekte der globalen Interdependenz geworden, die alle Länder, unabhängig von ihrem jeweiligen Reichtum, ihrer geographischen Lage oder ihrem politischen System, gleich stark betrifft. Der Lebensstil, die Nutzung von Ressourcen und die Produktionsweise müssen in allen Ländern umgestellt werden, um der Herausforderung einer nachhaltigen Entwicklung begegnen zu können.

Der dritte Komplex betrifft die größeren Transformationen, die in der Art der ökonomischen Interdependenz stattgefunden haben. Die rapide Globalisierung der Finanzmärkte begann in den siebziger Jahren. Jetzt stellen die Finanzmärkte ein komplexes Netzwerk vielfältiger Formen von Transaktionen dar, die oft von der Herstellung und der Verteilung von Gütern und Dienstleistungen unabhängig sind. Wenngleich diese Veränderungen möglicherweise neue Chancen für EL bedeuten, sind sie auch neue Hemmnisse, die zu ihrer Überwindung weitreichende Politikanpassungen, hochqualifizierte Fachleute und bewegliche Manager erfordern.

Ebenso hat sich der Inhalt und die Ausrichtung des Welthandels deutlich geändert. Der Nordpazifik hat die Rolle des Nordatlantiks als dem weltweit größten Handelsgebiet übernommen. Der Inhalt des Welthandels hat sich dabei verschoben von Rohstoffen - die vornehmlich von EL ausgeführt wurden - zu hochtechnisierten Dienstleistungen und Fertigprodukten, also den typischen Exportgütern der Industrieländer. Zudem entstehen mächtige neue regionale Handelsblöcke, die größere wirtschaftliche Auswirkungen sowohl auf Industrieländer als auch auf die EL haben werden. Die sich sicher kaum ändernde Ergebnisunsicherheit der GATT-Verhandlungen bedeutet trübe Aussichten angesichts der Kosten des Protektionismus in den EL, die von der Weltbank auf über 50 Milliarden US-Dollar geschätzt werden.

Ein vierter Komplex von Faktoren, der sich zunehmend auf die Entwicklungsanstrengungen auswirkt, sind die Bereitschaft und die Ressourcen auf Seiten der internationalen Gemeinschaft, in internationale Entwicklungen zu investieren. Wir stehen hier einer Kombination aus den Folgen der "Entwicklungshilfe-Müdigkeit", der fortdauernden Schuldenkrise und den Einflüssen von Kapitalbewegungen gegenüber. Die multilateralen Finanzierungsinstitutionen leisten keine signifikanten Nettobeiträge, und die Aussichten für private Direktinvestitionen in EL bis zum Ende dieses Jahrzehnts sind nicht sehr ermutigend, von einigen nennenswerten Ausnahmen abgesehen. Die gebündelte Wirkung dieser Faktoren deutet darauf hin, daß die Perspektive für Entwicklungsfinanzierung eher düster ist. Die Mittel, die für Investitionen in EL mit oder ohne Sonderbedingungen zur Verfügung stehen, könnten sich im Verlauf der neunziger Jahre real eher noch verringern, möglicherweise sogar in den nominalen Pro-Kopf-Werten.

Ein fünfter Komplex von Veränderungen betrifft die Fülle technologischer Fortschritte, die zwar für manche Länder neue Möglichkeiten eröffnen, für andere aber wohl eher noch schwierigere und kompliziertere Probleme schaffen werden. Im Zusammenhang mit einer allgemeinen Explosion des Wissens konnten wir in nur zwei Jahrzehnten - und mit einer zunehmenden Geschwindigkeit - die Entstehung von gänzlich neuen Techniken in der Biotechnologie, der Mikrotechnologie, den neuen Werkstoffen usw. beobachten. Viele dieser Techniken sind hochgradig flexibel und ermöglichen fortlaufende und schnelle Veränderungen und Verbesserungen. Sie verändern rapide die Art und Weise, in der der Weltmarkt seit 1945 funktionierte. Einzelpersonen, Gruppen und Nationen, die an der Entwicklung und dem Austausch dieser neuen Technologien aktiv teilgenommen haben, werden in der entstehenden neuen Weltordnung reicher werden; diejenigen jedoch, die nicht mitziehen konnten, werden weiter an den Rand gedrängt werden. Diese Gefahr der Marginalisierung ist besonders schwerwiegend für die am wenigsten entwickelten Länder im Süden.

Hinzu kommen kulturelle Veränderungen, die auch unser Denken über Entwicklung beeinflussen. Zu den grundlegendsten der vielen gegenwärtigen kulturellen Transformationen zählt die wachsende Bedeutung religiöser Werte, ethnischen Zugehörigkeitsempfindens und der Aufstieg des Fundamentalismus. In vielen Teilen der Erde stellen diese Phänomene den vorherrschenden Einfluß auf das Leben der Menschen dar. Dies wird zu einem Problem, sobald der Wunsch nach der Bewahrung der kulturellen Identität mit der Tendenz der Massenmedien zur Propagierung einer "ausländischen" Kultur zusammenstößt.

Schlußendlich hat die Finanzierung von F&E für Entwicklung durch die Geberorganisationen in den letzten beiden Jahrzehnten zugenommen, wie auch die Zahl der hierin tätigen Organisationen. Der Gesamtbetrag der externen Unterstützung von F&E in EL hat sich vervielfacht und beträgt inzwischen schätzungsweise 2 Milliarden US-Dollar.

Auf der Empfängerseite bestehen gegenwärtig weit mehr internationale, regionale und nationale Forschungszentren als noch vor wenigen Jahren. Die Zahl der internationalen und regionalen Forschungszentren im Süden hat sich von 1970 bis 1990 von 140 auf über 200 erhöht. Auch die Fähigkeit der EL, auf nationaler Ebene Forschungen durchzuführen, hat deutlich zugenommen. Beispielsweise hat sich von

1965 bis 1985 die Zahl der Agrarwissenschaftler auf 45.000 vervierfacht. Es überrascht daher nicht, daß einige der beeindruckendsten Forschungsergebnisse auf dem Gebiet der Pflanzenzucht und der landwirtschaftlichen Produktion erzielt wurden. Auch die Art und Weise der Forschung hat sich deutlich geändert, teilweise durch die Forschungsergebnisse selbst. Neue Technologien, insbesondere im Bereich der Kommunikation und der elektronischen Datenverarbeitung, bieten nun ein überragendes Potential für eine weitere Steigerung der Geschwindigkeit und der Effizienz wissenschaftlicher Untersuchungen. Nichtsdestotrotz haben sich möglicherweise die theoretischen Auffassungen über effektivere Forschungsstrategien mehr geändert als die tatsächliche Forschungspraxis selbst. Hier besteht noch erheblicher Handlungsbedarf, auch hinsichtlich der wissenschaftlichen Untersuchung gerade dieses Problems.

## Auswirkungen des neuen Kontextes

Die Veränderungen der letzten zwanzig Jahre waren dramatisch, und die Geschwindigkeit des Wandels nimmt weiter zu. Wie wirkt sich nun dieser radikal andere Gesamtzusammenhang auf den Entwicklungsprozeß, auf die EL und auf Entwicklungsorganisationen wie das IDRC aus?

Der erste Effekt ist, daß wir den Begriff "Entwicklung" überdenken müssen bzw. die Grundannahmen linearer Prozesse nicht mehr haltbar sind. Mehr und mehr faßt der Begriff des "*Empowerment*" (Befähigung) den Kern dessen, was "Entwicklung" sein sollte. Unter der Voraussetzung, daß Entwicklung einer Gesellschaft nicht von außen aufgezwungen werden kann und darf, sollte dieser Begriff vor allem beinhalten, daß alle Menschen Handlungsfähigkeit durch Wissen erhalten. Dadurch können sie über das für sie Beste selbst entscheiden bzw. ihre eigene Bestimmung erfüllen.

Der zweite Effekt ist auch für das IDRC von größter Bedeutung: Die Erzeugung, Verbreitung und Anwendung von Wissen wird im Entwicklungsprozeß immer wichtiger. Der möglicherweise wichtigste Unterschied zwischen Industrieländern und EL ist die Differenz im Wissen bzw. in der Fähigkeit, wissenschaftlich-technologische Kenntnisse zu erzeugen, zu erwerben, zu verbreiten und anzuwenden. Das Ausmaß dieser Fähigkeit wird den Unterschied zwischen den Weltregionen ausmachen bzw. wird eine Unterscheidung erlauben in Regionen, in denen Menschen unabhängig entscheiden und handeln können, und denen, in denen dies nicht möglich ist.

Ein dritter Effekt ist die Notwendigkeit, neu über soziale, ökonomische und politische Institutionen nachzudenken. Eine praktische und wirksame Einflußnahme durch die Anwendung von Wissen erfordert eine Analyse von größerer Tiefe als etwa die, die sich auf simplistische Unterscheidungen zwischen "Markt- und Planwirtschaften" oder "privaten" gegenüber "staatlichen" Bereichen wirtschaftlichen Handelns beschränken. Theorien und Ideologien, die diese Konzepte stützten, haben sich in ihrer Nützlichkeit überlebt. Und dies wurde gerade von jenen Gruppen von Akteuren - Gewerkschaften, Berufs- und Kommunalorganisationen etc. -, die die Zivilgesellschaft repräsentieren und die Wissen produzieren und nutzen, nicht bemerkt.

Viertens müssen wir das internationale System, insbesondere die multi- und bilateralen Organisationen in der Entwicklungszusammenarbeit, anders betrachten, weil es aufgebaut worden war, um den herkömmlichen Auffassungen von "unterentwickelt gegenüber entwickelt" und "Markt gegenüber Plan" zu entsprechen. Selbst vor 1969 - als das IDRC gegründet wurde - hatte die Pearson-Kommission schon auf die beträchtliche Unsicherheit über die Rolle der einzelnen internationalen Organisationen hingewiesen: "(es gibt) ... noch keinen angemessenen Rahmen für ausgeweitete und verstärkte Anstrengungen, das Thema der internationalen Entwicklung auf eine festere Basis zu stellen, es effektiver zu gestalten und es zu einer verbindenden Kraft für die internationale Gemeinschaft werden zu lassen". Als ein kleiner aber entscheidender Akteur, der aufgrund dieser Erkenntnis entstand, muß das IDRC bei der Suche nach Mitteln und Wegen für Entwicklungsorganisationen, besser zu helfen, seinen Beitrag leisten.

Es ist somit Zeit für die Gemeinschaft internationaler Entwicklungsorganisationen, die konzeptionellen, methodologischen und technologischen Veränderungen des sozialen, wirtschaftlichen und politischen Wandels zusammenzufügen und sie in den Dienst der Entwicklung zu stellen. Neue Konzepte der Ausarbeitung und Durchführung von Strategien könnten zu besserem Verständnis und zur Bewältigung der Probleme der neunziger Jahre beitragen, so etwa multidisziplinäre und multisektorale Ansätze, interaktive Planung und strategisches Problemmanagement. Fortschritte im Bereich der Telekommunikation, der Mikroelektronik und der Versuchstechniken erleichtern den Erwerb und den Austausch von Information, die Simulation verschiedener Politiken und Entscheidungen. die Verbreitung von Ideen und die Kommunikation mit der breiten Öffentlichkeit. All dies wird erheblich unterstützt durch das steigende öffentliche Bewußtsein für globale Interdependenzen und globale Problemkomplexe und durch eine weitreichende gesellschaftliche Mobilisierung, die oft durch die Massenmedien bestärkt wird, so etwa in Themenbereichen wie Umwelt, Hunger, Wettrüsten, Regierungsführung, Terrorismus, Bildung, Drogen oder AIDS.

## Der komparative Vorteil des IDRC

In dieser neuen Entwicklungsumgebung steht das Zentrum vor einer Reihe strategischer Wahlmöglichkeiten. Die Ressourcen des IDRC sind begrenzt und verschwindend gering im Hinblick auf den Bedarf und selbst im Hinblick auf die den anderen Organisationen zur Verfügung stehenden Mittel. Wir müssen uns daher fragen, welchen komparativen Vorteil das Zentrum hat, um den Herausforderungen der neuen Entwicklungen zu begegnen. Das IDRC hat eine Reihe von strukturellen und politikabhängigen Eigenheiten, aber auch Eigenheiten, die es erst in den zwei Jahrzehnten seiner Existenz erworben hat. Diese Eigenheiten bieten ihm im Verhältnis zu den von ihm unterstützten Wissenschaftlern und zu anderen Organisationen in der Entwicklungszusammenarbeit gewisse Vorteile.

### *Strukturelle und politikabhängige Charakteristika*

Da das IDRC die erste Institution der Entwicklungszusammenarbeit war, die sich ausschließlich auf die Erforschung und die Entwicklung von W&T-Fähigkeiten in EL konzentrierte, hat sie heute darin eine einmalige Erfahrung.

Das IDRC hat einen international besetzten Verwaltungsrat, der seiner Tätigkeit eine weitreichende Legitimität verleiht, anders als bei rein bilateralen Institutionen. Und sowohl die Verwaltung als auch die Haushaltsverhandlungen wurden dadurch vereinfacht, daß die Ressourcen des IDRC von einer einzigen Quelle stammen.

Das IDRC basiert explizit auf der Philosophie intellektueller Partnerschaft mit den EL bzw. gemeinsam geplanter Schwerpunkte, in denen ein Großteil der Forschung in den Empfängerländern stattfindet. Das Zentrum war jederzeit bereit, Fehlentscheidungen und gelegentliches Versagen als Teil eines Lernprozesses anzunehmen, der letztendlich zum Aufbau von Handlungskapazitäten führt¸ womit es viele Fallstricke der herkömmlichen technischen Hilfsorganisationen vermieden und einem Ansatz den Weg gewiesen hat, der die Ausübung von Urteilsfähigkeit und Autorität ermutigt.

Das IDRC hat eine globale Perspektive zur Mobilisierung von Wissenschaft und Technologie für den Entwicklungsprozeß entwickelt und dabei Brücken zwischen Kontinenten aufgebaut und Wissenschaftler und Entscheidungsträger aus EL zusammengebracht. Gleichzeitig hat es den meisten seiner Tätigkeiten einen rgionalen Anstrich verliehen und so individuellen Ansprüchen und Schwerpunkten Rücksicht getragen. Eine Stärke liegt in der Identifikation von Gemeinsamkeiten der Entwicklungsprobleme und -lösungen durch die Förderung von Vergleichsstudien über die Grenzen von Regionen, Ländern und Kulturen hinweg. Hierdurch wird es auch sehr unterschiedlichen EL ermöglicht, voneinander zu lernen.

Das IDRC ist eine bewegliche, lebhafte und mittelgroße Organisation, die ausreichend finanzielle Mittel hat, um in der Forschung und in der Förderung von W&T Spuren zu hinterlassen. Die Ressourcen des Zentrums können schnell umgewidmet werden aufgrund der Unabhängigkeit seines Verwaltungsrates und wegen der Freiheit von vielen verwaltungstechnischen und politischen Zwängen, die andere Entwicklungsorganisationen behindern. Das Zentrum kann sowohl politikfeldorientierte Forschung leisten als auch individuelle technische Lösungen für Entwicklungsprobleme ausarbeiten und dabei zeigen, daß Wissen und seine vernünftige Anwendung einen Unterschied in der Entwicklung ausmachen können.

*Erworbene Charakteristika*

Das IDRC hat sich einen hervorragenden Ruf und ein beträchtliches Prestige in den EL erworben. Dies stellt eine bemerkenswerte Ressource dar, auf der das Zentrum aufbauen kann. Jedoch sind verschiedene Änderungen notwendig. Ein Erhalt des guten Willens und Images wird Anpassungen des Zentrums erfordern, um im neuen internationalen Gesamtzusammenhang entsprechend tätig werden zu können. Dabei hat das IDRC ein breites Netzwerk von Kontakten zu Institutionen und Einzelpersonen in der ganzen Welt aufgebaut. So befindet es sich in einer einzigartigen Position, um durch die weltweite Mobilisierung einer Vielzahl von Menschen und Organisationen neue und einschneidende Initiativen zu ergreifen. Das IDRC hat auch eine beträchtliche Fähigkeit entwickelt, Menschen zusammenzuführen. Diese beruht auch auf dem Vertrauen, das es sich durch jahrelange Arbeit mit diesen Grundsätzen und Eigenheiten erwarb. Allerdings ist es nun erneut notwendig, diese Ressource kontinuierlich zu erneuern. Das Zentrum muß zeigen,

daß es weiterhin innovative Führungskraft ausüben kann.
Diese strukturellen, aus der Politik ableitbaren sowie erworbenen Eigenschaften stellen den Ausgangspunkt und die Leitlinie der folgenden Strategie-Analyse dar.

**Evolution und Devolution: Ein Plan für Veränderungen**
Wie sieht das IDRC seine eigenen Aufgaben und die Charakteristika, durch die wir uns selbst definieren möchten und durch die wir definiert und beurteilt werden möchten? Die strukturellen, organisatorischen und kulturellen Merkmale des IDRC haben sich über zwei Jahrzehnte sehr stark entwickelt. Unsere Aufgabe erfordert den kontinuierlichen Umbau der Organisation, die den notwendigen strukturellen Rahmen für die Empfänger und die Beschäftigten bietet, um Verantwortung zu übernehmen, Neuerungen einzuführen, zu experimentieren und um dabei durch die Entwicklung einer weit größeren Vielzahl von Fähigkeiten zu lernen. Gleichzeitig bedeutet die erhebliche wissenschaftliche Spezialisierung infolge der Wissensexplosion, daß das Zentrum Mechanismen entwickeln muß, um dieses Spezialwissen in seine Tätigkeit einzubeziehen. Die Organisationskultur des IDRC muß weiterhin das Lernen in den Mittelpunkt stellen. Dies erfordert, daß wir den unternehmerischen Charakter unserer Organisation und unseres Personals bekräftigen und nach Wegen suchen, um die Bereitschaft zum Wagnis und zum Experiment im Rahmen einer gemeinsamen Organisationskultur zu verstärken und zu belohnen.

Um diese Charakteristika der Organisationskultur zu konsolidieren und voranzubringen, ist es erforderlich, daß unsere grundlegende Arbeitsweise auf einer Reihe von Grundsätzen fußt:
- dem Personal und den Empfängern auf allen Ebenen soviel Vollmacht wie möglich im Rahmen einer vereinbarten Zielsetzung zu gewähren;
- die Genehmigungspflicht durch höhere Entscheidungsebenen für Initiativen des Personals und der Empfänger auf ein Mindestmaß zu beschränken;
- Rechenschaft und Verantwortlichkeit einzufordern sowie
- Erfahrungen als Grundlage für zukünftige Entscheidungen auszuwerten.

Eine derartige Arbeitsweise erfordert die Dezentralisierung der Entscheidungsverfahren und Lernprozesse. Das Ziel, die Fähigkeiten der Menschen zu entwickeln, ihnen mehr Möglichkeiten der Einflußnahme einzuräumen und ihre Beiträge in einen kumulativen Lernprozeß zu integrieren, dessen Ergebnisse mehr sind als die Summe der einzelnen Teile, muß deutlich sein. Es ist daher wichtig, daß wir unseren Forschungspartnern noch größere Verantwortung und Vollmachten bei Bestimmung, Planung, Ausführung und Kontrolle der Forschungsagenden zugestehen. Zwar erfordert dies die Hinnahme eines größeren Risikos; es ist jedoch gleichzeitig zwingend notwendig für die Entstehung einer verantwortlichen Partnerschaft und einer wirklichen Befähigung (*empowerment*).

Damit hängt zwingend die Bereitschaft zusammen, Fehlentscheidungen im Bewußtsein hinzunehmen, daß Fehler unausweichliche Bestandteile jeden Lernprozesses sind. Dies trifft besonders im Bereich der wissenschaftlichen Forschung und insbesondere bei stark wechselnden Gesamtsituationen zu. Wenn wir Risiken nicht bewußt auf uns nehmen und den Erfahrungswert von Fehlentscheidungen anerkennen, wird unsere Fähigkeit zur Innovation und zur Führungsrolle in der Entwicklungsforschung deutlich beschnitten.

Wo sollte das IDRC sich selbst positionieren, um seine Stärke weitestmöglich zu nutzen und seinen Beitrag zur internationalen Entwicklung zu maximieren? Es ist klar, daß sich unser Gewicht proportional zu unseren komparativen Vorteilen steigert. Es besteht ein Bedarf an strategischen Initiativen, die spezifische Programmentscheidungen mit Neuerungen in der Art verbinden können, wie wir unsere internationale Tätigkeiten und unsere Beziehungen zu Forschungspartnern gestalten. Derartige Initiativen könnten typischerweise folgendes einschließen:

- eine selektive Verstärkung der nationalen Forschungskapazität, um Zentren mit hervorragenden Leistungen (*centers of excellence*) zu schaffen, die mit Programmen in anderen Ländern und im Heimatland verbunden werden können;
- internationale Initiativen, die etwa eine Katalysatorfunktion im Aufbau von internationalen Forschungs- oder Informationszentren zur Unterstützung von verschiedenartigen nationalen Anstrengungen ausüben könnten; derartige Initiativen könnten auch andere Akteure aus dem staatlichen und privaten Bereich einbeziehen;
- kooperative Verbindungen mit anderen Finanz- und Entwicklungsorganisationen, um einen multilateralen Rahmen zu schaffen.

Ein Beispiel für bisherige Erfahrungen mit derartigen Initiativen ist ein Projekt zur Untersuchung der potentiellen Entwicklungsvorteile von Agrarforstwirtschaft. Das Potential der Verbindung von land- und forstwirtschaftlichen Verfahren zur Schaffung eines nachhaltigen landwirtschaftlichen Produktionssystems war zwar nicht unbekannt, dennoch gab es bis zu einer Initiative des IDRC nur wenig Forschung in vereinzelten Teilprogrammen. Aufbauend auf einer Studie von 1975 gründete eine Gruppe von internationalen Geberorganisationen den Internationalen Rat für Agrarforstwirtschaft (ICRAF), für den das IDRC als ausführende Organisation fungiert. ICRAF wurde kürzlich in die Beratende Gruppe für internationale Agrarforschung (CGIAR) aufgenommen, einem weltweiten Netzwerk von 16 Forschungszentren. Dies verbessert seine Fähigkeit, dem wachsenden Interesse für ökologische Nachhaltigkeit Rechnung zu tragen.

Es gab eine Reihe weiterer erfolgreicher Initiativen, wie etwa die Entwicklung und Verbreitung des bibliographischen MINISIS-Softwaresystems, das EL bei der Verbesserung von Informationssystemen stark unterstützte und auch einen bescheidenen wirtschaftlichen Erfolg in Industrieländern erzielte. Andere Initiativen waren ein wirtschaftswissenschaftliches Netzwerk in Afrika, die "Internationale Kommission zur Gesundheitsforschung für Entwicklung" und die Entsendung von Ökonomen nach Südafrika auf Anfrage der kanadischen Regierung.

Obgleich diese Tätigkeiten sich voneinander stark unterscheiden, haben sie alle zwei Gemeinsamkeiten: die Identifizierung einer größeren Nische, in der das Zentrum einen deutlichen Beitrag leisten konnte, und die Befolgung einer Strategie, die andere Akteure über einen langen Zeitraum einschloß. Diese Beispiele mögen den weiten Spielraum von strategischen Initiativen veranschaulichen, zu denen das Zentrum fähig ist. Sie haben wirksam werden können, weil unsere komparativen Vorteile ausgenutzt wurden.

## Die zukünftige Ausrichtung unserer Arbeit

Angesichts dieser Notwendigkeit, strategische Nischen zu besetzen und eine stärker ergebnisorientierte Organisation zu werden, werden die folgenden Zielsetzungen unsere zukünftigen Programmentscheidungen leiten:

- die Arbeit an globalen Problemen zur Erweiterung der Möglichkeiten;
- die effektivere Nutzung der Forschungskapazitäten;
- die Zusammenarbeit mit anderen Einrichtungen; und
- die Funktion als Informationsbörse.

*Die Möglichkeiten ausbauen: Arbeit an globalen und interregionalen Problemen*

Der bisherige Beitrag des IDRC konzentrierte sich tendenziell auf Probleme, die sich direkt auf die Lebensqualität auswirken und nur einen regionalen oder lokalen Charakter aufweisen. Das Zentrum wird derartige Forschungen auch weiterhin unterstützen. Andererseits ist festzustellen, daß die eigenen Fähigkeiten der EL im Hinblick auf sektor- und ortsspezifische Forschungsprobleme zugenommen haben und daß andere Geberorganisationen in diesem Bereich mehr Mittel vergeben. Daher denken wir, daß der Nutzen von IDRC-Investitionen erhöht werden kann, wenn relativ mehr Mittel für einige wenige, sorgfältig ausgewählte globale und interregionale Probleme aufgewendet werden. Derartige Probleme erfordern eine größere Betonung von fachübergreifenden Ansätzen.

Die Entwicklungsaussichten einzelner Staaten werden von so verschiedenartigen Faktoren wie wechselnden Handelsmustern, Finanzmärkten und demographischen und ökologischen Bedingungen bestimmt. Trotzdem ist die Erforschung der Auswirkungen dieser Faktoren und die Ermittlung unterschiedlicher Optionen ungenügend. Dieser Mangel an Kenntnissen über Optionen, Möglichkeiten und potentiellen Hindernissen ist einer der Hauptgründe, warum EL nur wenig Einfluß auf die globale Agenda haben. Dies trifft insbesondere für den rapiden Wandel bei Wissenschaft und Technologie zu. Das Zentrum schlägt daher vor, mehr Unterstützung auf diejenigen Gebiete zu richten, in denen Chancen einer Beeinflussung des Wandels und einer gesteigerten Teilhabe der EL identifiziert werden können.

*Effektivere Ausnutzung von Forschungskapazität*

In den letzten zwanzig Jahren nahm die Forschungskapazität der EL deutlich zu. Womit nicht gesagt werden soll, daß der Aufbau weiterer Kapazitäten und der Ausbau der bestehenden kein legitimer und wichtiger Teil der Arbeit des Zentrums mehr sei - die vorhandenen Mittel sind weiterhin äußerst unzureichend. Aber die Aussichten für gesteigerte Forschungsergebnisse durch die Erhöhung des Inputs sind mittelfristig auch begrenzt. Kurzfristig könnten sich erhebliche Gewinne durch eine Steigerung der Produktivität ergeben, wenn man die Menge der Mittel, die für die bestehenden Forschungssysteme im Süden zur Verfügung steht (gegenwärtig schätzungsweise über US$ 20 Milliarden), im Verhältnis zum Gesamtbetrag der jährlichen Ausgaben für Forschung und Entwicklung jeglicher Art sieht.

Es ist somit nicht nur ein Problem der Entwicklungsforschung, mehr Gelder anzuziehen (obgleich dies sehr wichtig ist), sondern auch zu gewährleisten, daß die bestehenden Kapazitäten effektiv angewendet werden. Das IDRC wird auf zwei Wegen zur effektiven Ausnutzung der Forschungskapazitäten beitragen: durch einen intensiveren Blick auf die Anwendung und durch ein besseres Verständnis dessen, was in der Entwicklungsforschung wirklich "funktioniert".

Das IDRC wird größere Anstrengungen unternehmen und mehr Mittel aufwenden, um zu gewährleisten, daß die Ergebnisse der von ihm unterstützten Arbeit auch angewendet werden, so durch eine verbesserte Spezifizierung der erwarteten Ergebnisse und eine deutlichere Identifikation der potentiellen Anwender, der möglichen Anwendungen und der Kosten-Nutzen-Relation. Die beabsichtigten Nutznießer werden dabei ihre Fähigkeiten und Kapazitäten erweitern, indem sie an der Entscheidung über die Auswahl der Forschungsvorhaben und, soweit möglich, an dem eigentlichen Forschungsprozeß teilnehmen. Das IDRC wird verstärkt versuchen, Mittel für Follow-up-Projekte zu erhalten, wie etwa für die Erprobung, die Errichtung von Pilotanlagen und die Wissensverbreitung. Um Forschung und Erkenntnisse anzuwenden und zu nutzen, könnten gemeinsame Aktionen und Partnerschaften mit Privatunternehmen notwendig sein. Wir werden uns bemühen, hierfür, wo immer dies möglich ist, den Privatsektor einzubeziehen. Dies ist ein verhältnismäßig neues Gebiet für das IDRC, und zwar eines, das sich durch alle Programme des Zentrums ziehen und zweifelsohne neue Fragen und Schwierigkeiten aufwerfen wird. Nichtsdestoweniger ist es ein Problem, das wir angehen müssen.

Im Hinblick auf die Erforschung effektiver Forschungssysteme wird das Zentrum seine Anstrengungen verstärken, um die Frage nach dem "Was klappt?" in der Entwicklungsforschung besser beantworten zu können. Es liegen nur wenige Informationen über die Art, wie Entwicklungsforschung optimal organisiert wird und wie gewährleistet werden kann, daß die Forschungsergebnisse schneller und weitreichender verbreitet werden können, vor. Ein neues Programm wird entwickelt werden, um Forschungen über diese Fragen zu unterstützen, das sich auf die gesamte Erfahrung des Zentrums stützen kann. Und es wird ein besonderes Augenmerk auf die Frage richten, wie Politikfeldforschung und die Organisation und Anwendung von Wissen für politische Entscheidungen verbessert werden können.

*Zusammenarbeit mit anderen Einrichtungen*

Das Zentrum wird enger mit anderen Einrichtungen zusammenarbeiten, um die Finanzmittel für erforderliche Forschungen als auch insgesamt seinen Einfluß auf Entwicklungsprobleme zu steigern. Für eine effektivere und praxisrelevantere Tätigkeit des Zentrums ist es unerläßlich, aktiv mit einer größeren Zahl von Akteuren zusammenzuarbeiten, einschließlich der Universitäten und *scientific community* Kanadas, der multilateralen Institutionen, anderen Geberorganisationen sowie unseren Partnern in den EL.

Während das IDRC mehr Gewicht auf die Identifikation von zu bearbeitenden Themen legen wird, wird der Grundsatz des gegenseitigen Respekts die getroffenen Entscheidungen weiterhin bestimmen. Beratungsgremien und andere Konsultativmechanismen werden es dem Zentrum erlauben, noch enger mit Wissenschaftlern und Entscheidungsträgern aus den EL zusammenzuarbeiten. Neue Wege für diese Partnerschaft werden zu suchen sein, einschließlich der Dezentralisierung zu den entsprechenden Institutionen und Wissenschaftlern im Süden. Die Unterstützung der Süd-Süd-Zusammenarbeit wird weiterhin eine Schlüsselrolle der Arbeit des Zentrums sein. Das IDRC wird neue Kommunikationstechniken erproben und neue Wege zur Verbesserung der bestehenden Netzwerke untersuchen, um eine gemeinsame Verwendung von Wissen durch EL zu verbessern.

Die Partnerschaft mit kanadischen Organisationen und Institutionen wird ebenfalls ausgebaut werden. Die Verbindung des Zentrums zu kanadischen Organisationen hat sich relativ verringert, mit der nennenswerten Ausnahme des Kooperationsprogramms, das 1980 initiiert wurde. Die kanadische entwicklungspolitische Gemeinschaft, die schon immer eher klein war, befindet sich in einem weiteren Schrumpfungsprozeß, und die Möglichkeiten für Kanadier, direkt an der Entwicklungsarbeit teilzunehmen, werden geringer. In dieser Hinsicht bietet sich der komplementäre Charakter des IDRC und der Kanadischen Behörde für internationale Entwicklung (CIDA) an, um die jüngsten Anstrengungen für eine besondere Partnerschaft aufrechtzuerhalten. Die Einbeziehung anderen kanadischer Institutionen sollte über das herkömmliche Konzept der technischen und asymmetrischen Nord-Süd-Zusammenarbeit hinausgehen und sich stärker auf die gegenseitigen Interessen von Kanada und den EL konzentrieren.

Das Zentrum unterhält bereits enge Verbindungen zu kleinen Gruppen von Organisationen und Stiftungen, die den Großteil ihrer Mittel zur Unterstützung der Entwicklungsforschung aufwenden. Das Zentrum plant, diese bestehenden Verbindungen zu verstärken und auf andere Organisationen in der Entwicklungsfinanzierung auszudehnen. Die größeren Geberorganisationen, für die die Forschung selbst zwar nur einen kleinen Teil ihrer gesamten Kreditprogramme darstellt, tragen dennoch den Hauptteil der als "Entwicklungsforschung" deklarierten Mittel. Sie sind somit potentielle Schlüsselfaktoren in der Umsetzung der Forschungsergebnisse. Das IDRC wird eine breitere Verbindung zu diesen größeren Organisationen anstreben, wie etwa zur Weltbank, den regionalen Entwicklungsbanken und dem UNDP. Das IDRC muß neue Partner für Entwicklungspolitik ausfindig machen, einschließlich kanadischer Organisationen wie der CIDA sowie nichtkanadischer Geberorganisationen. Dies wird die Kofinanzierung von umfangreichen Projekten und Programmen einschließen, wobei die Komplementarität verschiedener Finanzierungsquellen ausgenutzt werden kann. Bei der Auslotung derartiger Möglichkeiten ist die vorherige Ermittlung der Gebiete von gemeinsamem Interesse sehr wichtig. Dabei wird das Zentrum nicht die Notwendigkeit eines Gleichgewichts zwischen Partnerschaft und Spezialisierung einerseits und den Anreizen durch einen gesunden Wettbewerb andererseits aus dem Auge verlieren.

*Funktion als Informationsbörse*

Neben der Beschaffung von Geldern für Wissenschaft und Technologie - und darüber hinaus - spielt das IDRC eine Rolle als Informationsbörse. Sein weitreichender Zugang zu einem breiten Netzwerk von Wissenschaftlern in Kanada und den EL und zu Informationen über Entwicklung und Wissenschaft und Technologie bedeutet, daß es eine Verpflichtung zur Information und Beeinflussung anderer hat, sowohl in den EL als auch in Entwicklungsorganisationen. Auf der Mikro- oder Projektebene kann das Zentrum den Wissenschaftlern wertvolle Informationen bieten und sie in Kontakt mit der gesamten *scientific community* bringen.

Die Information, die in den Arbeiten über globale Entwicklung, technologische Veränderungen und die gesteigerte Wirksamkeit der Forschungssysteme gewonnen wurde, wird auch eine systematischere Bewertung über das, was bei Entwicklung und Forschung wirklich funktioniert, ermöglichen. Dadurch kann es auf seiner bestehenden Fähigkeit, ein lernenden Organisation zu sein, aufzubauen. Das Wissen, das durch die Auswertung der Projekt- und Programmergebnisse gewonnen wurde, wird zur Beeinflussung anderer Akteure genutzt werden. Das IDRC wird seine Überprüfung der Forschungslandschaft optimieren und dadurch auch seine Fähigkeit, bedeutende und gleichzeitig vernachlässigte Gebiete herauszufiltern.

### *Schlußfolgerung: "Empowerment" durch Wissen*

Wir leben in einer Zeit des Wandels, der mächtiger und schneller ist als je zuvor in der Geschichte. Das Gesicht unserer Weltordnung ändert sich in einer dramatischen und unumkehrbaren Weise. Manche meinen, selbst das Überleben der menschlichen Art sei in Gefahr. Optimisten weisen jedoch auf das enorme Potential der Ressourcen dieses Planeten hin (vor allem die im Menschen selbst liegenden) um eine gesteigerte Wohlfahrt zu ermöglichen. Die Optimisten deuten jüngste Ereignisse im geopolitischen Bereich als Beweis für den menschlichen Willen, den Totalitarismus zu beseitigen und die Entstehung von partizipatorischen und pluralistischen Systemen zuzulassen, in denen die menschliche Schöpfungskraft gedeihen kann. Andere sehen jedoch die gegenwärtige Situation mit alarmierender Sorge - letztendlich sei es die menschliche Rasse, die die meisten Probleme selbst geschaffen habe, welche sie nun zu vernichten drohen. Gleichwohl stimmen die meisten darin überein, daß die Notwendigkeit besteht, die globalen Ressourcen zur Verwirklichung ihres bestehenden Potentials für die menschliche Wohlfahrt voll auszunutzen. Die Risiken durch eine Fehlausrichtung dieser Ressourcen sind allerdings gewaltig. Daher ist es zwingend, alle unsere Fähigkeiten im Gesamtinteresse der Entwicklung zusammenzufassen.

Um wirksam eingreifen zu können, wird das IDRC bei seiner Arbeit vom Schwerpunkt unserer Aufgabe geleitet sein: *Empowerment* durch Wissen. Ressourcen allein reichen nicht aus. Wir müssen mithelfen, Wissen in einer Art und Weise zur Verfügung zu stellen, daß die Menschen zur Bestimmung und Verfolgung ihrer eigenen Bedürfnisse befähigt werden, ohne die Entwicklungschancen ihrer Nachbarn oder ihrer Kinder zu gefährden.

Unsere Strategie, die Auswahl unserer Programmfelder, die Dezentralisierung der Forschungsverantwortung zu unseren Partnerorganisationen, die Teilhabe der Begünstigten am Forschungsprozeß, die Integration der Forschungsdisziplinen zur Ausnutzung von Grenzkosten und die Maßschneiderung der Programme für regionale Besonderheiten - all dies richtet sich auf *Empowerment*, die Steigerung der eigenen Fähigkeiten der Wissenschaftler, Führungsgruppen und Bürger durch das notwendige Wissen.

Die Umsetzung dieser Strategie wird neue Ideen erzeugen, aber auch auf unsicheren Grund treffen. Dauerhafte, sichere Anstrengungen sind notwendig. Das IDRC wird weiterhin den Spielraum, den diese Strategie verschafft, im Bewußtsein behalten müssen, wie auch die Pflicht, diesen vollständig auszunutzen, und die Notwendigkeit, die besonderen Charakteristika des Zentrums - seine Risikofreudigkeit und seine Beharrlichkeit - weiter zu entwickeln. Die Aufrechterhaltung der Fähigkeit, gleichzeitig den Horizont und den unmittelbaren Vordergrund zu sehen, die Unterscheidung zwischen dem Optimum und dem Notbehelf und die Verfolgung des Schwierigen auf Kosten der gewöhnlichen Orthodoxie - dies sind die Fundamente unserer Strategie und gleichzeitig die Kennzeichen eines *Centre of Excellence.*

## Wissenschaft für Entwicklung: Die Erfahrung des IDRC [44]

Die Ergebnisse der Forschung des IDRC sind schwierig zu quantifizieren. Die einzige vorhandene Statistik zeigt, daß das Zentrum für seine Forschungen zwölf Patente erworben hat. Die Zahl der Veröffentlichungen jedoch, die auf seine Unterstützung zurückgeht, die Zahl der Innovationen, der gelösten Probleme und der in die Tat umgesetzten Politikempfehlungen ... ist entweder unbekannt oder unmöglich zu messen.

Dieser Bericht bietet nur einen kleinen Eindruck von der Art der Ergebnisse, die über die Jahre erzielt worden sind. Er illustriert eine aufregende Erfolgsgeschichte. Viele Ergebnisse haben schon geholfen, das Leben armer Menschen zu verändern; andere müssen noch kommerzialisiert werden. Soweit und sobald dies geschehen ist, könnten sie eine erhebliche Rolle bei der Verbesserung des Lebens der *Acht Milliarden Menschen* spielen.

### *Der empfängnisverhütende Impfstoff*

Das möglicherweise wichtigste von allen Forschungsprojekten, die durch das IDRC gefördert wurden, ist der von Dr. Gursaran Talwar, dem Direktor des Nationalen Instituts für Immunologie in Neu-Delhi, entwickelte Impfstoff zur Empfängnisverhütung. Es handelt sich um eine erschwingliche Impfung mit einer Wirksamkeit von einem Jahr. Der Impfstoff beeinträchtigt dabei weder die Physiologie noch den Menstruationszyklus der Frau, da der Eisprung weiterhin erfolgen kann. Zur Zeit wird der Impfstoff noch in Brasilien, Chile, Finnland, Indien und Schweden erprobt.

### *Dienstleistungen durch hochentwickelte Technologien*

Ein Teil der durch das IDRC geförderten Forschungen hat modernste und fortgeschrittenste Technologien angewandt, um armen Menschen in abgeschiedenen Gegenden bestimmte Dienstleistungen anzubieten. Ein Beispiel ist die Ausnutzung der geographischen Sonderstellung Chiles. Fachleute für Fernerkundungssysteme haben hier mit traditionell arbeitenden Fischern an der südamerikanischen Atlantikküste zusammengearbeitet. Ein Team des Instituto de Fomento Pesquero in Valparaiso überträgt Satellitensignale auf einfache

44 Geoffrey Oldham, Berater für Wissenschaft und Technologie von Professor Keith Bezanson, Präsident des IDRC.

Seekarten, die so die jeweilige Wassertemperatur angeben. Diese Angaben können von den Fischern genutzt werden, um die Gebiete mit der größten Wahrscheinlichkeit eines guten Fangs zu bestimmen.

Ein anderes Beispiel eines wertvollen Informationsaustausches ist das Healthnet, bei dem Satelliten zur Übermittlung medizinischer Informationen genutzt werden und Ärzte über die ganze Welt kommunizieren können. Es arbeitet mit einer etwas veränderten Amateurfunkausrüstung, die mit einem Kleincomputer verbunden wird. In Afrika werden den Ärzten via Satellit Ratschläge von Kollegen der führenden medizinischen Institute übermittelt bzw. sie können so auch untereinander kommunizieren.

*Einfache Technologien*

Andere Forschungsvorhaben haben zu neuen Techniken zur Herstellung nützlicher Produkte und Werkzeuge geführt, oftmals für ländliche Gebiete. Einige sind in dem Buch "*101 Technologies*" näher beschrieben.

*Innovationen in der Landwirtschaft*

Wenngleich es eine Vielzahl von Neuerungen in der Landwirtschaft gab, waren diese auf zwei Gebieten besonders fruchtbar. Das erste ist Agrarforstwirtschaft: Dr. B. T. Kang aus Ibadan (Nigeria) entwickelte mit IDRC-Geldern eine Methode des Gassenanbaus, in der bestimmte Nahrungsmittelpflanzen zwischen Reihen von schnellwachsenden Bäumen mit Hülsenfrüchten angepflanzt werden. Das IDRC spielte auch eine größere Rolle bei der Errichtung des ICRAF, das heute ein Teil des CGIAR ist. Agrarforstwirtschaft wird meist als einer der wichtigsten Fachbereiche angesehen, um in der Zukunft eine nachhaltige Landwirtschaft in den Tropen zu erreichen. Manche Fachleute gehen davon aus, daß dies durchaus zu einer zweiten Grünen Revolution führen und so den ärmeren Bevölkerungsgruppen in landwirtschaftlichen Grenzgebieten einen verbesserten Lebensstandard ermöglichen könnte. Daneben könnte Agrarforstwirtschaft auch einen Beitrag zur Lösung des Kohlendioxidproblems darstellen, indem weitere "Kohlenstoffsenken" geschaffen werden. Der Einbezug der örtlichen Bevölkerung bei der Ausweitung des tropischen Waldbestands könnte deutliche Auswirkungen auf den Treibhauseffekt haben.

Die andere Neuerung betrifft die Entwicklung biologischer Methoden zur Schädlingsbekämpfung. In den siebziger Jahren haben Wissenschaftler mit der Unterstützung des Zentrums die natürlichen Feinde einer bedeutenden Schädlingsart identifizieren können, die die Kassawa-Ernte vernichtete. Diese Entdeckung erlaubte ein umfangreiches Experiment mit biologischer Schädlingsbekämpfung und die Rettung der afrikanischen Kassawa-Ernte. Zur Zeit benutzen kanadische Wissenschaftler - als ein Beispiel für "umgekehrten Technologietransfer" - die kleine Trichogram-Wespe, die von China eingeführt wurde, um den Fichtenknospenwurm (*spruce budworm*) zu bekämpfen, der über 15 Millionen Hektar kanadischen Wald zerstört hat.

Eine andere Entwicklung, welche auf den Arbeiten eines äthiopischen Wissenschaftlers aufbaut, ist die Entdeckung des Lemma-Giftes. Dies hindert Zebramuscheln daran, Kolonien zu bilden und an Oberflächen zu kleben. Die Zebramuschel wurde aus Europa in das Gebiet der Großen Seen eingeschleppt. Sie hat in Nordamerika jedoch keine natürlichen Feinde und kann sich so ungehindert vermehren, wodurch sie Millionenschäden durch die Verschmierung von Stränden und die Behinderung der kommunalen Wassergewinnung verursacht. Das Lemma-Gift wurde von Dr. Aklilu Lemma aus den Beeren der *Endod* extrahiert, einer afrikanischen Pflanze, die traditionell zur Seifenherstellung genutzt wird. Dr. Lemma fand heraus, daß mit der Endodbeerenseife auch Schnecken getötet werden konnten, die den Parasiten der Bilharziose beherbergten. Nun bauen US-amerikanische und kanadische Forscher auf seiner Arbeit auf, um das Problem der Zebramuscheln zu lösen.

*Vereinfachung von industriellen Prozessen*

Einige Forschungsvorhaben, die vom IDRC gefördert wurden, führten zur Vereinfachung und Verkleinerung der Technologien zur Herstellung von ätheischen Ölen, Naturfarbstoffen, Biopestiziden und Naturheilstoffen. So wurden in Afrika und Lateinamerika Arbeitsplätze und Exportmöglichkeiten geschaffen. So können nun Familien, die in von Überweidung und Bodendegradation bedrohten Gebieten in Marokko und Ruanda leben, aus einheimischen Pflanzen gewonnene ätherische Öle nach Europa für die dortige pharmazeutische und Parfüm-Industrie exportieren; 200 Familien in der bolivianischen Cochabamba-Region exportieren jetzt jährlich vier Tonnen verschiedener Öle. Einige erbringen mehrere hundert Dollar p/kg - eine Alternative selbst für lateinamerikanische Koka-Bauern!

*Neue Forschungsmethoden*

Das Zentrum hat nicht nur auf dem Gebiet der Herstellung neuer Hardware oder der Entwicklung direkter Problemlösungen neue Ansätze zu den Forschungsmethoden beigesteuert. Zwei Beispiele mögen hierfür ausreichen:

Das erste ist aus dem Bereich der Landwirtschaft, in dem frühere Projekte des Zentrums bei den "On-Farm"- und "Farmsystem-"Ansätzen eine Vorreiterrolle ausübten, wobei Agrarwissenschaftler mit Bauern zusammenarbeiteten und Musteranlagen auf dem Land der Bauern eingerichtet wurden. Die andere Methodik ist die sogenannte Beteiligungsforschung (*participatory action research*), bei der lokale Gemeinden, Wissenschaftler und Politiker zusammenarbeiten, um Schwerpunkte festzulegen. Beispiele lassen sich in zahlreichen EL finden, in denen dieser Ansatz zur Festlegung der Schwerpunkte in der nationalen Gesundheitspolitik geführt hat.

Dies ist nur eine kleine Auswahl von über 5000 Projekten, die vom IDRC unterstützt werden. Sie soll illustrieren, wie die verschiedenen Wege, auf denen vornehmlich im Süden Forschung betrieben wird, dabei helfen können, dessen Probleme zu lösen - und gelegentlich auch die des Nordens.

*Die Unterstützung der wirtschaftspolitischen Forschung in Afrika*

Um Forschungskapazitäten in den Wirtschaftswissenschaften aufzubauen, hat das Zentrum die Gründung des Afrikanischen Konsortiums für Wirtschaftsforschung angeregt, das die Wirtschaftsforschung in verschiedenen lokalen Institutionen in Ostafrika und im südlichen Afrika unterstützt hat. Das Konsortium half dabei, den Graben zwischen der akademischen Forschung und dem Bedarf der Regierungen nach konkreten wirtschaftspolitischen Empfehlungen zu überwinden. Mehrere Mitglieder des Konsortiums nahmen auch an Strukturanpassungsverhandlungen mit der Weltbank und dem Weltwährungsfonds teil.

*Erfahrungen aus der Arbeit des IDRC*

EUROPERSPECTIVE III thematisiert die Reaktion Europas auf die Bedürfnisse der *Acht Milliarden Menschen,* die voraussichtlich im Jahr 2020 den Planeten bevölkern werden. Hinsichtlich dieses Themas sind die Erfahrungen des IDRC bescheiden. Mit seinen begrenzten Mitteln hat das Zentrum in den letzten 23 Jahren versucht, Forschungskapazitäten in den EL aufzubauen. Nichtsdestotrotz, die hier gemachten Erfahrungen deuten auf einige grundlegende Lektionen hin, die bei der Vorbereitung der europäischen Politik fruchtbar sein könnten.

In den meisten EL gibt es eine Aufnahmekapazität für externe Forschungsförderungsgelder. Die Skeptiker, die dieses bei Gründung des IDRC noch in Zweifel zogen, erwiesen sich inzwischen als falsch. Es existieren nun neben dem IDRC zahlreiche andere Geberorganisationen, die Forschungsvorhaben fördern, und es gibt noch immer eine "Nachfrage" für mehr Mittel. Abgesehen von den sehr seltenen Fällen der am wenigsten entwickelten Länder stellen die externen Mittel nur einen kleinen Prozentsatz der gesamten inländischen W&T-Finanzierung dar.

Die meisten Probleme, denen die EL gegenüberstehen, sind eher sozio-ökonomisch und politisch als wissenschaftlich und technologisch. In keinen Fall können alle diese Probleme allein durch Forschung gelöst werden - oft kann die Forschung jedoch zu ihrer Lösung beitragen. Indem in den Aufbau von einheimischen W&T-Kapazitäten investiert wird, kann somit ein deutlicher Unterschied für das wirtschaftliche Wohlergehen der EL erreicht werden. Forschung allein ist jedoch nicht ausreichend, um Entwicklung zu gewährleisten. Enge Verbindungen zwischen dem Forschungs- und dem Produktionssystem eines Landes müssen geschaffen werden, damit Innovationen erfolgen können. Dies wurde vom IDRC schon vor 24 Jahren erkannt, und das Gesetz zur Errichtung des Zentrums schrieb als Zielsetzung ausdrücklich die Unterstützung des Aufbaus von "innovativen Fähigkeiten" in EL fest. Es ist nicht einfach gewesen, dieses Ziel zu erreichen.

Inzwischen ist es anerkannt, daß alle Forschungsprojekte des IDRC schon in einem frühen Stadium die potentiellen Anwender oder Nutznießer der Forschung im Forschungsdesign berücksichtigen müssen. Unter anderem wurde daher ein spezielles Programm eingerichtet, das "Forschungsprogramm für innovatives Systemmanagement" (PRISM). Dieses Programm hat zwei Zielsetzungen, nämlich Studien und Forschung für ein besseres Verständnis des Innovationsprozesses in EL zu fördern und gleichzeitig alle Beschäftigten des Zentrums darüber zu beraten, damit sie helfen können, weitere Projekte mit einer möglichst hohen Wahrscheinlichkeit von innovativen Ergebnissen zu entwerfen.

Desgleichen ist es notwendig, die Sozialwissenschaften schon beim Entwurf eines wissenschaftlichen Projekts einzubeziehen. Andernfalls könnten die sozio-ökonomischen Folgen einer neuen Technologie ganz anders ausfallen als erwartet. Dieses wurde vom IDRC in seiner Planungsphase berücksichtigt: Ein kanadischer Regierungsbeamter erklärte bei einer Anhörung über das geplante IDRC, daß kanadische Fischer oftmals die Forschungsergebnisse der staatlichen Wissenschaftler ignorierten. Er fragte daher, wie das IDRC gewährleisten könnte, daß die potentiellen Anwender der Forschung in den EL auch stärkeren Gebrauch von den Ergebnissen machten. Das IDRC erwiderte, daß das Zentrum der Verbindung von Sozial- und Naturwissenschaften einen großen Stellenwert einräumte, damit rechtzeitig bekannt würde, welche Art von Ergebnissen von den potentiellen Anwendern wahrscheinlich genutzt würden.

Tatsächlich war dies jedoch schwierig zu erreichen. Teilweise war die fachbezogene Ausbildung der im IDRC Beschäftigten die Ursache, aber meist lag es an der fachbezogenen Ausrichtung der meisten Forschungseinrichtungen in den EL. Das IDRC kann diese Institutionen nicht zu einem interdisziplinären Ansatz zwingen. Dies hat zur Folge, daß es auch unerwartete Folgen eines erfolgreichen Technologiewandels gibt. Ein Beispiel mag dies verdeutlichen: Das IDRC hatte eine chilenische Forschungsgruppe bei der Entwicklung eines sogenannten “Nebelfängers” unterstützt. Dies war eine einfache Vorrichtung - im Grunde nur ein Nylonnetz, das Nebel kondensierte und einen beständigen Wasserfluß in den nebelverhangenen Bergabhängen im nördlichen Chile erzeugte. Dieses Wasser wurde über Rohrleitungen in ein kleines Dorf in der Wüste transportiert, das zwischen den Bergen und dem Meer lag. Zunächst wurde die regelmäßige Wasserversorgung von den Dorfbewohnern herzlich begrüßt. Später jedoch, als sich herausstellte, daß die Speichertanks und die Rohrleitungen regelmäßiger Unterhaltungs- und Reparaturarbeiten bedurften, stritten die Dorfbewohner über die Zuteilung der nun entstandenen Arbeit. Zudem hatte man erwartet, daß die Dorfbewohner das überschüssige Wasser nutzen würden, um Gemüse für eine nahe gelegene Kleinstadt zu ziehen und so ihr Einkommen zu erhöhen. Statt dessen nutzten sie das Wasser zur Bewässerung von Blumenbeeten. Einer schöneren Umgebung wurde also ein höherer Stellenwert beigemessen als einem Extra-Einkommen durch Gemüseanbau! Die rechtzeitige Beteiligung von Sozialwissenschaftlern hätte möglicherweise zur Aufdeckung potentieller Probleme und Lösungen geführt, bevor der Unterhalt und die Reparatur zur Ursache von Konflikten wurde.

Die Schwierigkeit bei institutionellen Erneuerungen, die durch fachübergreifende Arbeit in vielen EL möglich wird, bestärkt den Vorschlag des Wiesbadener Treffens zur Stärkung der Technologiebewertungskapazitäten sowohl in Europa als auch in den EL. In den letzten Jahren hat das IDRC weit mehr Aufmerksamkeit auf die Einbeziehung der Management- und Politikdimension in seine Forschungsaktivitäten verwandt.

Forschungsförderung muß zwangsläufig kontinuierlich und regelmäßig erfolgen. Das IDRC hat bislang die Politik verfolgt, viele kleine Kredite gleich einem Saatgut auszustreuen und dann die mit den besten Erfolgsaussichten in ihrer Forschung auch langfristig zu fördern. So war etwa Dr. Talwar 17 Jahre lang gefördert worden, bis er seinen Impfstoff erfolgreich herstellte.

Das IDRC war sehr produktiv in der Förderung von gemeinsamen Forschungsvorhaben in verschiedenartigen Forschungsverbünden. Die meisten davon schließen eine enge Zusammenarbeit mit Institutionen im Süden ein. Viele Forschungsverbünde führen Forscher zusammen, die in benachbarten Ländern am selben Problem arbeiten; andere sind auch weltweit ausgerichtet. Ungefähr 40 Prozent aller IDRC-Projekte schließen Zusammenarbeit mit anderen Institutionen ein, und die Auswertungen ergaben, daß die Vorteile fast immer die Nachteile überwogen.

Das IDRC hat auch die Verbreitung seiner Forschungsergebnisse immer als eine sehr ernste Aufgabe aufgefaßt. Dennoch ist die Geschwindigkeit der Verbreitung von Innovationen noch immer langsamer als es wünschenswert wäre. Die Abteilung für Wissenschaftsinformation hat eine Reihe von Systemen eingerichtet, um den Informationsfluß zu fördern. Aber es ist inzwischen deutlich geworden, daß hierfür noch mehr getan werden muß. Die Vermittlung des Wissens ist ein wichtiges Ziel des Zentrums geworden. Das Problem tritt insbesondere in den Politikfeldern auf, in denen Entscheidungen auf der Grundlage nur eines Teils des Wissens, der für diese Entscheidung von Bedeutung wäre, getroffen werden müssen. Ein rechtzeitiger Zugang zu dem vorhandenen und einschlägigen Wissen ist nicht nur für EL von Bedeutung. Das IDRC untersucht dieses Problem gerade und hofft, schon bald neue Methoden für Informationsvermittlung zu entwickeln. Dieses Problem muß auch von der EU angegangen werden.

Der Aufbau von Forschungskapazität erbringt regelmäßig einige kurzfristige, projektbezogene Ergebnisse, aber bei allen derartigen Projekten wird erwartet, daß langfristig noch weit größere Gewinne anfallen werden. Es ist nicht leicht, diese langfristigen Gewinne zu messen, und auch nicht die, die als Erfahrungswert noch anfallen können, selbst wenn der Wissenschaftler sich schon neuen Aufgaben zugewandt hat. Es gibt hierfür anekdotische Beispiele, die zeigen mögen, wieweit die Beteiligung an einem W&T-Netzwerkprojekt des IDRC in den siebziger Jahren sich noch erheblich auf die Laufbahn seiner Mitglieder auswirken kann, wenn diese später andere Funktionen ausübten: Hierzu zählten ein Premierminister, zwei Minister für Wissenschaft und Technologie, der Präsident der größten Bank des Landes, der Generaldirektor einer Sonderorganisation der Vereinten Nationen und der Direktor der Weltbank-Abteilung für strategische Planung. Verschiedene andere Sozialwissenschaftler, die vom IDRC gefördert wurden, übten später ein Ministeramt in ihren jeweiligen Herkunftsländern aus.

**Erfahrungen durch IDRC-geförderte Forschungsvorhaben**

Die acht Erfahrungen, die eben dargestellt wurden, basieren alle auf der Praxis des IDRC als Institution. Es gibt daneben noch zwei Erfahrungen, die von den Forschungsprogrammen des Zentrums über W&T-Politik und aus der Forschungsarbeit der ehemaligen und gegenwärtigen Mitglieder des Zentrums resultieren und für die Wiesbadener Konferenz interessant sind:

So ist zwar Forschungskapazität sehr wichtig, aber es ist nicht die einzige einheimische wissenschaftliche und technologische Kapazität, die aufgebaut werden muß. In den meisten Ländern arbeiten nur zehn Prozent aller Wissenschaftler und Ingenieure in der Forschung im engeren Sinne. Die anderen neunzig Prozent beschäftigen sich mit all den anderen Aufgaben, die notwendig sind, damit Wissenschaft und Technologie überhaupt in den Produktionsprozeß einfließen kann, die Bevölkerung ein technisches Grundwissen erhält und weitere Wissenschaftler und Ingenieure ausgebildet werden können. In diese Kategorie gehören zum Beispiel Lehrer, Ingenieure, Überwachungspersonal, Informationsfachleute usw. Darüber hinaus werden viele kleinere technische Veränderungen von Ingenieuren und Arbeitern erbracht, die formal nicht der Forschung zuzurechnen sind. Die meisten Geberorganisationen, einschließlich des IDRC, haben in den letzten zwanzig Jahren schwerpunktmäßig den Aufbau von Forschungskapazitäten gefördert und dabei die anderen wissenschaftlichen und technologischen Fähigkeiten vernachlässigt, welche aber auch notwendig sind.

Es ist dabei wichtig, die verschiedenartigen Kapazitäten gleichgewichtig aufzubauen. Die genaue Form dieses Gleichgewichts ist immer anders und hängt vom jeweiligen Entwicklungsstand eines Landes ab. Eine bedeutende Lücke, die durch europäische Initiativen nutzbringend geschlossen werden könnte, wäre die Ausbildung eines Typus von kreativen Ingenieuren zu fördern, welcher sich oftmals in den Unternehmen als Speerspitze für technologische Neuerungen erwiesen hat. Derartige Ausbildungsinitiativen könnten in Technologietransfer-Vereinbarungen zwischen privaten Unternehmen eingeschlossen werden und würden so zu einem verbesserten Management des technischen Wandels beitragen.

Das IDRC hat oftmals Technologietransfer in EL gefördert, und seine Beschäftigten leisten weiterhin ihren Beitrag in diesem Gebiet. Durch ihre Arbeit konnten viele Hindernisse identifiziert werden, die erfolgreichem Technologietransfer im Wege standen. Dieses Problem tauchte auf der UN-Konferenz über Umwelt und Entwicklung wieder auf; besserer Zugang zu Technologien bleibt ein zentrales Ziel der meisten EL. Bislang verwiesen die europäischen Regierungen darauf, daß diese Problematik ausschließlich eine Angelegenheit der Privatwirtschaft sei, da die meisten Technologien patentiert und so eigentumsrechtlich geschützt seien. Dies stimmt so jedoch nicht. Alles deutet darauf, daß der öffentliche und der private Sektor hier zusammenarbeiten müssen. Es ist an der Zeit, die Gründung einer Internationalen Organisation für Technologietransfer vorzuschlagen. Dies wird unterstützt durch ähnliche Vorschläge des ehemaligen Beratungsausschusses der VN zu Wissenschaft und Technologie für Entwicklung. Eine europäische Initiative in diesem Gebiet würde von den EL sicher sehr begrüßt werden.

## Die Zukunft

Während das IDRC sich seinem Silberjubiläum nähert, beginnt es ein neues Kapitel seiner Geschichte. Die Notwendigkeit einer neuen Ausrichtung geht auf drei Faktoren zurück: die Erfahrungen des Zentrums in den letzten 23 Jahren, die immensen Veränderungen der Weltwirtschaft und der politischen Situation, und schließlich die Verpflichtung des kanadischen Premierministers auf der Rio Konferenz, einen kanadischen Beitrag zum Erfolg der Zielsetzungen der AGENDA 21 zu leisten. In den nächsten Jahren wird das IDRC einen Großteil seiner Mittel auf sechs Themen der AGENDA 21 konzentrieren. Es wird zwar weiter den Aufbau von Forschungskapazität fördern, seine Projekte aber gleichzeitig dahingehend auswählen, daß sie auch einen direkten Beitrag zur Lösung der globalen Umweltprobleme bieten.

Diese sechs Themenbereiche sind:
Die Integration der Umweltpolitik mit der Wirtschafts- und Sozialpolitik;
- Technologie und Umwelt;
- Nahrungsmittelsysteme bei Überbeanspruchung;
- Information und Umwelt;
- Gesundheit und Umwelt;
- Artenvielfalt.

## INDIEN: Wissenschaft, Bevölkerung und Entwicklung - die unausweichliche zusätzliche Milliarde Menschen

*Eine Erkundung wechselseitiger Verknüpfungen und möglicher Tätigkeitsfelder in Indien* [45]

Während des Wissenschaftskongresses in Cochin Anfang 1990 hatte ich vorausgesagt, daß das Land auf einen normalen Monsun im dritten aufeinanderfolgenden Jahr zusteuere. Dies führte zu einem Aufruhr. Es hatte so ausgesehen, als ob eine wissenschaftliche Voraussage zum indischen Monsun mit der Denkweise der modernsten Forschungsinstitute vereinbar sei! Wenngleich unsere Glaubwürdigkeit in diesem Bereich anerkannt war, gingen einige Fachleute doch davon aus, daß wir uns dieses Mal irren würden. Wir irrten uns nicht. Die Analyse der meteorologischen Daten der letzten hundert Jahre ließ nur einen Schluß zu: Hinter jedem Wolkenbruch, der über Kerala niedergeht, steht ein herrlich komplexes Wechselspiel von größeren Land-Ozean-Atmosphäre-Parametern, und die Kunst des Prognostikers besteht darin, intelligent in der Lage zu sein, die betreffende Wechselseitigkeit der Vektoren gleichgewichtig zu bestimmen. Ich dachte, vielleicht gäbe es etwas konzeptionell Analoges in der Verbindung zwischen Wissenschaft und Technologie. Unsere Hypothese war, daß die Land-Ozean-Atmosphäre-Systemparameter einzeln aufträten und in ihrem eigenen Zeitrahmen signifikant würden - mit anderen Worten, daß Wetter über eine bestimmte Zeit ein Gedächtnis hat. Alle Gesellschaften haben ebenfalls ein Gedächtnis.
Der gleiche Drang, der mich früher zu Wetterprognosen gezogen hatte, brachte mich später dazu, noch ernsthafter über die Beziehung von Wissenschaft und Bevölkerung nachzudenken. Als ich in Cochin war, konnte ich nicht anders als den Eindruck gewinnen, daß - wie viele andere Ereignisse in diesem Land - die Ergebnisse der Volkszählung von 1991 ein weltweit großes Interesse erwecken würden und daß viele Fachleute in diesen Resultaten eine Lawine von Überraschungen erkennen würden. Wir hätten gedacht, daß Volkszählungsergebnisse etwas unausweichliches wären, etwas, was zwangsläufig manchmal an die Oberfläche tritt, ungeachtet der Dynamik der Reaktion, ungeachtet der Schärfe der Instrumente, etwas, von dem man wußte, daß es in der Gesellschaft seit vielen Jahrzehnten gegärt hatte. Und hier handelte es sich nicht um einen Teil der Gesellschaft, nicht um einen einzelnen Politikbereich und nicht um eine isolierte politische Ideologie. Der Versuch der Abgrenzung von Ursache und Wirkung war wie die sprich-

45 Vasant Gowariker, Herausgeber, Unmesh Communications, Neu-Delhi, 1992, 511 Seiten.

wörtliche Frage nach dem Huhn und dem Ei. Ein sensibler Intellekt konnte schon immer ziemlich laute Signale vernehmen, die das Ausmaß unser kollektiven Unzulänglichkeit anzeigten - wie auch die des andauernden und sich selbst verstärkenden Verfalls unserer Fähigkeit, soziale Unordnung noch zu beherrschen. Was konnte denn die Fachleute in dieser Lage überhaupt noch an den Ergebnissen der Volkszählung von 1991 überraschen, das sie nicht vorausgesehen hätten?

Was deutlich zutage trat, war die feste Überzeugung, daß man diese unausweichliche Extra-Milliarde nicht, wie beim Kniescheibenreflex, mit einer automatischen Reaktion angehen kann. Mit Sicherheit mußte man die allgemeinen Trends und jedes Detail der Ergebnisse mit berücksichtigen. Aber es ging offensichtlich nicht um irgendeinen Bakterienansturm, den man mit einer kräftigen Dosis Antibiotika behandelt - soziale Krankheiten erfordern eine tiefergehende und ernsthafte Diagnose, aus der allein durchführbare Strategien und Handlungsmöglichkeiten erwachsen können.

Historisch betrachtet, hatte die Konzeptualisierung des Buches schon viel früher begonnen. Die Untersuchung der wechselseitigen Verknüpfungen und Handlungsmöglichkeiten im Themenbereich Wissenschaft-Bevölkerung-Entwicklung für ***Die unausweichliche Extra-Milliarde*** ist zwangsläufig ein beständiger Weg zur Perfektion. Dies erfordert auch eine Abkehr von jeder Voreingenommenheit. Bekanntlich ist es nicht möglich, jemals den Zielpunkt der absoluten Unparteilichkeit und Wertfreiheit zu erreichen - aber jeder Denkende strebt zumindest danach. Kann es denn überhaupt irgendeinen einzelnen Ausgangs- und Endpunkt geben? Eine gute wissenschaftliche Untersuchung setzt eine Geisteshaltung voraus, die zu einem "unvoreingenommenen" Zustand tendiert und danach strebt. Dies wiederum erfordert die Auffächerung der zugrundeliegenden Mittel und ein Talent zum "Networking" als einem Weg, die Subjektivität zu minimieren. Die Idee der Perfektion muß uns immer im Hinterkopf bleiben. Wir wissen alle, daß die Wirklichkeit weit von der Perfektion entfernt ist. Aber solange man nicht weiß, was *vollkommen* ist - weiß man dann, wie weit man von der *Unvollkommenheit* entfernt ist?

Bevölkerung gilt als eine entscheidende Variable im Entwicklungsprozeß, und die Wissenschaft versorgt uns mit immer mehr Wissen als Grundlage für unser Handeln. Aber während wir das Bevölkerungsproblem untersuchen, scheinen wir nicht den entscheidenden Charakteristika einer wissenschaftlichen Methode zu entsprechen: empirische Beobachtung, Objektivität, die Verfolgung verschiedener Betrachtungsweisen und die Vorläufigkeit der Ergebnisse. Oftmals scheinen diese Punkte bei der Betrachtung gerade der mannigfachen Dimensionen des "Bevölkerungsproblems" verloren zu gehen. Manchmal scheinen selbst die Fachleute überzuvereinfachen, beispielsweise in der Schlußfolgerung, daß eine große Bevölkerung die Ursache aller Probleme sei oder daß eine große Bevölkerung die Lösung aller Probleme sei. Dies sind zwei Extremfälle, die Wahrheit liegt wohl irgendwo dazwischen. Die Bevölkerungsdynamik gleicht offensichtlich nicht einem Pendelschwung, der irgendwann in der Mitte seiner Schwingung ruhen bleibt. Es handelt sich auch nicht um eine einfache harmonische Bewegung, die sich etwa auch auf der subregionalen Ebene wiederhole. Die Bevölkerungsdynamik hängt davon ab - und wiederum nicht in jedem Fall -, wie träge und zäh die subregionale Kultur in den verschiedenen Teilen Indiens selbst ist. Dies läßt Verallgemeinerungen und sinnvolle Interpretationen schwierig werden. Nichtsdestotrotz wurden in den letzten Jahrzehnten ständig versucht, uns zu interpretieren, ob über Schwankungen in der Geburtenrate oder der Kindersterblichkeitsrate. Sicher sind viele Menschen in Indien und im Ausland über zwei Dinge besorgt - daß die Fertilitätsraten sich nicht deutlich verringert haben und daß wir es mit dem Szenario der ***Unausweichlichen Extra-Milliarde*** *Menschen* zu tun haben.

Ja, so ist es. Genau deshalb sagt jeder, Bevölkerung sei ein komplexes Thema. Aber wie komplex ist komplex? Ich könnte ein Beispiel anführen. Sie alle kennen Zink, ein bläulich-weißes Metall und Bestandteil von vielen Legierungen, einschließlich Messing, aus dem Gebrauchsgegenstände hergestellt werden. Ich weiß ein wenig über die Chemie von Zink Bescheid - viele der anorganischen Chemiker kennen sie wie ihre Westentasche! Aber wie viele von Ihnen wußten - zumindest ich wußte es nicht -, daß dieses anscheinend harmlose Element bei der Pflege von Müttern und Kindern, bei der Zusammensetzung der Böden, in der Agrartechnologie, bei der Kindersterblichkeit und beim Bevölkerungsthema ein Problem darstellt? Lassen Sie es mich erklären. Wir alle wissen, daß Ärzte Eisentabletten als Nahrungsergänzung für Frauen verschreiben, da viele von ihnen an Blutarmut leiden. Aber die dosierte Eisentherapie, die im allgemeinen in der Mutter-Kind-Gesundheitsvorsorge verschrieben wird, hat erwiesenermaßen eine meßbare schädliche Wirkung auf den Zinkstatus der Mutter. Natürliche eisenhaltige Nahrungsmittel enthalten Spuren von Zink. Derartige Nahrungsmittel wären somit ein natürliches Mittel, um zusätzlich Eisen aufzunehmen, ohne gleichzeitig einen Zinkmangel hervorzurufen. Nichtsdestotrotz hat die moderne Landwirtschaft dazu geführt, daß der Zinkmangel im Boden zugenommen hat, insbesondere in Reisanbaugebieten. So haben wir ein Problem: Wenn wir Anämie mit einer Eisentherapie behandeln, vergrößern wir möglicherweise den Zinkmangel, und beides wirkt sich auf die Kindersterblichkeit aus, die wiederum die Bevölkerungsdynamik beeinflußt. Sie sehen also, wie Agrarwissenschaftler, Bodenkundler, Kinderärzte, Gynäkologen, Chemie-Ingenieure, Epidemologen und Chemiker sich beruflich und emotional mit einer Bevölkerungsthematik befassen und eine indische Lösung für ein typisch indisches Problem finden müssen. Abgesehen von den Vertretern dieser Berufe beschäftigen sich auch viele Behörden auf verschiedenen Ebenen mit dem einem oder anderen Aspekt der angebotsorientierten oder der wissensorientierten Lösung. Und dies ist nur einer der Faktoren, die die Kindersterblichkeit beeinflussen.

Dieses Beispiel ist nicht nur rein symbolisch, sondern verdeutlicht verschiedene Aspekte der Komplexität. Sie können es als ein Modem ansehen, um ein Gefühl für die Handlungsvoraussetzungen zu bekommen. Auch wenn wir alle diese Zink-Eisen-Antagonismen kennen, ist nicht immer die Mischung bekannt, die die Grundkrankheit heilen könnte. Im wirklichen Leben benötigt man daher innovative Kommunikationskanäle, die zwischen mindestens sechs wichtigen technischen und administrativen Regierungsabteilungen eingerichtet werden müssen, damit auch nur dieser eine Aspekt der Komplexität der Bevölkerungsthematik angegangen werden kann. Große erfolgreiche Wirtschaftsimperien wurden weltweit errichtet und aufrechterhalten, nur weil diese Kunst des Zusammenfließens beherrscht wurde. Selbstverständlich erfordert die Führung eines Landes ein weit tieferes Verständnis im Bereich des *human engineering*. Man könnte sich fragen, warum die Methodik des Gesamtsystemansatzes und Bestandteile ihres Rezeptes für erfolgreiche Unternehmen nicht dahingehend überprüft werden kann, ob es nicht auch anderswo, und wenn auch nur teilweise, angewandt werden könnte.

Dies scheint mir wie eine Ableitung dessen zu sein, was Vikram Sarabhei, der Vater des indischen Raumfahrtprogramms, einst über den zusammenbrechenden Generationensprung zwischen Lehrer und Schüler sagte. Ich will Sie hier nicht mit ein paar überraschenden Fakten hinhalten; ein paar ungefähre Zahlen werden für sich sprechen. Wissen Sie, was "sich entfalten" (*unfolding*) bedeutet? Ein Gebiet, das Vikram sehr am Herzen lag, waren Chemikalien. Ihre Zahl verdoppelte sich in 43 Jahren vom stürmischen Jahrzehnt vor bis zu dem nach dem Ende des Zweiten Weltkriegs. Diese Verdopplungszeit der bekannten chemischen Zusammensetzungen hat sich drastisch auf nur noch 14 Jahre reduziert, als Sarabhai seine Aussage traf. Während ich mein Manuskript für das Buch vorbereitete, betrug diese Verdopplungszeit möglicherweise nur noch einige wenige Jahre. Zu der Zeit, als der Premierminister das Buch veröffentlichen ließ, hatte sich diese Verdopplungszeit noch weiter verringert auf - lassen Sie mich raten - vielleicht eineinhalb Jahre. Die Zahl von 30 Millionen chemischen Zusammensetzungen im Jahre 1992 wird wohl auf ungefähr 50 Millionen angestiegen sein, wenn die nächste Jahressitzung des Wissenschaftskongresses eröffnet wird. Wie kann man da noch einen Unterschied zwischen einem Lehrer und einem Schüler erkennen, angesichts einer derartigen Explosion an den Grenzen des Wissens? Wirklich - wer ist jetzt noch ein Lehrer und wer ist noch ein Schüler? Schon zu dem Zeitpunkt, an dem ich Lehrer werde, an dem ich mein Diplom oder meinen Doktor mache, schon während dieses Lernprozesses bin ich in meinem Wissen wieder veraltet. Also, was bedeutet dieser Generationensprung oder wie immer man es benennen will? Ist nicht alles bedeutungslos? In Wirklichkeit liegt der Generationensprung nicht zwischen dem Lehrer und dem Schüler - er liegt vielmehr zwischen mir und meinem Selbst, und das Ich von heute ist schlechter dran als das Ich von gestern in meinem eigenen Fachgebiet, wenn dieses Konstrukt meines "Fachgebiets" überhaupt noch bestehen bleibt. Jawohl, der Zeitraum einer Generation, der früher ungefähr 20 bis 30 Jahre ausmachte, ist nun auf einige wenige Monate auf der Skala des Wissens geschrumpft. Deshalb kommt die Krise nicht von außen; sie ist in uns, es ist die des Wahrheitsbegriffes - in uns, zwischen Ihnen und mir, zwischen mir und meinem Selbst. Je eher wir erwachen gegenüber dieser Explosion des Wissens und uns auf die neue Wirklichkeit einstellen, die so entstanden ist, desto besser wird es für alle sein. Wenn es wirklich so ist, wie manche meinen, daß das Gefühl der Hilflosigkeit, das die Menschen vor Anbruch der Wissenschaft empfunden haben, der Ursprung der Religion war - welche Religion müssen wir uns vorstellen, wenn die Wissenschaft selbst eine ganze andere Art von Hilflosigkeit erzeugt?

Die Antwort liegt in unserem Verständnis, daß jeder ein obsoleter "Experte" zu werden habe. Die Tage, in denen man noch ausschließlich im Kontext seiner eigenen Fachrichtung und Spezialisierung dachte, wären demnach gezählt. Die neuen Menschen sollten charakterisiert werden durch ihren "Enthusiasmus-Index", d.h. neue Dinge zu lernen mit einem vergleichsweise vorurteilsfreien Verstand. Dies impliziert die Erkenntnis, daß es unwahrscheinlich geworden ist, daß irgendeine Person noch tiefgründiges und die Veralterungsrate überdauerndes Wissen irgendeiner Art haben kann und dennoch weiterhin als ein "Spezialist" gelten würde.

Ich weiß, daß ich nur das wiedergebe, was schon offensichtlich ist: Nämlich daß es keinen "Supermenschen" geben kann, wenn man Massenvervielfältigung oder eine Abhilfe im gesamtgesellschaftlichen Maßstab braucht. Der Supermensch von heute kann nur die Verkörperung eines praktikablen Mechanismus sein, der um eine vielseitige Gruppe von Systemanalytikern gebaut ist, die mit der Sache ihres Landes eng verbunden sind und ein Gefühl dafür haben. Wenn die höchsten Entscheidungsebenen eines Landes mit diesem Konzept mitzögen und die Erlaubnis zum Aufbau eines Kerns sorgfältig handverlesener, technisch korrekter und leistungsfähiger Leute gäben, die zu einem Netzwerk von äußerst bescheiden auftretenden Systemanalytikern ausgebildet und geformt würden - dann könnte ein Land wie Indien, das sein Niveau bewiesen hat, eine sehr kreative und produktive Kraft werden. Aber hierzu muß ein vermenschlichtes Konzept einer "seriellen Gehirn-Batterie" (*brain batteries-in-series*) angewandt werden. Die meisten Erfolgsgeschichten von "Wissenschaft und Gesellschaft" in der heutigen Welt sind weniger die Erfolgsgeschichten von Individuen als vielmehr die von Leuten, die diese Methodik auf verschiedenen Ebenen verstanden und operationalisiert haben. Es gibt einfach keine Zauberformel, die irgendwo versteckt wäre. All diese Dinge können nur erreicht werden durch die kollektive Vernunft der Bürger, wie in einer weltweiten Gemeinschaft, die mehr Klarheit über ihre Probleme erlangen will.

Ich möchte Sie dringlich bitten, die Bevölkerungsthematik vor diesem Hintergrund zu betrachten. Wir sollten also all die gutgemeinten Ratschläge und Behauptungen, die hier von Zeit zu Zeit vorgebracht werden, unvoreingenommen und ausgewogen prüfen. Aber dann - was genau ist dann das richtige Rezept für die Probleme der Dritten Welt? "Viele von uns denken heute, daß die Intensität und offensichtliche Ausschließlichkeit des früheren Interesses an der Fertilitätsrate und an den möglichen Instrumenten zu ihrer Verringerung eine übertrieben enge Betrachtungsweise war." Dieser Konsens in Schlußfolgerungen und Erfahrungen ist die Seele der Wissenschaft. Wenn jemand seine früheren Einschätzungen heute irrig empfindet, ist dies völlig verständlich, da wissenschaftlicher Fortschritt exakt nur so erfolgt.

Aber wie können wir in der Praxis beispielsweise die Wahrnehmung von denen, die Programme zur Empfängnisverhütung entwerfen, und denen, die deren Leistungen in Anspruch nehmen wollen, in Übereinstimmung bringen? Wer ist dieser "Newton" für all die vielen Einflüsse, die sich auf unser Problem auswirken? Mit nur einem ist es hier wohl nicht getan. Mir schwebt eher so etwas wie eine "Schmelztiegel-Kultur" vor, die diese Einflüsse kühl und ruhig aufsaugt und nicht sprunghaft und impulsiv auf sie reagiert. Zweifelsohne sollten wir alle Einschätzungen, Untersuchungen und Schlußfolgerungen prüfen und verinnerlichen, einschließlich der auf der globalen Ebene. Die Synthese jedoch muß von uns selbst geleistet werden, von denen, die sich bedroht fühlen, von denen, die sich - zurecht oder zuunrecht - betroffen fühlen, indem wir unsere Köpfe und Begabungen zusammenbringen und verstärkt in Netzwerken arbeiten. Dies ist im übrigen auch ein Fall, bei dem der Zweck die Mittel heiligt. Denn der Stolz, "wir selbst" zu sein, der aus dieser Methodologie entsteht, wird selbst ein Nebenzweck sein!

Es gibt nun kein einziges Gebiet, in dem nicht eine Organisation oder eine Regierungsstelle irgendwelche laufenden oder geplanten Programme (sogenannte "*missions*") hätte. Bei dem Begriff "*mission*" klingt natürlich so etwas wie Dringlichkeit, Unerläßlichkeit, Gezieltheit und ein gewisses Gefühl der Vorrangigkeit bei der Vergabe der verfügbaren Mittel an. Wenn es allerdings gar zu viele "*missions*" gibt, dann werden diese zu ganz normalen Programmen, und die Konnotation von Dringlichkeit geht verloren.

Wenn wir für Indien nur zwei dringende Ziele wählen könnten, dann würde ich mit allen

Mitteln zum einen die volle Alphabetisierung und zum anderen eine mehr als ausreichende Energieversorgung innerhalb von drei Jahren - und für alle Zeit danach - fordern. Dies halte ich deshalb für so entscheidend, weil ich davon ausgehe, daß der Fortschritt bei der Alphabetisierung und die weiteren Zukunftsvorstellungen der dann Alphabetisierten von einer ungenügenden Energieversorgung erheblich behindert würden. Zudem können beide Zielsetzungen erreicht werden, ohne irgendeiner Interessengruppe oder Ideologie weh zu tun. Zugegeben - um derartige nationalen Ziele zu erreichen, müssen wir all unser Wissen und all unsere Kapazitäten zusammenbringen. Zum Glück besitzt Indien eine Vielzahl von Hochschulabsolventen, Gelehrten, Denkern, Sozialwissenschaftlern, Naturwissenschaftlern, Sozialarbeitern, Einzelpersonen mit einem hohen Gemeinschaftssinn, Technologen, Bürokraten und Industriellen; vor allem ist sein politisches System sehr robust. So bemerkte der Premierminister in seinem Vorwort: "Wir haben alle Zutaten, selbst die absolut erforderlichen: Wenn wir gemeinsam all diese zusammenbringen könnten, wäre unser Volk in der Lage, viel, viel mehr zu ereichen". Aber dann müßten wir, so der Premierminister, "unsere Zahl in eine stärkere und produktivere Ressource verwandeln." Wenn wir nur eine indische Konzeption, aufbauend auf unseren eigenen allgemeinen Entwicklungszielen, mit einer vergleichsweise klaren Bestimmung unserer Absichen entwickeln könnten, dann gäbe es keinen Grund, warum wir nicht unsere Bevölkerung-Entwicklung-Gleichung auf unsere eigene Art und Weise lösen könnten. Dies gilt genauso für die Dritte Welt als Ganzem mit dem kollektiven Geist all ihrer Bürger.

Wir denken oft, daß "Handlungsmöglichkeiten" einfach so im Vorübergehen auftauchen würden und daß wir durch diese Spontaneität eine "Massenbasis" von informierten und recht unvoreingenommenen Individuen haben würden, die in der Lage wäre, eine sich selbst korrigierende Massenbewegung zur Lösung der bevölkerungsrelevanten Probleme zu steuern. Es geht aber nicht darum, irgendwelche "schnellen Patentlösungen" durchzudrücken - es gab davon schon zu viele. Wir sollten vielmehr im allgemeinen Interesse nach Möglichkeiten suchen, ein gemeinsames Unternehmen zu beginnen, das keinen Überlebensinstinkt und keine Existenz bedroht. Genau in diesen Zusammenhang ordne ich folgende Beobachtung des Premierministers ein: "Die Wissenschaftlergemeinde muß sich nun der Herausforderung stellen, die Probleme mit Bezug auf Bevölkerungsfragen anzugehen, die mit der Gesamtentwicklung unseres Volkes unauflösbar verknüpft sind". Naturwissenschaftler können da Lösungen finden, wo es noch keine gibt; aber hierfür muß ihre Arbeit auch zusammengebracht werden mit der von allen anderen, die sich mit der wechselseitigen Verknüpfung von Wissenschaft, Bevölkerung und Entwicklung beschäftigen. Die Aufgabe der Naturwissenschaften ist nicht, industrielle und agrartechnische Revolutionen hervorzubringen - sie müssen ihre eigene Integration in den gesellschaftlichen Gesamtkomplex anregen.

Die echte Schwierigkeit kommt daher, daß der angestrebte Soll-Zustand nicht der Ist-Zustand ist. Dies betrifft insbesondere die Bevölkerungsdynamik, vor allem in der indischen Mentalität und im spezifischen indischen Schmelztiegel, wo es äußerst notwendig erscheint, eine Unmenge von Ideen zu harmonisieren und einen Plan zu entwerfen, bei dem jeder sich noch wiederfinden kann. Dabei wird man wohl zunächst über die Handlungsalternativen sprechen, bevor man mit den tatsächlichen Handlungen beginnt. Ich möchte meinen, daß dies keine Kleinigkeit ist. Wenn wir uns hierauf einigen, dann haben wir schon etwas Substantielles erreicht. Alle bislang vorgebrachten Ansichten gehen davon aus, daß die wechselseitige Verknüpfung von Wissenschaft, Bevölkerung und Entwicklung untersucht werden muß, um eine sichere Zukunft für das zu gewährleisten, was ich als ***Die Unausweichliche Extra-Milliarde*** Inder ansehe. Es mag immer noch einige Mißverhältnisse geben, aber keine extremen. Diese Auffassung ist großartig und wertvoll, so großartig, daß sie mit Sicherheit von den Bürgern der gesamten Dritten Welt geteilt werden kann, deren Probleme alle ähnlich sind.

Es gibt nun zwei logische Wege: Erstens müssen wir feststellen, was bislang falsch gelaufen ist, und dann einen neuen Kurs zur Begrenzung der Fertilitätsrate abstecken. Zweitens müssen wir abschätzen, wie das Bevölkerungsniveau in zwanzig bis fünfzig Jahren sein wird, und dann den Aufbau der Infrastruktur und der Dienstleistungen planen, die für diese Zuwachsraten notwendig sein werden. Wir können nicht immer weiter unser Versagen auf die Menschenmassen in Indien schieben.

Die Beiträge in diesem Band haben viel gemeinsam: So sehen sie alle die Zwecklosigkeit, allein auf eine direkte Beeinflussung zur Bevölkerungskontrolle zu setzen (die angebotsorientierte Lösung), aber auch die Bedeutung einer vorhergehenden sozio-ökonomischen Entwicklung sowie die Notwendigkeit eines demokratischen und partizipatorischen Entscheidungssystems. Die Artikel deuten auch auf das große Potential von Wissenschaft und Technologie als Wissensgrundlage hin, um das Problem anzugehen, und teilen einen gemeinsamen Optimismus, daß wir die Voraussetzungen haben, um mit dem Problem des Bevölkerungswachstums zurechtkommen zu können. Insgesamt zeigen sie Alternativen für die Gestaltung unserer Zukunft.

**Gesundheit**

Eine entscheidende Einflußgröße für die Fertilitäts- und Sterberaten ist der allgemeine Gesundheitszustand der Menschen. Neben anderen Faktoren hängt die menschliche Gesundheit vollständig von der Nahrungsaufnahme ab. Die Qualität der Nahrung beeinflußt die Art des Wachstums und die Fähigkeit des Immunsystems. Gopalan teilt die Ernährungsprobleme in zwei Gruppen ein: diejenigen, die eine unmittelbare Folge der Armut sind, und diejenigen, die mit Umweltproblemen zusammenhängen. Er sieht drei spezifische Probleme bei der Unterernährung: eine Kropfbildung, eine Vitamin-A-Unterversorgung und die durch Eisenmangel verursachte Blutarmut. Die Mittel und Methoden, um diese Probleme anzugehen, stünden uns zur Verfügung. Er warnt davor, uns für nicht langfristig zur Verfügung stehende Methoden zu entscheiden, und lenkt unsere Aufmerksamkeit auch auf neue Themen, denen sich die Wissenschaftler widmen müssen. So hat die Eisentherapie, die bei der Gesundheitsvorsorge für Mutter und Kind verschrieben wird, eine nachweisbar schädliche Auswirkung auf den Zink-Status der Mutter. Mediziner müssen nun schnelle und wirksame Maßnahmen gegen Blutarmut und Zinkmangel entwickeln, da diese sich unmittelbar auf die Kindersterblichkeit auswirken. Agrarforscher müssen Wege finden, den Zinkgehalt in Böden und Pflanzen zu erhöhen, da die Methoden der modernen Landwirtschaft den Zinkmangel im Boden vergrößern. Dies illustriert erneut, wie wichtig mehr Kommunikation und gegenseitige Beeinflussung zwischen Wissenschaftlern aus unterschiedlichen Fachrichtungen ist.

Nach Banerji gab es in Indien von Anfang an eine Denkschule, die ein größeres Gewicht auf Nahrungsversorgung, Unter- und Fehlernährung, Heiratsalter und soziale Sicherheit, etc. gelegt hatte; alle diese Faktoren hätten die Geburten- und Sterberaten mehr beeinflußt als die Methoden der Empfängnisverhütung. Ihnen entsprechend sei es weit wirksamer, für "die Kleinfamilie als Regelfall durch sozio-ökonomische Maßnahmen" Nachfrage zu schaffen. Antia ist überzeugt, daß "die eindimensionale Besessenheit mit der 'Bevölkerungsplanung' im 'Programm für Gesundheit und Familienwohlfahrt' katastrophale Auswirkungen für die Basisgesundheitsvorsorge hatte". Gesundheitspflege und medizinische Leistungen könnten sich deutlich auf die Geburtenrate und die Kindersterblichkeit auswirken, aber gerade diese Leistungen seien im Gesundheitswesen vernachlässigt worden. Er unterstützt auch, daß empfängnisverhütende Mittel durch die Gesundheitszentren für alle erhältlich seien, die diese beantragten. "Bevölkerungskontrolle kann nicht dadurch erreicht werden, daß den armen Massen die Ansichten der Reichen und Mächtigen aufgezwungen werden. Dies war selbst in Diktaturen nicht möglich, ganz zu schweigen von Demokratien wie der unsrigen".

Auch sollte das System der dörflichen Gesundheitsarbeiter ausgebaut und verbessert werden. Antia denkt hier an einen Gesundheitsarbeiter für jeweils fünfhundert Menschen, der genauso wie ein *Anganwadi*-Arbeiter bezahlt würde und Medizin für monatlich mindestens 150 Rupien zur Verfügung hätte. Allerdings würde selbst dieses System der Gesundheitsarbeiter nicht erfolgreich sein, solange nicht aus ihrem Aufgabenbereich die Familienplanungsziele gestrichen würden. Antia warnt uns auch vor ineffizienten Massenimmunisierungskampagnen. Manches deutet darauf hin, daß derartige Kampagnen einen Anstieg der Gelbsuchtrate zur Folge hätten; dies könnte auch für AIDS gelten. Die Wissenschaftler müßten sich mit Indien-spezifischen Problemen beschäftigen. Die Probleme der Ernährung und der Gesundheitspflege müßten wieder mehr in den Mittelpunkt gestellt werden: "Die Rolle der Basisgesundheitspflege bei der Familienplanung soll für jüngere Altersgruppen einen Anreiz bieten, sich freiwillig um unbefristete empfängnisverhütende Methoden zu bemühen - nicht, Menschen hinterherzujagen und Zwang auf sie auszuüben, indem man sie zu entpersonalisierten 'Zielen' entwürdigt. Es ist Zeit, uns klarzumachen, daß die gegenwärtige herzlose und unkluge Vorgehensweise kontraproduktiv ist und daß naive Maßnahmen wie Abschreckung und Anreize nicht nur unmoralisch, sondern auch weitgehend wertlos sind".

## Umwelt

Eines der Symptome der Bevölkerungsexplosion ist die allgemein zunehmende Urbanisierung und die steigende Überbevölkerung in den städtischen Ballungszentren. Die Überbevölkerung und Überfüllung wird nicht durch einen Mangel an Wohnraum verursacht, sondern durch dessen mangelnde Erschwinglichkeit. Daher sollte man über die Entwicklung von neuen Wohnanlagen außerhalb der teuren Randgebiete der bestehenden Städte nachdenken. In diesen sollten zuerst die Massenbeförderungssysteme aufgebaut werden, das heißt noch bevor die Bevölkerung zuzieht. Die Versorgung mit Transportmöglichkeiten bei der Entwicklung von neuen Städten mag heute die gleiche Rolle spielen wie die der Eisenbahnen in ihren Gründertagen. Indiresan plädiert bei der Planung von neuen Städten für ringförmige Zentren statt der hergebrachten gitterförmig-rechteckigen. Dies würde den Transport optimieren, die Umweltverschmutzung verringern und mehr Freiraum zugänglich machen. Weniger Überfüllung und Verschmutzung in derartigen Städten würden die Lebensqualität erhöhen und eine gesündere ökologische Grundlage der Siedlungen schaffen. Er tritt für das interessante Konzept von "kreisförmig verteilten Geschäftsvierteln" entlang eines Transport-Ringes ein. Dabei weitet er dieses Konzept auf die ländlichen Gebiete aus, in denen die Dörfer an eine Schleife angeschlossen würden. Die Verteilung von 500 qm Land an jede Familie würde, so sein Plan, alles Notwendige für eine nachhaltige und ökologisch günstige Entwicklung durch ein integriertes System bereitstellen, das erneuerbare Energie, die Sammlung von Regenwasser, eine garantierte Abwässerentsorgung und die Unterstützung beim Gemüseanbau vorsieht.

Während sich Indiresan mit der Frage der Entzerrung von Städten und der Entwicklung von neuen Siedlungen beschäftigt, zeigt Buch am Beispiel von Nord-Bihar, daß die Abwanderung in die Städte dort im letzten Jahrzehnt abgenommen hat. Er führt dies auf den Mangel an Beschäftigungs- und Verdienstmöglichkeiten in den Städten zurück. Währenddessen steige durch die wachsende Zahl sowohl der Menschen als auch des Viehs der Druck auf das Land und die Wälder weiter erheblich an. Insbesondere die Entwaldung sei eine der größten negativen Folgeerscheinungen der Bevölkerungsexplosion. Die Überbeanspruchung infolge der Landknappheit finde in der Regel auf den weniger rentablen Böden statt, oftmals an ungeeigneten Hügelabhängen. Entblößte Hänge neigten zur Erosion und zur Versalzung der Flüsse und Speicher, was eine ungenügende Auffüllung des Grundwassers bewirke. Buch führt als Beispiel Jhabua in Madhja Pradesch an, das trotz eines jährlichen Niederschlags von 830 mm chronisch dürregefährdet ist, da die Böden und die Wasserwege nicht in der Lage sind, das Wasser zu halten. Buch behauptet, daß der unkontrollierte Zuwachs der Bevölkerung und des Viehbestandes sich unmittelbar und dauerhaft auf den Wasserhaushalt auswirke. In Saurashtra, einem weiteren Fallbeispiel, gibt es nur relativ wenig Niederschläge, aber dafür ein Afrika-artiges Grasland mit Dornensträuchern, durch das der Boden geschützt und der Abfluß des Monsuns aufgehalten wurde. Die Zerstörung des Graslands und der Sträucher führte aber zur Austrocknung der Oberfläche und zu einer geringen Wiederauffüllung des Grundwassers. Inzwischen wurden die Grundwasservorräte durch die bergbauartige Förderung ("*mining*") des Wassers durch Brunnen aufgebraucht, so daß Saurashtra sich zu einer echten Wüste entwickelte. Während das Grasland von Saurashtra so durch die Urbarmachung und Pflügung zerstört wurde, wurden gleichzeitig in Süd-Gudscherat auf fruchtbarem Land Industrieanlagen angesiedelt, durch die dann die Flüsse verschmutzt wurden. Es ist einleuchtend, daß unsere Art der Landnutzung neu überdacht werden muß.

Buch schließt seinen Beitrag mit der Folgerung, daß die Tragfähigkeit der Erde selbst im Begriff ist, den Punkt der Erschöpfung zu erreichen, mithin den der ökologischen Katastrophe. Armut sei selbst eine Folge der Überbevölkerung. Er empfiehlt daher "ein groß angelegtes Programm für die Wohlstandsübertragung von den Reichen zu den Armen, die Errichtung eines stärker ausgeglichenen globalen Wirtschaftsgleichgewichts und die allergrößten Anstrengungen, um zu gewährleisten, daß die Weltbevölkerung nicht über das für den Planeten tragbare Maß anwächst."

Buch nannte hier den Begriff "Überbevölkerung". Aber wie ist das Präfix "über" zu bestimmen? Er führte die “Tragfähigkeit” des Planeten an und erklärt, wir hätten hier den Rand des Abgrunds erreicht. Ravi Chopra und Debashish Sen beziffern diese Tragfähigkeit in bezug auf Indien. Sie zitieren eine Untersuchung der FAO über den Nahrungsbedarf Indiens im Jahr 2000, die zum Schluß kommt, daß Indien mit einem geringen Niveau von Eingangsleistungen ungefähr 1,038 Mrd. Menschen ernähren könnte. Dies würde sich bei hohen Eingangsleistungen auf 2,621 Mrd. erhöhen. Das Bevölkerungsproblem ist daher nicht unüberwindbar, solange wir mit den Boden- und Wasserressourcen haushalten können. Chopra und Sen projizieren einen Bevölkerungshöhepunkt von 1,7 Mrd. etwa um 2050 und untersuchen vor diesem Hintergrund die Wasserproblematik. Wir würden demnach eine erhebliche Lücke zwischen der Produktion von Nahrungsmitteln/Getreide und dem Bedarf an Land und Wasser haben, wenn die Ressourcen weiterhin so genutzt werden wie bislang. Der begrenzende Faktor bei der Erreichung der angestrebten Produktion von Nahrungsmitteln/Getreide sei Wasser. Deshalb bräuchten wir einen radikal anderen Ansatz beim Management der Wasservorkommen. Die Anbaumethoden müßten geändert werden, die Nachfrage außer für Bewässerung müsse durch eine verbesserte und wirtschaftlichere Wassernutzung in der Industrie reduziert werden und der Regenfeldbau müsse gefördert und propagiert werden. Alles zusammen ist dies ein Konzept für eine andere Form der wirtschaftlichen Entwicklung. Die Autoren schließen, daß ein Ansatz ausschließlich mit großen Speicherkapazitäten durch Oberflächenwasserprojekte nicht in der Lage sein wird, die Bevölkerung zu versorgen, wenn das Bevölkerungswachstum seine Spitzenwerte erreicht. Aus diesem Grund schlagen sie eine stärker ressourcenschonende Herangehensweise und den gesteigerten Anbau von nur gering wasserverbrauchenden Getreidesorten vor.

Chitale behauptet, daß große Speicher, die weniger empfindlich gegenüber den jährlichen Niederschlagsschwankungen seien, deshalb auch eine wirksamere Absicherung gegen Dürren darstellten und damit unerläßlich seien. Trotz 76 mittleren und 197 kleineren Dämmen sei bei der Dürre von 1987 ein ernsthaftes Wasserproblem aufgetreten. Anders als große Projekte könnten kleinere Speicher auch keine ganzjährige Beschäftigung in der Landwirtschaft bieten. Er sieht zwar das Problem der Umsiedlung der Bewohner des Landes, das bei großen Projekten überflutet wird. Allerdings würde die Zahl der Nutznießer die der Geschädigten weit übersteigen: Normalerweise kämen auf eine geschädigte Person 20 Nutznießer, und im Projekt von Sardar Sarovar (Narmada) sei die Quote sogar 1 : 334.

Die Kritiker derartiger Analysen entgegnen hier eine Frage, die kaum direkt beantwortet werden kann: Wer profitiert von den Projekten, und wer zahlt am Ende dafür? Chitale sieht einen Wassertransfer zwischen verschiedenen Becken als notwendig und wünschenswert an, während Chopra und Sen der Auffassung sind, daß die zusätzlichen Gewinne derartiger Transfers kaum deren Kosten aufwiegen werden. Wasser könne von Ort zu Ort bewegt werden und könne auch ein hochwirksames Mittel sein, um die Bevölkerung “umzuordnen”. Die Tragfähigkeit hänge stärker vom Wasser als vom Land ab. Aggregiere man das verfügbare Wasser, gäbe es vielleicht kein ernsthaftes Problem. Während Chitale die Notwendigkeit eines vernünftigen Managements des Grundwassers betont, hebt er auch die erforderliche Umstellung von den stark wasserverbrauchenden Pflanzen zu den wenig wasserverbrauchenden, wie etwa Mais, hervor.

Roy fordert eine holistische Sichtweise unserer Probleme. Die Zerstückelung eines Problems in seine Teile und die cartesianische Methode, für jedes Teil eine Lösung zu finden und dabei deren Auswirkung auf das übrige System zu ignorieren, führe nur zu noch mehr Problemen. Als Beispiel führt er die Dämme und Kanalisationssysteme gegen Überflutungen an, die neben der Einrichtung von Hilfsstraßen und -gleisen die natürliche Entwässerung des Flutsystems völlig zerstören würden mit der Folge, daß letztendlich noch größere Gebiete überflutet werden und vollaufen. Die Wahl zwischen verschiedenen alternativen wissenschaftlichen Betrachtungsweisen sei im Grunde eine politische Entscheidung. Roy impliziert dabei die Notwendigkeit, daß Wissenschaftler nicht nur den politischen Prozeß verstehen, sondern sich an ihm beteiligen müssen, weil größere Entscheidungen letztlich von Politikern getroffen werden, die meist ihre eigenen Interessen verfolgen.

### Soziale Dimensionen

Parameswaran entwirft ein Programm zur vollständigen Alphabetisierung. Trompetenstoßartig fordert er "... eine zweite Befreiungsbewegung nicht nur gegen unmittelbare und äußere Feinde, sondern für Freiheit von subtilen und hartnäckigen inneren Feinden", als dan sind: Analphabetismus, Unwissenheit und Falschinformation, etc..

Die Bedeutung der Bildung für die Bevölkerungskontrolle ist schon seit langem bekannt. Parameswaran spielt nicht nur auf dieses sondern auch verwandte soziale Probleme an. Demokratie habe keine Bedeutung, so schreibt er, wenn ein großer Teil des indischen Volkes nicht lesen und schreiben könne. Die Schreib- und Lesekunst sei zwar nur ein erster Schritt, aber ein sehr wichtiger Schritt. Während er eine Einbeziehung der örtlichen Bevölkerung und den lokalen Schwerpunkt der Programme betont, fordert er gleichzeitig "auf der Makro-Ebene geplante Mikro-Maßnahmen". "Die Schlacht für den gesellschaftlichen Wandel ... (dürfe) ... nicht in Delhi, sondern müsse in den indischen Dörfern gefochten werden".

Und während er zwar auch die Bedeutung der Frauen für den Kampf gegen den Analphabetismus erwähnt, behandelt Kumud Sharma deren Rolle im Entwicklungsprozeß und in der Bevölkerungskontrolle viel direkter. Sie zieht einen Vergleich zwischen der Bevölkerungskontrolle, die Zwang einschließt, und der Bevölkerungsplanung. Die Hauptopfer der ersten Alternative seien Frauen aus den schwächeren Bevölkerungsschichten gewesen.

Sie fordert Verständnis für die sozio-ökonomischen Bedingungen, die den Entscheidungen über Kinder unterliegen, stärkere Erforschung der negativen Einstellungen der Männer zur Familienplanung, und führt aus, daß das Problem mit der fehlenden Kontrolle der Frauen über ihren Körper zusammenhänge, wie auch mit ungenügender Gesundheitsfürsorge, früher Heirat, unsicheren Abtreibungen und der Benachteiligung von Mädchen bei Nahrungsmitteln, Gesundheitsfürsorge und so fort. Sharma sieht auch eine geschlechtsspezifische Voreingenommenheit bei der Entwicklung von Verhütungsmitteln und ein zu starkes Schwergewicht auf der Sterilisation von Frauen. All dies sei immer noch so, trotz der wiederholten Erklärungen, daß die Frauen eine Schlüsselvariable in

Entscheidungen über Kinder seien. In diesem Zusammenhang weist sie auf das beunruhigende Ergebnis der Volkszählung von 1991 hin, demzufolge sich das numerische Geschlechterverhältnis weiter zuungunsten der Frauen verschlechtert habe. Stellt dies auch eine der Ursachen für die zunehmenden Verbrechen und die Gewalt gegen Frauen dar? Sharma führt einige Statistiken an, die einen Anstieg der Zahl der Vergewaltigungen, Mitgift- und Selbstmorde von Frauen belegen.

Abgesehen von auf Sterilisation von Frauen zielenden Regierungsprogrammen, weist auch die Anwendung der Fruchtwasseruntersuchung zur Geschlechtsermittlung eine deutlich geschlechtsspezifische Schlagseite auf. Die Kliniken, die auf derartige Untersuchungen spezialisiert sind, machen glänzende Geschäfte, und nicht nur in den Groß-, sondern auch in den Kleinstädten. Wird hierdurch die Praxis der Ermordung von kleinen Mädchen, die einst in nordindischen Bundesstaaten üblich war, in modernem Gewand fortgesetzt? Sharma kritisiert die Langsamkeit der Zentralregierung, hiergegen Gesetzesvorhaben auf den Weg zu bringen. Gleichzeitig betont sie, daß Gesetze oft auch keinerlei gesellschaftlichen Wandel bewirken. Vielmehr müsse eine "stärker holistische Wahrnehmung des Entwicklungsprozesses mit Bevölkerungspolitik als nur einem Bestandteil" erfolgen.

**Infrastruktur**

Pachauri, Ganapathy, D. Mohan, K. Sharma, R. Mohan und Karnik betonen die vielfältigen bevölkerungspolitischen Dimensionen der "Infrastruktur" und enthüllen auch deren generelle Komplexität. Bevölkerung stelle eine Herausforderung dar, die organisiert und verwaltet werden müsse, um langfristige Nachhaltigkeit zu gewährleisten. Sie stellen auch die herkömmlichen Ansichten über Bevölkerungskontrolle in Frage und betonen, daß Maßnahmen zur direkten Beeinflussung der menschlichen Fortpflanzung sich nur langfristig auswirken könnten. Für die Entwicklung von Strategien sei das Verständnis der systemischen Verbindungen entscheidend.

Die Beziehungen zwischen Ressourcen, Energie und Bevölkerung seien nicht statisch, sondern veränderten sich in Abhängigkeit von Marktbewegungen und Technologien. Um die Bedürfnisse der 1,2 Mrd. Menschen im Jahr 2020 zu decken, müßte Indien Ersatzstoffe und erneuerbare Quellen entwickeln, Energieeinsparungen erreichen und die Effizienz der Energienutzung steigern. Das Ausmaß der erforderlichen Anstrengungen sei beispiellos, könne aber wirtschaftlich und ausgewogen geleistet werden. Die beim Energiewechsel auftretenden Probleme seien zwar erheblich, könnten mit richtiger Politik (Preise, Regulationen, Investitionen und einer langfristig stabilen Politik) aber bewältigt werden.

Ganapathy untersucht die starke gegenseitige Beziehung zwischen Bevölkerung und Stoffen. Stoffkreisläufe hätten vielfältige Auswirkungen auf Bevölkerung, Beschäftigung, Lebensstandard, Kulturgüter, Kriege, Eroberungen, regionale Entwicklung, neue Nachfragetrukturen, etc., ebenso wie Altersstruktur, Verstädterung, Lebensstile, das numerische Gechlechterverhältnis, Migration etc. einen erheblichen Einfluß auf die Entwicklung und den Gebrauch von Stoffen hätten. Die Substitution von Stoffen, die Notwendigkeit ihrer Einsparung und Schonung und die Entwicklung von anwendungsorientierten Materialien habe neue Beziehungen zwischen der Bevölkerung und den Stoffen mit sich gebracht. Ganapathy sieht daher Notwendigkeiten für eine lebenszyklusorientierte Auswahl der Stoffe, die Förderung von Technologien, die neben der Entwicklung von neuen Stoffen die Effizienz herkömmlicher Stoffe steigerten, sowie für Substitutionen und Einsparungen. Es sei möglich, eine anzustrebende "Stoff"-Zukunft für Indien zu entwerfen, die nachhaltig, wirtschaftlich und ausgewogen sei, wenn es uns nur gelänge, gleichzeitig mit dem Bevölkerungswachstum, den Veränderungen im Endverbrauch, der Kombination von Stoffen und den Stoffkreisläufen zurechtzukommen.

D. Mohan entwickelt Transportszenarios für die Zukunft. Unter einer Reihe von Annahmen über das Einkommenswachstum, das Angebot an Rohölprodukten, Umweltstandards und die politische Frage nach Gleichheit, etc. untersucht er die gegenwärtige Transportnachfrage, die Mischung verschiedener Formen und die zukünftigen politischen Auswirkungen. Er zeigt, daß sich bei einer Veränderung der Umwelt auch das Transportverhalten der Menschen ändere. Er lehnt die Linearität der üblichen Projektionen ab und sagt eine normativ gestaltete Zukunft im Transportwesen voraus. Dabei hebt er die Notwendigkeit hervor, öffentliche Busse und Bahnen auf Kosten des Individualverkehrs (Kraftfahrzeuge, Zweiräder) zu fördern.

Sharma diskutiert die Wohnungssituation und weist historisch nach, wie sich ihre Wahrnehmung geändert hat. Zuerst war es der Ansatz zur Lösung der Wohnraumkrise, das Angebot durch öffentliche Bauvorhaben zu erhöhen. Wohnraum wurde als ein Konsumgut und nicht als eine produktive Investition gesehen. Die Standards für Wohnraum bauten auf der städtischen Praxis auf. Dann wurde der Ansatz "Grundstück-plus-Versorgung" angenommen, bei dem die Menschen vollständig erschlossene Grundstücke mit allen Versorgungsleistungen wie Wasser, Elektrizität und Kanalisation erhielten. Dabei erwartete man von ihnen, Häuser nach ihren eigenen Bedürfnissen zu bauen. Dieser Ansatz war wirksamer, aber auch nicht ausreichend. Inzwischen wird die Aufwertung von Slums und von illegalen Siedlungen (*squatter settlements*) stärker in den Vordergrund gestellt. Man könne also einen Wandel der Ansichten zur "Wohnraum-Frage" im Lauf der Zeit beobachten. Im indischen Kontext sei Wohnraum nicht ein fertiges Produkt, sondern vielmehr ein Prozeß, in dem Dienstleistungen, kommunale Einrichtungen und das Obdach selbst Schritt für Schritt mit sozialer und wirtschaftlicher Stabilität und Entwicklung verbessert werden. Wenn wir Wohnraum nur als Produkt betrachteten, sei der Verlauf der Entwickclung völlig unangepaßt an die Bedürfnisse der Menschen. Schließlich diskutiert er die Gründe für das Fehlen technologischer Neuerungen und eines hohen Standards an Fertigkeiten im Baugewerbe und schlägt Abhilfen vor. Auch Wettbewerb könnte ein Weg sein, im Baugewerbe Neuerungen zu fördern.

R. Mohans Kernthese geht von Verstädterung als komplexem Prozeß aus, der aus politischen, wirtschaftlichen, technologischen und geographischen Faktoren resultiere. Einkommenszuwächse, technologischer Wandel und Verstädterung fänden gleichzeitig und sich gegenseitig verstärkend statt. Zusammenballung seien für manche Tätigkeiten am günstigsten und ein natürlicher Prozeß. Städte würden aus verschiedenen Gründen mit unterschiedlicher Geschwindigkeit wachsen. Es sei nicht erstrebenswert, kleine und mittlere Städte auf Kosten der großen zu entwickeln. Bisher seien die Bedürfnisse der Städte bei der Zuteilung von Mitteln weitgehend ignoriert worden. Die zentrale Frage sei, wie man mit dem Wachstum zurecht komme, nicht, wie man es verhindere. Er behauptet, daß es für unsere Städte möglich sei, ihren Unterhalt, ihr Wachstum und einen hohen Lebensstandard selbst zu gewährleisten. Dafür sei eine Reform der städtischen Kommunalverwaltungen, der finanziellen Autonomie (verbesserte Steuerbasis und Mittelausstattung) und der Verantwortung für Investitionen und Unterhaltung erforderlich. Politische Initiativen könnten den Verstädterungsprozeß effizient und im Hinblick auf den Zugang der Armen zu Beschäftigung und Dienstleistungen auch ausgewogen gestalten. Städtische Entwicklung sei eine Folge der Bevölkerungsdynamik und könne - und müsse - vernünftig gehandhabt werden.

Karnik argumentiert, daß Information, Bildung und Kommunikation wichtige Instrumente seien. Moderne Massenmedien (Fernsehen, Rundfunk, VCR/ Kabelfernsehen, Druckmedien usw.) hätten ihr großes Potential zur Informationsübertragung, zur Motivation, zur Bestimmung der politischen Tagesordnung, zur Ausbildung, Mobilisierung und Rückkopplung gezeigt. Die benötigte Technologie sei vorhanden; was wir bräuchten, sei eine erfinderische Software und eine Nutzung der Medien, die sowohl Fragen des Angebots als auch der Nachfrage anginge.

**Politik**

Die Politikplaner waren stets sehr stolz darauf, daß Indien 1951 weltweit eines der ersten Länder war, das ein staatlich gefördertes Programm zur Geburtenkontrolle ausrief. Sie behaupteten, daß dadurch zwischen 1951 und 1989 etwa 106 Mio. Geburten verhindert worden seien. Die amtliche Statistik zeigt jedoch auch, daß es jetzt jährlich 24 Mio. Geburten gibt, während es in den fünfziger Jahren nur jährlich 5 Mio. waren. Die Mittel, die für Familienplanung bereitgestellt wurden, erhöhten sich von 6,5 Mio. Rupien für den I. Plan auf 10,1 Mrd. Rupien im VI. Plan und 32,5 Mrd. Rupien im VII. Plan. Ungeachtet all dieser "Investitionen" zeigen die Ergebnisse der Volkszählung von 1991, daß das jährliche Bevölkerungswachstum in dem Jahrzehnt von 1981 bis 1991 nicht unter 2 % gesenkt werden konnte.

Was haben wir falsch gemacht? Pai Panandiker erklärt, daß "... es nicht die Sterilisationen usw. (seien), ... die die Bevölkerungswachstumsrate herunterbringen, sondern der grundlegende wirtschaftliche und gesellschaftliche Wandel. Die Tatsache, daß wir nicht in der Lage waren, diesen grundlegenden Wandel in vierzig Jahren Planung zu erreichen, ist das eigentliche Kennzeichen für unser Politikversagen".

Bose erklärt, daß "die Erfahrung der letzten beiden Jahrzehnte es absolut klar gemacht hat, daß die theoretischen Grundlagen des indischen Familienplanungsprogramms nur ein reines Wunschdenken der Geberorganisationen und einiger selbstberufener ausländischer Experten gewesen seien, die vorgaben, Indien zu kennen". Er meint, daß das Experiment, die Geburtenrate in kurzer Zeit mit Hilfe der Verhütungstechniken zu verringern, ohne dabei gleichzeitig die Lebensbedingungen der Menschen zu ändern, gescheitert sei. Bose erklärt auch, daß "selbst eine Verringerung des Analphabetismus allein keine Senkung der Geburtenrate mit sich bringen wird, so lange nicht auch Verbesserungen in anderen Sektoren auftreten", und daß "die Armen auf dem Land Familienplanung nicht akzeptieren werden, solange das Grundbedürfnisse-Programm nicht umgesetzt worden ist".

Panandiker stimmt hier zu, indem er sagt, daß "wirtschaftliche Entwicklung und Bevölkerungsplanung nicht durch eine negative Politik der Fertilitätskontrolle erreicht werden, sondern durch eine Politik, die auf die Entwicklung der Fähigkeiten der Menschen zielt."

Um diese Fähigkeiten zu entwickeln, fordert der Autor, die Gleichheit zu fördern, die Einkommensunterschiede zu verringern, den Ernährungsstand der armen Bevölkerungsschichten zu verbessern und eine allgemeine Alphabetisierung durchzuführen. Aber selbst wenn es uns gelänge, diese Ziele in den nächsten Jahrzehnten durchzusetzen, sei es trotzdem schon jetzt sicher, daß wir im Jahr 2020 mindestens 1,2 Mrd. Menschen und im Jahr 2070 über 1,6 Mrd. haben werden. Daher *"wäre es klug und vorausschauend, darüber nachzudenken, wie Indien mit den unausweichlichen Problemen beim Übergang zu einer stabilen Bevölkerungszahl zurechtkommen könnte. Letztendlich sollte die politische Planung das Bevölkerungsproblem weniger als eine durch Gegenmaßnahmen zu begrenzende Größe betrachten, ... als vielmehr als Trumpf und Symbol unserer Stärke, was durch kraftvolle positive politische Maßnahmen einschließlich der Entwicklung des Humankapitals erreicht werden kann".*

Wissenschaft und Technologie spielt auf dem Weg zu einer Gesellschaft, in der sehr viele Menschen ein produktives Leben führen und ihre Grundbedürfnisse befriedigen können, offensichtlich eine bedeutende Rolle. Es gibt jetzt Instrumente, die verschiedenen Regionen auf der Basis von Charakteristika wie Ressourcen, Bevölkerung oder Topographie darzustellen. Derartige Details sollten die Planung für eine ausgewogenere Entwicklung vereinfachen. Die Ausarbeitung von Entwicklungsleitlinien wird aber schwierig sein, solange sich unsere unmittelbaren Zielsetzungen nicht ändern.

Siddhartha argumentiert hier, daß die hochindustrialisierten Länder das Bevölkerungswachstum in EL als eine Bedrohung für ihre Sicherheit und den "Weltfrieden" sehen. Indem Indien gezwungen sei, immer mehr seiner Ressourcen für sich zu behalten, könnten sowohl die Völker, die sehr viel verbrauchen, als auch die Privilegierten in den armen Ländern ihren Lebensstandard nicht mehr aufrechterhalten. Dies könnte eine stärkere "wirtschaftlich-militärische Eingrenzung und Zurückdämmung der überbevölkerten Regionen (China, Südasien und Teile von Westasien)" zur Folge haben.

**Nachhaltige Entwicklung mit nicht nachhaltigem Bevölkerungswachstum?** [46]

1966 wurde eine neue Abteilung für Familienplanung im indischen Ministerium für Gesundheit und Familienwohlfahrt gegründet und neue detaillierte Ziele für die Praxis der Familienplanung gesetzt. Deren Erfolge wurden Monat für Monat gemessen, und Daten über eine "Paar-Schutz-Quote" (*Couple Protection Rate*) wurden veröffentlicht. Die Volkszählung von 1971 zeigte jedoch, daß diese Ziele nicht erreicht werden konnten. Während des Ausnahmezustands (1975-77) wurde ein schroffer Versuch gemacht, den Fortschritt bei der Familienplanung durch ein intensives Sterilisationsprogramm zu beschleunigen, dem jedoch Unfreiwilligkeit zugrundelag. Der Eindruck, den die ländlichen Massen davon hatten, führte schließlich zum Sturz der Regierung. 1978 ernannte die Planungskom-

---

46 Ashish Bose, in V. Gowariker (Hrsg.), ebd.

mission eine Arbeitsgruppe für Bevölkerungspolitik, die einen humaneren Ansatz für Bevölkerungsprogramme entwickelte und eine Strategie zur Bevölkerungsstabilisierung vorschlug, die auf dem Erreichen eines reinen Reproduktionsniveaus aufbaute (*Net Reproduction Rate*). Dieses Ziel sollte im Jahr 2000 für ganz Indien erreicht sein, in einigen Bundesstaaten auch schon früher. Die Volkszählung von 1981 zeigte, daß auch diese Ziele nicht erreicht werden konnten, und die Planungskommission mußte ihre Zahlen anpassen. Die Volkszählungsergebnisse von 1991 haben schließlich alle Hoffnungen zerschlagen, überhaupt noch irgendwelche Ziele zu erreichen. Kurz: in den letzten vierzig Jahren haben wir Zielen hinterhergejagt, ohne sie zu erreichen

**Konzeptioneller Rahmen**

Alle Bevölkerungsfachleute kennen die Theorie des demographischen Übergangs. Geschichtlich betrachtet, war der demographische Übergang im Westen ein eher langsamer Prozeß. Im Grunde war er an Fortschritte in der wirtschaftlichen Entwicklung, die Verbesserung der Ernährungslage der Bevölkerung, den Anstieg des Pro-Kopf-Einkommens, die Verbesserung des Transportwesens und der Kommunikationswege, die Ausweitung der Alphabetisierung und Bildung sowie an eine Reihe anderer Faktoren, die alle unter dem Oberbegriff sozio-ökonomische Entwicklung gefaßt werden können, geknüpft. In den EL in Asien, Afrika und Lateinamerika ist die Art des demographischen Übergangs allerdings wesentlich verschieden. Hier ist es die moderne medizin-technologische Revolution, die die Sterbequoten abrupt sinken läßt - ohne einen simultanen Prozeß beschleunigter sozio-ökonomischer Entwicklung. Aufgrund dessen spekulierten manche Fachleute im Westen, daß es ein "demographischer Fatalismus" sei, zu glauben, daß die EL dem Weg der Industrieländer folgen könnten, lange zum Erreichen des demographischen Übergangs bräuchten und von einem hohen Gleichgewichtspunkt mit hohen Geburten- und Sterberaten zu einem niedrigen Gleichgewichtspunkt mit niedrigen Geburten- und Sterberaten wechseln würden. Diese Experten behaupteten, daß moderne Wissenschaft und Technologie die Geburtenrate abrupt verringern und so das Bevölkerungsproblem lösen könnten.

Kingsley Davis, einer der führenden US-amerikanischen Bevölkerungswissenschaftler der älteren Generation, hat diese These angegriffen und dargelegt, daß das Bevölkerungsproblem ohne einen gesellschaftlichen Wandel nicht gelöst werden könne. Die meisten Organisationen kümmerten sich jedoch nicht um diese Argumente und propagierten alle paar Jahre immer neuere Techniken zur Empfängnisverhütung wie etwa Pillen, Laparoskopie, verschiedene Injektionstechniken und so weiter. Sie optierten auch für Lager für Massenvasektomie, für finanzielle Anreizsysteme, für Geldpreise und so fort. Erst kürzlich wurden IEC - *Information, Education and Communication* - und MIS - *Management Information System* - in den Vordergrund geschoben, aber die indische Erfahrung zeigt, daß all diese Strategien gescheitert sind. Kurzum, eine Technologie ohne einen gesamtgesellschaftlichen Zusammenhang kann keinen Erfolg haben.
Und um die Geschichte auf den allerneuesten Stand zu bringen: Maurice King, ein führender westlicher Mediziner, hat kürzlich vorgeschlagen, daß das VN-Kinderhilfswerk (UNICEF) keine Strategien zur Rettung von Kinderleben mehr verfolgen sollte, da dies nur das Bevölkerungsproblem verschärfen würde. Er argumentiert, daß die Bevölkerungsfalle über Ländern wie Indien zuschnappen würde und es keinen Sinn mache, wenn schlecht

ernährte und arme Kinder überlebten. Es sei besser, wenn sie stürben. Derartige perverse Vorschläge zeigen den intellektuellen Bankrott im Bereich der Bevölkerungskontrolle. Gibt es aber Alternativen?

Das indische Programm zur Familienplanung hat es nicht vermocht, einen merkbaren Knick in der Fertilitätsrate der städtischen Bevölkerung zu erreichen. Einer der Gründe für dieses Versagen ist die Vernachlässigung des Heiratsalters, das das Bevölkerungswachstum bremst. In einem klinik- und sterilisationsorientierten Familienplanungsprogramm wird den sozialen Beeinflussungsstrategien wie etwa der Erhöhung des Heiratsalters naturgemäß keine Bedeutung beigemessen, es sei denn auf dem Papier.

Eingängig ist die Erfahrung von Kerala, das im indischen Durchschnitt ein halb-urbanisierter Staat mit einer hohen Alphabetisierungsquote, einem effizienten öffentlichen Verteilungssystem und einer Landreformpolitik ist. Hier hat die Bevölkerung selbst die Kleinfamilie als Norm gewählt. Es war nicht allein die Alphabetisierung, die die Geburtenrate in Kerala heruntergebracht hat, sondern auch eine Landreform plus eine Vielzahl anderer Faktoren.

Kerala und Orissa sind aber keine Belege dafür, daß die Philosophie des indischen Familienplanungsprogramms solide ist. Es gibt gute Gründe, um noch einmal von vorn zu beginnen und mehr oder weniger den Weg des klassischen demographischen Übergangs zu verfolgen, d.h., die Übernahme der Kleinfamilien-Norm als einen Teil eines Modernisierungsprogramms der indischen Gesellschaft anzusehen. Es muß einen Teil des Gesundheitsprogramms darstellen, welches wiederum Teil des gesamten Entwicklungsprogramms sein muß, das Ernährung, Frauenpolitik, das Schulwesen, Alphabetisierung, Beschäftigung und Erwerbsmöglichkeiten einschließt.

Solange nicht gezeigt worden ist, daß die Kleinfamilie wirklich der durchschnittlichen Familie auf dem Land ein besseres Leben ermöglicht, wird niemand Familienplanung gutheißen. All die Berechnungen über die Schrumpfung der Landfläche pro Kopf bedeuten nichts für die landlosen Menschen, die überhaupt noch nie Land besaßen. Deshalb suchen sie ihr Heil im Landerwerb und nicht in der Familienplanung. Selbst in Kerala suchen die Menschen ihr Heil eher in der Auswanderung als in der Familienplanung.

Die staatlichen Bediensteten sollten die ersten sein, die die fixe Idee von Söhnen und ihren "demographischen Fundamentalismus" überwinden und stärkere demographische Disziplin üben. Unsere erste strategische Maßnahme für Indien wäre deswegen eine Verordnung und später ein richtiges Parlamentsgesetz, das vorschreibt: Jeder männliche Berufsanfänger im öffentlichen Dienst, in den Körperschaften des öffentlichen Rechts, den Staatsunternehmen und in vom Staat geförderten Institutionen muß mindestens bis zum Alter von 25 Jahren unverheiratet bleiben, im Falle von Frauen bis zu einem Alter von 21 Jahren. Alle Anfänger im öffentlichen Dienst müssen sich an die Zwei-Kind-Familie halten und jedes Jahr eine Erklärung über die Zahl ihrer Kinder abgeben. Sobald sie mehr als zwei Kinder haben, würden Gehaltserhöhungen und Beförderungsmöglichkeiten automatisch wegfallen. Eine wahrheitswidrige Erklärung würde zu sofortiger Entlassung aus dem Staatsdienst führen. Wenn die Regierung nicht den Mut zu einer solchen Maßnahme hat, sollte sie Familienplanung ganz vergessen.

Unsere zweite strategische Maßnahme wäre die Privatisierung des indischen Familienplanungsprogramms in den städtischen Gebieten. Wir schlagen vor, ein "Unternehmen für städtische Familienplanungsleistungen" als eine unabhängige Körperschaft zu gründen. Dieses Unternehmen würde sich mit allen Aspekten der Familienplanung befassen, einschließlich der Motivation für eine Erhöhung des Heiratsalters und ein Netz von staatlichen und privaten Krankenhäusern und Kliniken zur effektiven Bereitstellung der Dienstleistungen für Familienplanung. Das Unternehmen würde sich dabei sehr stark auf die Dienste von privaten Ärzten stützen, die in den Städten konzentriert sind. Es würde auch in allen indischen Städten mit den Kommunalbehörden und den Bürgerbewegungen Kontakt aufnehmen und einen Aktionsplan zur wirksamen Bereitstellung von Leistungen im Bereich Gesundheit und Familienplanung ausarbeiten. Es sollte auch angemessene Anreize im Steuersystem für private Ärzte und Schwesternstationen geben. Zusätzlich würden Lebensversicherungen einbezogen, die umfangreiche Gruppenversicherungsprogramme für unorganisierte städtische Arbeiter anbieten würden. Die indische "Öffentliche Arbeitnehmerversicherung" sollte entschlackt, wirksamer gestaltet und weiter ausgebaut werden, um den Bedürfnissen städtischer Arbeiter in Groß- und Kleinstädten zu entsprechen. Letztendlich käme auch den Arbeitgeberorganisationen eine größere Rolle zu, vor allem durch eine allgemeine Teilnahmepflicht ihrer Arbeiter an Schulungen zur Bevölkerungsproblematik. Bei speziellen Kursen und Demonstrationsvorlesungen müßten die Eigentümer der Fabriken die Teilnahme an diesen Kursen sogar während der Arbeitszeit gestatten.

Das Mindestbedarfs-Programm ist eine einwandfreie Strategie und sollte effektiv und genau umgesetzt werden. Darüber hinaus muß die Familienplanung ein zentrales Element des Mindestbedarfs-Programms sein. Auch die Grundgesundheitsfürsorge muß definitionsgemäß die Reproduktionsgesundheit mit einschließen. Unsere Aufmerksamkeit sollte der neuen Generation gelten, und hier vor allem der Altersgruppe von neun bis achtzehn und den heranwachsenden Mädchen. Natürlich kann man für diese Altersgruppe noch keine Familienplanung propagieren, aber es ist genau die Gruppe, die zum Erfolg oder zum Scheitern der indischen Familienplanungsprogramme in den nächsten Jahrzehnten beitragen wird. Daher sollte der Schwerpunkt auf dieser Altersgruppe liegen.

**Aktionsplan**

Es gibt keine *quick-fix*-Lösungen für das Bevölkerungsproblem. Definitionsgemäß schließt eine Verringerung der Geburtenrate beharrliche Anstrengungen für ein geändertes Fertilitätsverhalten von Millionen von Menschen ein. Es ist eine langfristige Aufgabe.

Aber was können wir jetzt tun? Dieser Beitrag enthält zwei Gruppen von Empfehlungen:

- Die erste Gruppe betrifft die Maßnahmen, die sofort von der indischen Planungskommission und der Bundesregierung auf der Grundlage des Bestehenden aufgegriffen werden können, ohne die laufenden Programme und Planungen übermäßig zu ändern.
- Die zweite Gruppe von Empfehlungen entwickelt "neue" Strategien, die den Schwerpunkt auf das "Familienwohlfahrtsprogramm" legen. Dieses erfordert wichtige Entscheidungen auf der Ebene des Nationalen Entwicklungsrates, der Planungskommission und der indischen Bundesregierung.

Folgende Schritte könnten sofort vom Ministerium für Gesundheit und Familienwohlfahrt eingeleitet werden:

1. Die Ingangsetzung eines Systems zur Bereitstellung medizinischer Leistungen auf der "Graswurzelebene" in ganz Indien, aber vor allem in den Bundesstaaten Uttar Pradesch, Bihar, Madhja Pradesch und Radschasthan, die allein vierzig Prozent der indischen Gesamtbevölkerung ausmachen.
2. Die Verbesserung der Qualität der Leistungen und eine weitere Betreuung bei Sterilisationen.
3. Die Verbesserung der Glaubwürdigkeit des Familienwohlfahrtsprogramms bei der Bevölkerung.
4. Die Abkehr von einem zielorientierten Programm hin zu einem menschenorientierten Programm.
5. Die Wiederherstellung und zumindest teilweise Neufassung des Programms zur Gesundheitsberatung in Dörfern.
6. Senkung des Korruptionsniveaus sowie Einstellung der finanziellen Belohnungen für Familienplanung sowie der Entschädigungszahlungen und anderer individueller Anreize für Sterilisation.
7. Eine konsequente Politik hinsichtlich des Transfers und der Förderung von Ärzten und paramedizinischem Personal auf allen Ebenen.
8. Die Verbesserung der Mobilität des medizinischen und des paramedizinischen Personals.
9. Die Entwicklung von phantasievolleren und beweglicheren Regeln für die Vergabe von Fördergeldern an nichtstaatliche Organisationen für deren Arbeit in den Bereichen Gesundheit und Familienwohlfahrt.

### *Langfristige Politikmaßnahmen*

Einer der schmerzlichsten Aspekte der indischen Demographie ist die Beständigkeit einer hohen Sterblichkeitsrate bei Säuglingen und Kleinkindern. Bei der Verringerung der Kindersterblichkeit sind den Impfprogrammen Grenzen gesetzt. Angesichts der Daten sind wir nicht überzeugt, daß die Impfprogramme einen merkbaren Knick in der Rate der Säuglings- und Kindersterblichkeit bewirken konnten. Im übrigen ist die Impfung allein eine zu unbedeutende und zu unwirksame Strategie, um mehr Schwungkraft in das allgemeine Familienplanungsprogramm zu bringen. Der Schwerpunkt muß auf der jüngeren Generation liegen.

Die Verbreitung von Information bei weitverbreitetem Analphabetismus ist schwierig; örtliche Rundfunk- und Fernsehstationen könnten die Situation allerdings mit phantasievollen Programmen und Sendungen verbessern.

Mehrere Millionen Rupien wurden vom Ausland für Bevölkerungsprogramme aufgewendet. Einige Gebäude wurden errichtet und einige Arbeitsplätze im Bereich der Datenerhebung geschaffen. Aber sehr oft war der Netto-Nutzen für die Menschen gleich Null, wenn nicht sogar negativ. Diese Projekte sollten eigentlich innovative Projekte sein. Uns ist jedoch nirgendwo irgendeine Innovation begegnet. Die "Bürokratie" hat das Zepter übernommen und der Würgegriff der Gesetze und Verordnungen hat jegliche Eigeninitiative und jeden innovativen Ansatz erstickt.

Es gibt drei Hauptgründe für das Versagen von Familienplanungsprogrammen:

- Unser Versagen, trotz der sieben Fünfjahrespläne schnell große Fortschritte bei der Abschaffung des Analphabetismus zu erreichen;
- Aufgrund des Ausmaßes der Korruption haben wir versagt, den Menschen eine Grundversorgung zu bieten;
- Unser Versagen, mit den Menschen unter den Bedingungen des Massenanalphabetismus zu kommunizieren.

Alle diese drei Probleme müssen gleichzeitig angegangen werden. Wir sollten den Analphabetismus auf die schnellstmögliche Weise ausrotten, Schritte zur Verringerung der Korruption in den verschiedenen Armutsbekämpfungsprogrammen einleiten und die Kommunikation mit der Masse der Bevölkerung durch die Mittel der modernen Massenmedien verbessern.

### *Registrierpflicht für Geburten und Sterbefälle*

Es ist uns noch nicht gelungen, ein einigermaßen funktionsfähiges Standesregister einzuführen. Auf Grund unserer Feldforschung können wir sagen, daß der Fehler bei der Regierung liegt. Es sollte dadurch möglich sein, ein arbeitsfähiges Standesregister in Indien aufzubauen, daß eine rasche Ausweitung des "Öffentlichen Verteilungssystems" mit der Verteilung von Bezugskarten an die Haushalte und der Registrierung von Geburten, Sterbefällen und Heiraten verknüpft wird.

Premierminister Rao hat den Bürgern am 15. August 1991 versprochen, daß das Öffentliche Verteilungssystem schrittweise auf die entlegenen ländlichen Gebiete ausgeweitet würde. Die Regierung wollte einen Plan ausarbeiten, durch den das Öffentliche Verteilungssystem über das ganze Land verbreitet würde und jeder Haushalt eine Haushaltskarte erhielte, die ihm Zugang zu den verschiedenen Angeboten ermöglicht, einschließlich Gesundheit und Familienplanung. Gegenwärtig ist es einfach lächerlich, daß nur Menschen im organisierten Sektor in den Großstädten mit Bezugskarten ausgestattet sind, die fast schon so etwas wie ein Personalausweis geworden sind. Die Bezugskarte wird inzwischen verlangt, wenn man sein Kraftfahrzeug oder Motorrad registrieren lassen oder einen Gasanschluß haben will. Wenn die Bezugskarte, die ja eigentlich für die armen Leute gedacht war, die Bedürfnisse der Elite befriedigen kann, warum sollten wir uns nicht ein System überlegen, das auch den Armen nützt und dabei auch Gesundheit und Familienplanung einschließt? Die Registrierung von Geburten, Sterbefällen und Heiraten würde automatisch folgen.

Wir plädieren auch für eine Pflicht zur Registrierung von Heiraten und für die strenge Durchsetzung des Gesetzes gegen Kinderheirat. Es gibt mindestens zwei Gründe, warum das Heiratsalter zur Zeit relativ niedrig ist: a. Die Durchsetzung von Recht und Ordnung in den ländlichen Gebieten läßt noch viel zu wünschen übrig, so daß die Eltern unverheiratete Töchter von 16 bis 17 Jahren nur ungern unter der beständigen Bedrohung ihrer körperlichen Unversehrtheit sehen; b. das perverse Mitgiftsystem: Je höher das Alter der Braut, desto höher ist die Mitgift, die verlangt wird. Dies sind beides erhebliche Probleme, und es gibt keine Patentlösungen. Nichtsdestotrotz müssen wir den Versuch wagen, eine Registrierpflicht zumindest in den Bundesstaaten einzuführen, in denen diese beiden Faktoren nicht ins Gewicht fallen. Nach und nach sollte das System dann das ganze Land umfassen.

Eine entscheidende Rolle bei der Förderung von Gesundheit und Familienplanung kommt der Bürgeraktivierung zu. Es gibt wunderbare Beispiele von Frauen und Männern, die ganze Dörfer anspornten und in kurzer Frist revolutionieren konnten. Jeder Bürgeraktivierung stehen jedoch auch zwei Faktoren entgegen:

a. In den meisten Bundesstaaten gibt es keine nennenswerten nichtstaatlichen Organisationen und freiwilligen Gruppen in den Bereichen Gesundheit und Familienplanung.

b. Die meisten christlichen Missionare, die viel für die Verbreitung von Bildung und Gesundheit geleistet haben, sehen Abtreibung als ein bedeutendes moralisches Problem.

Familienplanung ist ein Untersystem im gesamten Gesundheitssystem, und das Gesundheitssystem ist ein Teil des gesamten Entwicklungsplans, der auch Ernährung, Bildung, Beschäftigung, etc. einschließt. Sektorübergreifende Koordination bedeutet, daß Familienplanung nicht erfolgen kann, solange wir uns nicht auch um die anderen Sektoren kümmern. Es ist ausreichend belegt, daß eine sektorübergreifende Koordination nicht schon dadurch erzielt werden kann, daß man Konferenzen mit Vertretern der verschiedenen Ministerien abhält oder in jedem Ministerium eine Bevölkerungsabteilung einrichtet. Dies sind nur Tropfen auf den heißen Stein. Daher war es ein anderer Vorschlag, eine Bevölkerungskommission einzurichten. Aber die Einrichtung einer derartigen Kommission würde kaum einem sinnvollen Zweck dienen. Es wäre ein weiteres Spitzengremium, das versuchen würde, die verschiedenen indischen Bundesstaaten herumzukommandieren. Im gewandelten politischen Gesamtzusammenhang des heutigen Indien muß den Ansichten der verschiedenen Bundesstaaten höchste Aufmerksamkeit geschenkt werden - es dürfen nicht mehr einfach nur Programme mit der Genehmigung aus Neu-Delhi gestartet werden. Wir würden eine Bevölkerungskommission unterstützen, wenn es einen Mechanismus gäbe, auch in jedem Dorf eine Bevölkerungskommission einzurichten. Sollte dies nicht möglich sein, sollte man nicht mehr daran denken, die Familienplanung zu einer Massenbewegung zu machen. Wir würden statt dessen eine bescheidenere Lösung empfehlen, und zwar die Einrichtung einer kleinen Beobachtungsgruppe im Zentrum und in jedem indischen Bundesstaat und Verwaltungsbezirk; diese würden die Situation vor Ort auswerten und alle sechs Monate einen Bericht erstellen, wenn nicht gar alle drei Monate. Die Bundesregierung und die internationalen Organisationen sollten diesen Beobachtungsgruppen die notwendige Unterstützung zukommen lassen. Ein derartiges System würde die Umsetzung eines jeden Programms erheblich verbessern, gleich ob es auf Entwicklung, Gesundheit oder Familienplanung ausgerichtet ist.

Insgesamt glauben wir nicht, daß die Situation hoffnungslos oder chancenlos ist. Wir können deutliche Verbesserungen schaffen, wenn wir willens sind, eine Vielzahl von kleineren Verbesserungen umzusetzen statt weiter an die großen Lösungen zu denken, wie z.B. an eine Bevölkerungskommission. Dies hieße nämlich nur, den "Schwarzen Peter" weiterzureichen.

## Bevölkerung und staatliche Politik[47]

Welches Problem besteht für die staatliche Politik in bezug auf Bevölkerung? Handelt es sich nur um ein Ernährungsproblem? Ist es ein Problem der Beschäftigung? Geht es um Raum? Ist Bevölkerung das Problem, vor dem Indien steht? Ein großer Teil der internationalen Diskussion der letzten Jahre konzentrierte sich auf die Frage, ob es eine absolute Grenze des Bevölkerungswachstums gibt (wie viele Menschen verträgt die Erde)? Aus einer Reihe von guten - und nicht so guten - Gründen gibt es hierzu keine Antwort. Wenn man die Nahrungsmittelversorgung betrachtet, so ist die "Tragfähigkeit" der Erde tatsächlich sehr groß. Das Problem liegt viel mehr in den Lebensstilen und in den Verbrauchsmustern, die sich in untragbarer Weise auf die Umwelt und die Ressourcen des Planeten auswirken - man denke an die Ausdünnung der Ozonschicht, die Erschöpfung der Ölreserven, die Umweltverschmutzung und die Verschlechterung der Luftqualität. Zudem ist das Problem mit der hochgradig ungleichen Verteilung des Reichtums und des Verbrauches zwischen und innerhalb der Nationen verbunden. Dies hat zur Folge, daß die vielen Reichen in den Industrieländern mit einigen wenigen in den Entwicklungsländern die Umwelt des Planeten zerstören, sein ökologisches Gleichgewicht destabilisieren und durch die Erschöpfung seiner Ressourcen zur Wüste werden lassen.

Aber in dem Maße, wie die Industrieländer vom massiven Verbrauch von Industrieprodukten zu den Dienstleistungen übergangen sind, hat sich das Wesen des Problems zu ändern begonnen. Die High-Tech-Industrien sind nicht mehr so energieintensiv wie etwa, sagen wir, Kraftfahrzeuge. Dennoch bleibt das Problem: Sollten die Massen in den Entwicklungsländern, insbesondere in China und Indien, auf ein materielles Verbrauchsmuster etwa der Vereinigten Staaten zusteuern? Dann wären die Folgen für die Welt fürchterlich. Dies ist die allgemeinere Problematik von Wissenschaft, Bevölkerung und Entwicklung. Die besondere Problematik, was Indien betrifft, ist etwas anders gelagert.

## Die indische Bevölkerungsproblematik

Das Problem Indiens ist, wie man gleichzeitig das Bevölkerungswachstum eingrenzen und den Lebensstandard anheben kann. Beim gegenwärtigen Bevölkerungswachstum von über 2% werden fast 40% des BSP-Zuwachses (von etwa 5%) vom Bevölkerungswachstum aufgefressen. Im Ergebnis ist der Nettogewinn im allgemeinen Lebensstandard der Menschen bescheiden, durchschnittlich nicht mehr als 2 bis 3% pro Jahr. Angesichts der ungleichen Verteilung der Entwicklungsgewinne bekommen die Armen noch weniger. Viele der Länder, die heute ein hohes oder mittleres Pro-Kopf-Einkommen aufweisen, wie Singapur oder Südkorea, hatten am Ende des Zweiten Weltkriegs einen nominalen Vorteil gegenüber Indien. Seitdem haben die meisten Länder in Südostasien und einige in Ostasien größere Fortschritte erreicht; sie konnten ihre Menschen aus dem Sumpf der Armut und des Mangels herausziehen.

Nach dem Weltentwicklungsbericht von 1991 wird Indiens Bevölkerung sich am Ende des 21. Jahrhunderts auf ungefähr 1,8 Mrd. Menschen belaufen. China wird eine ähnliche

---

47 V. A. Pai Panandiker, in V. Gowariker (Hrsg.), a.a.O.

Bevölkerungszahl aufweisen. Die großen politischen Fragestellungen, denen das Land gegenüber steht, liegen in den Auswirkungen dieses ungehemmten Wachstums. Das Zentrum für Politikforschung in Neu-Delhi schätzt, daß die jährlichen Kosten der Primärbildung einen großen Prozentsatz des Bruttosozialprodukts verschlingen werden, wenn Bildung für jeden einigermaßen brauchbar sein sollte. Ähnlich immens wird das Problem der Gesundheitsfinanzierung sein. Zur Zeit liegt hier das Niveau der öffentlichen und privaten Ausgaben bei ungefähr 3% des BPS. Eine sichere Trinkwasserversorgung und die Bereitstellung von Kleidung und Wohnraum für die wachsende Bevölkerung wird ebenfalls unermeßliche Lasten für die Indien zur Verfügung stehenden Mittel bedeuten, sowohl in materieller als auch finanzieller Hinsicht. Die Malgavkar-Studie schätzt, daß das Lebensqualität-Paket allein schon 38,5% des BSP aufbrauchen wird. Dies liegt mit Sicherheit weit über den Fähigkeiten des indischen Volkes - mit der Folge, daß dieses Grundproblem das Land noch bis ins erste Viertel des nächsten Jahrhunderts hinein verfolgen wird.

**Internationale Erfahrungen mit dem demographischen Übergang**

Vorindustrielle, insbesondere agrarische Gesellschaften haben eine erklärte Vorliebe für männliche Kinder. Diese sind essentiell notwendig, um die gesamte Produktionsstruktur aufrechtzuerhalten. In industriellen Zivilisationen ist das Geschlecht des Kindes weder für die Aufrechterhaltung der Produktionsmittel noch der Sozialstruktur notwendig, wobei beide eng verknüpft sind. Post-industrielle Gesellschaften sind noch weniger auf männliche Arbeitskraft angewiesen. Die Abhängigkeit vom Geschlecht der Arbeitskraft schwindet in den Industrieländern dann entgültig, je mehr sich diese den auf der Informationstechnik basierenden Produktionsmitteln zuwenden. Mit den Mikrochips und seiner rechnergestützten Herstellung bedeutet das Geschlecht der Mitarbeiter keinen Unterschied mehr.

Dieser gesellschaftliche Strukturwandel, der in Europa mit der industriellen Revolution begann, wiederholte sich vor kurzem in Japan und bei den “asiatischen Tigern”. Ihre Erfahrung zeigt, daß der sozio-demographische Übergang seinem gewöhnlichen Weg folgt. In dem Maße, in dem Gesellschaften und Kulturen ihre früheren Produktionssysteme aufgeben, vor allem von agrarischen zu industriellen und dann zu post-industriellen Strukturen, nimmt auch ihre Fertilitätsrate ab. Diese Abnahme erfolgt sogar so schnell, daß ein Hauptproblem in den meisten Industrieländern inzwischen nicht die Überbevölkerung, sondern die Unterbevölkerung, die Überalterung und ein akuter Mangel an Arbeitskräften ist.

**Bevölkerungspolitik: Indiens Versagen**

Es gibt ein paar bemerkenswerte Erfolgsgeschichten in Indien, so etwa Kerala, Goa und Tamil Nadu. Die Geburtenrate in Goa und in Kerala ist schon fast unter das Reproduktionsniveau von 21 pro Tausend Einwohner gefallen, Tamil Nadu liegt nahe daran. In Maharashtra ist die Rate 1989 unter den Wert von 30 Geburten pro Tausend Einwohner gefallen. In allen anderen Bundesstaaten betrug die Geburtenrate 1989 schätzungsweise 34 bis 35 Lebendgeburten für je Tausend Einwohner.

Hinter diesen Daten liegen jedoch die äußerst enttäuschenden Leistungen vieler Bundesstaaten auf dem Feld der wirtschaftlichen und gesellschaftlichen Strukturpolitik. Fast überall werden über 50 Prozent des bundesstaatlichen Sozialprodukts durch eine rückständige Landwirtschaft erwirtschaftet. Auch die Analphabetenquote ist extrem hoch, vor allem bei Frauen - manchmal, so in Radschasthan, liegt sie bei 79,2 Prozent.

Diese wirtschaftlichen und sozialen Indikatoren zeigen das herausragendste Versagen unserer nationalen Entwicklungspolitik und sind so auch eine Anklage der Bevölkerungspolitik. Offenkundig haben unsere Entwicklungsplaner nicht die grundlegenden politischen Maßnahmen durchgeführt, die für eine Reduktion der Fortpflanzungsrate notwendig sind. Wie die historische Erfahrung der Industrieländer zeigt, sind es nicht Sterilisation und Verhütungstechniken, die das Bevölkerungswachstum verringern, sondern ein grundlegender wirtschaftlicher und gesellschaftlicher Wandel. Allein die Tatsache, daß wir es nicht vermochten, diesen grundlegenden Wandel in knapp über vierzig Planungsjahren durchzuführen, ist der echte Beweis für unsere Versagen.

Seit 1980 zielt die staatliche Politik auf die Erreichung der Netto-Reproduktionsrate vor dem Jahr 2000. Das heißt, bis zum Jahr 2000 müßte sich die Geburtenrate auf 21 Lebendgeburten pro Tausend, die Sterberate auf 9 pro Tausend und die Kindersterblichkeit unter 60 pro Tausend reduziert haben. Dies wurde als notwendig gesehen, um die Fortpflanzungsrate so abzusenken, daß die Bevölkerung sich so schnell wie möglich stabilisiert. Die Planungskommission für den VI. Plan dachte an eine Stabilisierung auf dem Niveau von etwa 1,2 Mrd. im Jahr 2050. Alle vorliegenden Schätzungen gehen davon aus, daß ein stabiles Niveau nicht unter 1,8 Mrd. möglich sein wird. Die staatliche Politik war geleitet von negativen Erwägungen wie der Einschränkung der Fertilität - daher die Betonung der Angebotsseite der Bevölkerungspolitik. Dies bedeutete größere Investitionen für die Fertilitätskontrolle, mehr Familienplanungszentren, die Förderung von Verhütungsmitteln und, von 1975 bis 1977, sogar die Zwangssterilisationen.

Japan, Singapur, Taiwan, Südkorea und all die asiatischen Nationen haben deutlich die Wirkung gezeigt, die von der Entwicklung der menschlichen Fähigkeiten und der Grundausbildung ausgeht, und zwar nicht nur auf das Wirtschaftswachstum, sondern auch auf die Kontrolle des Bevölkerungswachstums. Im wesentlichen wurden sowohl die wirtschaftliche Entwicklung als auch eine Begrenzung des Bevölkerungswachstums erreicht, und zwar nicht durch eine negative Politik der Fortpflanzungskontrolle, sondern durch eine positive Politik, bei der die menschlichen Fähigkeiten eines Landes durch entsprechende finanzielle Investitionen entwickelt wurden. Im Endeffekt hat auch Kerala die gleiche Politik verfolgt, allerdings eher unbewußt, ohne Zweckgerichtetheit und ohne Investitionspolitik.

Die jüngsten internationalen Erfahrungen zeigen, daß dort, wo Wissenschaft und Technologie sich als integraler Teil einer gesellschaftlichen Entwicklung entfalten konnten und wo den wirtschaftlichen Strukturwandel unterstützende Investitionen erfolgten, den staatlichen Zielen in der Bevölkerungspolitik als auch in der Entwicklungspolitik weit mehr gedient war als durch großartige Investitionen in die Familienplanung. Dies ist nicht gegen ein ordentliches Leistungsangebot im Bereich der Familienplanung gerichtet. Es soll jedoch betont werden, daß die staatliche Bevölkerungspolitik von ihrer negativen Ausrichtung der Verhinderung von Geburten zu einer positiven Politikausrichtung kommen muß, in der das Bildungsniveau der Menschen entwickelt wird. Diese Programme sollten begleitet werden von Investitionen in die industriellen und tertiären Sektoren. Mit anderen Worten, eine positive Sozial- und Wirtschaftspolitik ist das beste Mittel, mit dem Bevölkerungswachstum zurechtzukommen.

## Nachhaltige Entwicklung für 1,5 Milliarden Inder: Es ist Zeit, wieder über Mahatma Gandhi nachzudenken [48]

Es ist inzwischen ein Gemeinplatz, daß die Konsummuster einer Überflußgesellschaft vom Norden in den Süden übertragen werden. Die wesentlichen Ursachen und Übertragungswege sind der Welthandel mit Fertiggütern und verarbeiteten Nahrungsmitteln, die bi- und multilateralen Kreditorganisationen, die diesen Handel fördern, die globalen Wirtschaftsunternehmen, die die Herstellung dieser Produkte und deren Handel erleichtern, und schließlich die Projektion von Lebensstilen durch Informationstechnologie und Werbung. Diese Konsummuster werden im Süden innerhalb und durch Bevölkerungsenklaven reproduziert und aufrechterhalten. Diese Enklaven sind die breite Gruppe der weltweit fernsehwerbungkonsumierenden Mittelklasse. Bei dieser sind die Unterschiede im Konsum zwischen Erster, Zweiter und Dritter Welt inzwischen so klein, daß sie Vorteile darin erkennen, den Kult der "Globalisierung" immer weiter voranzutreiben. Sie selbst und ihre Vertreter reden von den Vorteilen einer derartigen "Globalisierung" in einem gemeinsamen gebrochenen Englischdialekt, der von Meerut bis Memphis verstanden werden kann, vom Rathaus um die Ecke bis zum Podium der Generalversammlung der VN. Daß diese Muster in einem nacheifernden Süden nicht von Dauer sein können, wird inzwischen in einer Literatur bezeugt, die zu umfangreich ist, um noch gelesen werden zu können. Weniger bekannt ist jedoch das Schrifttum, daß die Kurzlebigkeit eines derartigen Konsumüberflusses selbst im Norden bezeugt.

Die Handlungsträger des Nordens schließen heute die politisch einflußreiche Mittelklasse des Südens ein, etwa 350 bis 500 Millionen Menschen. Diese wurden recht effektiv vom Norden einbezogen. Es ist kein Zufall, daß die Fertilitätsrate in dieser globalen Mittelklasse sich auf dem Reproduktionsniveau oder darunter befindet. Was bedeutet nun dieser sozio-demographische Trend für die hochgradig in Klassen gespaltene Bevölkerung des Südens und möglicherweise auch für einige der ethnisch oder religiös gespaltenen Gesellschaften der Randgebiete des Nordens?

Was die kulturelle und soziale Nachhaltigkeit betrifft, wurde einer der durchdringendsten Versuche, die obige Frage zu beantworten, von Loudres Arizpe unternommen. Ihre Schrift ist ein "Muß"; es gibt wohl nur weniges, das man ihrer Argumentation noch hinzufügen könnte. Arizpe erörtert jedoch nicht die Dimensionen der Demographie, der Sicherheit und des Zwangs. Diesen Dimensionen werde ich mich hier widmen.

## Demographie, Sicherheit und Zwang

Es gibt drei erkennbare und verknüpfte Rahmen, die für diesen Gliederungspunkt von

48 V. Siddharta, in V. Gowariker (Hrsg.), ebd.

Bedeutung sind: den demographischen, den politisch-ethischen und den entwicklungsorientierten. Die beiden letzten sind wiederum verknüpft mit einer unterschiedlichen Fertilitätsrate zwischen den selbstdefinierten Gruppen innerhalb der indischen Bevölkerung (Ethnien, Religionen, Klassen, Kasten und Machteliten).

Der demographische Rahmen wurde ausführlich untersucht und wird weiterhin unter vielen Gesichtspunkten studiert. Die Bevölkerungszahl eines bestimmten Landes ergibt sich aus drei Faktoren: der Fertilitätsrate, der Sterblichkeit und den Wanderungsbewegungen. Weder Kriegsverluste noch Wanderungen werden sich stark auf eine schon große Bevölkerung auswirken, wenn man von den absolut fürchterlichsten und schlagartig alles ändernden Bedingungen (*"step-change" conditions*) absieht. Größe und Struktur großer Bevölkerungen bestimmen sich weitgehend durch lang andauernde Veränderungen und durch Schwankungen in der Fertilitätsrate.

Was kann über die bisherigen Erfahrungen mit diesen Rahmen ausgesagt werden?

Herkömmliche kulturelle und institutionelle Kräfte, die eine hohe Fertilitätsrate begünstigen, sind nicht unempfänglich für den rasanten gesellschaftlichen Wandel, der die Welt erfaßt hat. ... Die meisten Beobachter haben in den sechziger Jahren den schnellen demographischen Wandel in Korea, Indonesien, China und einigen lateinamerikanischen Ländern auch nicht vorhergesehen. Dies liegt daran, daß sich das Ausmaß und die Geschwindigkeit der Veränderungen vorhersehen ließ, die sich auf die erhebliche Abnahme der Fortpflanzungs- und Sterblichkeitsrate auswirkten: Schnelle soziale und ökonomische Entwicklung, Alphabetisierung und Ausbildung von Frauen, Einrichtung von große Teile der Bevölkerung erfassenden Familienplanungsprogrammen, die Legitimierung von Methoden zur Geburtenkontrolle, Methoden zur Empfängnisverhütung und die Praxis der Empfängnisverhütung.

Die Aussichten für wirksame Familienplanungsprogramme sinken, die Fertilitätsraten bleiben, bzw. hängen vom zukünftigen Ausmaß derartiger Veränderungen, aber auch von Änderungen, die zur Zeit noch nicht absehbar sind, ab. Der politisch-ethische Zusammenhang verbleibt bislang noch im Dunkeln. Bis dato haben ideologische Antagonismen zwischen den Supermächten die Beschäftigung mit diesen Zusammenhängen im Dunkeln gelassen. Aber nun werden sie zutagetreten.

Demographie erforscht Bevölkerungszahlen, aber es sind die Menschen hinter diesen Zahlen, die die Weltereignisse bestimmen. Das demographische Problem läßt sich eher als ein moralisches und intellektuelles Problem bezeichnen. Es nimmt nur die demographische Form an. Ohne Wissen von den Menschen, die hinter den Zahlen stecken, werden die Bevölkerungswissenschaften kaum Einsichten für Politiker, Diplomaten oder Generäle bieten, die über unsichere Zukünfte nachdenken.

Die indische Elite kümmert sich, verglichen mit den Vereinigten Staaten, deren Elite schon seit langem alle Aspekte der nationalen Sicherheit sehr ernst genommen hat, gewohnheitsgemäß nicht um Probleme der nationalen Sicherheit (im Unterschied zum engeren Thema der Verteidigung). Eine ernüchternde Lektion darüber, was eine effektive und legitimierte Elite als ihre Pflicht ansieht, wurde letztes Jahr geboten:

*Der US-Präsident hatte eine Untersuchung über die Auswirkungen des Wachstums der Weltbevölkerung auf die Sicherheit der USA und ihre Übersee-Interessen in Auftrag gegeben ... (dies schließt Themen ein wie z.B.) ... Probleme, die den USA durch den Wettkampf um Ressourcen, (die Möglichkeit einer) disruptiven ausländischen Politik oder internationale Instabilitäten entstehen könnten. ... (die Untersuchung sollte sich insbesondere) ... konzentrieren auf die internationalen politischen, ökonomischen, soziologischen oder andere Aspekte ... (und Empfehlungen einschließen zur) ... Behandlung von Bevölkerungsproblemen im Ausland, vor allem in den EL.*

**Bevölkerungswachstum, Sicherheit und Zwang**

Gorbatschow war wohl der erste Regierungschef einer Supermacht, der öffentlich das Bevölkerungswachstum als eine Bedrohung der Sicherheit, des Weltfriedens, der Abrüstung und der Umwelt erwähnte. In einem Forum nach dem anderen, welche eigentlich der Neustrukturierung der Streitkräfte von West und Ost dienen sollten, werden nun Pläne ausgearbeitet, um diese Streitkräfte für ihren Einsatz im Süden umzugruppieren. Die Strategische Verteidigungsinitiative der USA wird aufrechterhalten "um Raketen aus der Dritten Welt abzuwehren". Auf anderen Foren, denen ziemlich viel Prestige zukommt, konnten schon folgende "Wegweiser" entdeckt werden:

- ein großer Hang zur Gewalt - ein Testmarkt für die neue Bedrohung aus dem Süden;
- erste Anzeichen einer Recht-und-Ordnung-Mentalität im Norden gegenüber dem Süden;
- eine Drehung der Verteidigung um 90 Grad gegen den Süden;
- eine wahrscheinliche Drehung des COCOM um 90 Grad gegen den Süden.

Einzelne Leser haben vielleicht mehr als einen Hauch Rassismus in den obigen Sätzen bemerkt.

Die globalen Ereignisse der letzten Jahren haben noch mehr vom Norden beschriftete "Wegweiser" enthüllt:

- Das Modell der Abhängigkeit des Südens vom Norden und der Gebrauch von Zwangsmitteln durch den Norden gegenüber dem Süden hat sich deutlich geändert. Die Anwendung von militärischer und paramilitärischer Gewalt zur Durchsetzung einer "neuen Ordnung" ist im Norden nun ethisch anerkannt (der Norden schließt dabei dessen Enklaven im Süden ein, was vom Premierminister Malaysias 1991 in seiner Rede auf dem "Gruppe der 15"-Gipfel hervorgehoben wurde).

Drei Welten sind entstanden, von denen eine von den USA, eine von Europa und eine von Japan beherrscht wird;

- Der Inhalt der verschiedenen Analysen läßt fragen, ob die folgenden Einstellungen von diesen drei Welten legitimiert werden:

- o Die wirtschaftlich-militärische Eindämmung der überbevölkerten Regionen (z. B. Chinas, Süd- und Westasiens usw.);
- o die Vernachlässigung und Aufgabe der abgewirtschafteten Regionen ohne nennenswerte Rohstoffe (was zählt schon das Massensterben nicht-weißer Menschen als moralisches Thema für die Menschen im Norden?);
- o der Anschluß als wirtschaftliches Hinterland von benachbarten mittelmäßig entwikkelten Ländern und Regionen, wie etwa Lateinamerikas, Südosteuropas bis zum Bosporus, vielleicht auch Israels;
- o die "Doppelverbindung" von Australien, d.h. der Westküste an die asiatischen "Tiger" und der Ostküste an die USA und Japan.

Einige dieser Wegweiser wurden versuchsweise schon auf den bestehenden Straßen im Netz des internationalen Diskurses angewandt. Ein Dilemma, das sich hier dem Norden stellen wird, wenn er diese Wegweiser noch fester auf den ausgefahrenen staubigen Straßen des Südens aufstellt, ist dieses: Ist eine dauerhafte und verbreitete, unsichere und chaotische Desorganisation auf niedrigem Niveau einer von oben verfügten Ordnung vorzuziehen, die jederzeit in einer Katastrophe zusammenbrechen kann? Es gibt historische Beispiele, die diese Sorge belegen. Und ist es nicht so, daß die soziale, kulturelle, wirtschaftliche und physische Sicherheit der zukünftigen 1,5 Mrd. Inder in einer weiten, gleichmäßigen und allgemeinen Verteilung von bescheidener, aber stabiler Macht, von Ausbildung und wissenschaftlicher Kenntnis liegt? Kurzum: ist es nicht Zeit, ernsthaft über eine neue Form der Gandhischen Wirtschaftsweise als für uns unausweichlich nachzudenken?

## Eine weitere Erkundung der Handlungsmöglichkeiten [49]

Nach der Diagnose von Kumar scheint eine tiefe Krise der menschlichen Verfassung, begleitet von einer ebenso tiefen Krise der Erkenntniskraft der Geistes- und der Naturwissenschaften, sowie unseres Wissens und Verständnisses von uns selbst und unserer Umgebung - sozial, materiell und spirituell - insgesamt völlig unzureichend zu sein, um den Herausforderungen zu begegnen, denen wir uns gegenübersehen. Die Wissenschaft im Sinne einer Schöpfungskraft war es, die für den Menschen von Anbeginn der Zivilisation an das entscheidende Werkzeug war, um seine Entwicklung voranzutreiben. Die Wissenschaft schuf das, was zuvor noch undenkbar schien, und verführte den Menschen dazu, ihr nahezu unbegrenztes Potential als für immer gegeben zu betrachten.

Der fundamentale Konflikt zwischen Bevölkerung und Entwicklung tritt durch die negativen Auswirkungen der Entwicklung auf die natürlichen Ressourcen und die ökologischen Lebensbedingungen deutlich zutage. Diese negativen Auswirkungen sind heute allgemein bekannt, man denke nur an die Erschöpfung der Ressourcen, Umweltverschmutzung, Treibhausgase oder die Ausdünnung der Ozonschicht. Die zunehmende Ausrottung von Tieren, Pflanzen und Kleinstlebewesen ist eine weitere Gefahr, die dem ökologischen Gleichgewicht der Erde droht, einschließlich der menschlichen Bevölkerung.

---

49 Vasant Gowariker, in V. Gowariker (Hrsg.), ebd.

All diese Sorgen führten zur Forderung nach "nachhaltiger Entwicklung" (*sustainable development*). Die Veränderungsraten in der Demographie und in der Technologie sind ein bedeutender Faktor der Nachhaltigkeit. Mishra sagt dazu: "Es gibt Grenzen der stofflichen Veränderung der Natur, wenn das Überleben der Menschheit nicht gefährdet werden soll. Offensichtlich setzt nachhaltige Entwicklung auch eine entsprechende Bevölkerung voraus, die zwar ihre Bedürfnisse befriedigt, aber auch in Harmonie und nicht im Konflikt mit der Natur lebt."

Hier stellt sich auch die Frage nach der Verteilungsgerechtigkeit. Kann der herkömmliche Entwicklungsbegriff auch Verteilungsgerechtigkeit garantieren? Zeidenstein hat herausgefunden, daß zu viele vorgebliche Entwicklungserfolge langfristig nicht stabil waren, da durch sie Instabilitäten geschaffen worden waren: Die Lücke zwischen Arm und Reich hatte sich vergrößert, die traditionellen Institutionen für eine ökonomische Wiederherstellung hatten ohne Ersatz an Wert verloren, und es war zugelassen worden, daß die agrarische Basis, auf der die industrielle Entwicklung aufbauen mußte, erodierte. Chattopadhyaya stellt den Pro-Kopf-Verbrauch an Kalorien, Kleidung und Wohnraum für den Zeitraum von 1964-65 und 1988-89 gegenüber und kommt zu dem Schluß, daß der Unterschied in diesen Indikatoren sehr groß ist, trotz der Grünen Revolution und eines nun höheren Bruttosozialprodukts. Im letzten Viertel dieses Jahrhundert hatte der Durchschnitts-Inder weniger zu essen, weniger um sich zu kleiden und besaß weniger Wohnraum. Die aggregierten Gesamtdaten seien somit oft irreführend: Erst die "Verteilungsseite des Szenarios" zeigt auf, wie es um den tatsächlichen wirtschaftlichen Zustand der beabsichtigten Nutznießer der verschiedenen Entwicklungs- und Beschäftigungsprogramme bestellt ist.

Dann ist aber zu fragen: Sind die Diagnosen und Empfehlungen überhaupt noch korrekt? Das Wechselspiel zwischen Wissenschaft, Bevölkerung und Entwicklung sollte in einem breiteren Sinn verstanden werden, damit wir "nicht-stereotype Antworten über das übliche Problem 'Bevölkerung versus Entwicklung'" bekommen. Lalbhai ist der Auffassung, daß die staatliche Wirtschaftspolitik, die die Wahlmöglichkeiten der Verbraucher und den Wettbewerb eingeschränkt hat, dadurch auch die Anwendung von Wissenschaft und Technologie für die wirtschaftliche Entwicklung behindert habe. Materieller Wohlstand sei ein Mittel zum Zweck und bräuchte daher die spirituellen Werte nicht zu leugnen. "Lebensqualität" sei wichtig, aber der materielle Fortschritt schließe nicht automatisch auch eine gesunde Entwicklung mit positiven menschlichen Werten ein. Vittal fragt hier: Kann Bevölkerung, statt es als ein Problem zu sehen, nicht auch zu einer "Chance" gemacht werden? Kann Wissenschaft und Technologie nicht genutzt werden, um das Potential eines jeden Inders zu erfüllen und "unsere Bevölkerungsgröße von einer Belastung in einen Vermögenswert zu verwandeln?"

Wenngleich eine "alarmierende" Bevölkerungswachstumsrate die Befriedigung der Grundbedürfnisse erschweren wird, billigt auch Singh den Grundgedanken, daß Bevölkerungswachstum eine "Quelle der Stärke" werden könne, wenn sie produktiv genutzt würde. Vittal führt einen Gedanken aus, der auch die Sichtweise von Singh und Ramani zusammenfaßt:
*Technologie (die Verbindung von Wissenschaft und Gesellschaft) wird zu einem großen und hochgradig wissensintensiven Lagerhaus für Wissenschaft und Technik werden, um*

*den Indern Chancen und Möglichkeiten zu bieten. Wir müssen hier sicherstellen, daß es nicht an Technologie mangelt, wenn wir unsere wachsenden Bevölkerungszahlen versorgen müssen.*

Bhargava argumentiert, daß die Probleme, die eher auf den unteren Ebenen der Problemhierarchie liegen, nicht gelöst werden können, wenn nicht die Probleme auf der oberen Ebene zuerst angegangen werden. Zuerst müsse die genaue "Hierarchie" der Probleme ermittelt werden. Er verteilt Bildung, Wasser und Energie auf die drei oberen Ebenen, das Bevölkerungsproblem aber auf weit tiefere Ebenen: "Kümmere Dich um die ersten drei - und das Bevölkerungsproblem wird sich um sich selbst kümmern".

Puri ist der Auffassung, daß wir "das Holz mit den Bäumen verwechseln, indem wir immer noch darüber debattieren, ob Entwicklung das beste Verhütungsmittel sei". Es sei in der ganzen Welt bewiesen worden, daß Familienplanungsprogramme in jedem Stadium der Entwicklung eines Landes wirkungsvoll seien, soweit die Menschen Zugang zu entsprechenden Informationen und ein ausreichendes Angebot hätten. "Sozio-ökonomische Entwicklung allein verringert nicht die Fortpflanzungsrate". Daher brauche ein Land wie Indien eine "machtvolle Verbindung" von Entwicklungs- und Familienplanungsprogrammen.

Ramachandran betrachtet das komplexe Thema von Wissenschaft-für-die-Menschen und kommt zum Schluß, daß Wissenschaft und Technologie bisher die wesentlichen Entwicklungsinstrumente waren. Dies werde nun aber in Frage gestellt, da sich die Beispiele häuften, bei denen Wissenschaft schädliche Folgen hatte. Ein Großteil der modernen Technologie stellt sich sogar im Zusammenhang mit den Bedürfnissen der EL als unwissenschaftlich heraus. Die westlichen Konzepte des "groß ist schön" und des "brandneu ist am besten" sind oftmals bedeutungslos in Situationen von Massenarbeitslosigkeit und verbreiteter Unterbeschäftigung, in denen Fachkenntnisse und Kapital begrenzt sind.

Mitra vertritt den Standpunkt, daß Indien nun ein Niveau der wissenschaftlichen Spitzenklasse erreicht habe, das mit geringen zusätzlichen Anstrengungen zu einer technologischen Revolution führen könne. Wissenschaft und Technologie können eine wichtige Rolle bei vielen Tätigkeiten spielen - manche basierten gar völlig auf Wissenschaft und Technologie.

Gupta warnt, daß die möglichen schädlichen Auswirkungen der Technologie nicht vergessen werden dürfen. Beispielsweise habe die Kenntnis und der Gebrauch von Verhütungsmitteln auch zu vor- und außerehelichem Geschlechtsverkehr geführt, was zu Geschlechtskrankheiten geführt habe. Iyer weist darauf hin, daß Wissenschaft und Gesellschaft sich nicht in einem Vakuum entwickelten und daß Technologie auch nicht "ethischneutral" sei. Sadhu sieht Wissenschaft als etwas "Unpersönliches", denn es sei ausschließlich der Weg, in dem man sie nutze, der über gut oder schlecht entscheide. Der Kern einer wissenschaftlichen Herangehensweise sei die Tolerierung anderer Ansichten, meint Padgaonkar. Irgendwelche schon in den letzten Zügen liegenden Traditionen, Dogmen und Orthodoxien hätten keinerlei Nutzen für eine wissenschaftliche Unternehmung. Wenn wir dies beherzigten, könnten wir einer dynamischen Wirtschaft entgegensehen und einem starken und fürsorglichen Staat, einer schaffensfrohen Gesellschaft und Menschen, die frei und eigenverantwortlich im Frieden mit sich und der Welt lebten.

Die Rolle des Wissenschaftlers ist allgemein wichtig. Puar drückt seine Sorge über die öffentliche Teilnahmslosigkeit gegenüber der Wissenschaft und den wissenschaftlichen Methoden aus, die entweder in mangelndem Verständnis oder in mangelnder Überzeugung begründet liege. Eine schmerzliche Folge dieser Einstellung sei die irrationale Reaktion auf die Wissenschaft im Bereich des öffentlichen Gesundheitswesens. Lavakare appelliert hier an die Naturwissenschaftler, die praktischen und sozialen Aspekte eines Problems zu berücksichtigen, bevor Lösungen verkündet werden, und dabei enger mit Sozialwissenschaftlern zusammenzuarbeiten.

Paintal hebt hervor, daß wir trotz der großen Fortschritte auf dem Gebiet der Immunologie und der Biotechnologie immer noch keinen einfachen Bluttest für TBC oder Lepra besitzen, der ohne eine aufwendige Ausrüstung in den Basisgesundheitszentren genutzt werden könnte, in deren Einzugsbereich 80% der Opfer dieser Krankheiten leben. Als ein Beispiel für eine Technologie, die wirklich einem Bedürfnis entspricht, führt er einen mechanisch betriebenen "(Fahr)Rad-Ventilator" an, der Herzpatienten gegen den Hitzestreß während Stromunterbrechungen in den Sommermonaten schützt. Wir bräuchten einfache Methoden, für die wir schon jetzt das Wissen hättenen. Es gäbe keinen Grund, sich für "einfache und nicht hochtechnisierte" Ansätze zu schämen.

Die Öffentlichkeit setzt angepaßte oft mit zweitrangiger Technologie gleich. Subramaniam befürwortet vorbehaltlos die "beste verfügbare Spitzentechnologie" in der Landwirtschaft, der Empfängnisverhütung und der Medizin. Ramaseshan dagegen bezieht sich auf ein Beispiel von traditionellem Wissen. So seien während des Andhra-Wirbelsturms vor allem die modernen Häuser aus Asbestzement oder verzinkten Eisendächern zerstört worden. Dies lag an dem "Bernoulli-Effekt", einer Folge der hohen Druckdifferenz innerhalb und außerhalb des Hauses, die die Dächer wegfliegen ließ. In die traditionell gedeckten Hütten konnte jedoch aufgrund der groben Struktur Luft eindringen, so daß keine Druckdifferenzen auftreten konnten.

Y. K. Modi bezieht sich auf die Fehlwahrnehmung, daß Armut der Haupterklärungsfaktor für unsere großen Familien sei, d.h., daß mehr Kinder mit mehr Arbeitskräften gleichgesetzt würden. K. N. Modi weist darauf hin, daß wegen der hohen wechselseitigen Verknüpfung von Bildung und Bevölkerungskontrolle die Ausbreitung von Bildung notwendig sei. Agwani ist der Auffassung, daß gerade unsere Vernachlässigung der Ausbildung der Massen in den wichtigsten Dingen des Lebens die Lücke zwischen Wissenschaft und Entwicklung auf der einen Seite und dem Bevölkerungsproblem auf der anderen Seite geschaffen habe. Wir müßten daher als Nation den notwendigen Willen aufbringen, die Ausbildung der Massen in den Vordergrund unseres Programms zu setzen und hierin die erforderlichen Mittel und Anstrengungen zu investieren. Tatsächlich könnte die mangelnde Teilnahme an Bildung, die Menschen ohne Ausbildung haben, als ein Hauptgrund für die geringe Lebensqualität angesehen werden.

Aber können wir den Entzug von Bildung dadurch beheben, daß wir eine kostenlose allgemeine staatliche Basisausbildung garantieren? Obwohl nach Minhas der Grundgedanke und die Wünschenswertigkeit einer kostenlosen allgemeinen Basisausbildung durch staatliche Maßnahmen weit akzeptiert wird, sind zur Zeit 40 bis 50% der indischen Haushalte nicht in der Lage, ihre 6-14-jährigen Kinder von der häuslichen Wirtschaftstätigkeit, von Gelegenheitsarbeiten und anderen ökonomischen Zwängen freizustellen und ihnen so die Teilnahme am kostenlosen Unterricht zu ermöglichen. Diese Beschränkung der Bildungspartizipation der Armen wird noch durch die Schwächen des Angebots im Bildungssektor verstärkt. Minhas sieht uns hier in einem Teufelskreis. Niedergedrückt durch die schwere Last der tiefen Armut ist es für Kinder aus armen Haushalten fast unmöglich, die Angebote des öffentlichen Bildungswesens zu nutzen.

Wie sieht es nun mit der Beziehung von Wissenschaft und Industrie aus? Die Indische Handelskammer beklagt die "dürftige" Beziehung zwischen der Wissenschaft und der Industrietechnologie. W&T-Planungen hätten weder den Bedarf für Technologie noch die Angebotsquellen identifiziert. Es gäbe eine zu große Mittelvergabe für Kernenergie, Verteidigung und Raumfahrt und nicht genug Aufmerksamkeit für Industrien wie Textilien, Jute, Zement, Grundstoffe und Maschinenbau. In der Industrie habe es, im Vergleich mit der Landwirtschaft, so etwas wie die Grüne Revolution nicht gegeben. Aber was sind die Folgen dieser Lücke? Nach Mallya hätten wir zwei Welten des Wissens geschaffen: die Welt der Denker und die Welt der Macher, ohne daß die beiden versuchten, sich gegenseitig zu bestärken. Ein Beispiel sei etwa die staatliche Finanzierung der biotechnischen Forschung, "bei der ein Molekularbiologe sich vielleicht der Grundlagenforschung über die "Genomkarte eines Organismus" widmet, aber weit weniger Interesse an dem Versuch zeigt, ein "rückverbindendes therapeutisches Peptid" zu entwickeln, welches im Import sehr teuer und zudem unentbehrlich für die Behandlung von Kala-Azar (Dum-Dum-Fieber) ist".

Mallyas Hinweis auf die Biotechnologie wirft einige weitere Fragen auf. Beispielsweise bezieht sich Bhargave auf die internationale Technologie-"Politik". Er führt aus, daß eine intensive und hochproduktive Landwirtschaft durch Biotechnologie möglich sei, was etwa in Thailand durch die Anwendung der Gewebezüchtung bewiesen worden sei. Die "Privatisierung" der neuen Entwicklungen in der Biotechnologie durch den Westen könne zu Nutzungsformen führen, die nicht mehr die einfachen Menschen erreichen würden. Arvind führt das *lab-to-land*-Programm des Indischen Rates für Agrarforschung (ICAR) an und fordert eine enge kreative Beziehung zwischen den Wissenschaftlern und der Industrie, um die örtlichen Gegebenheiten und Bedürfnisse mehr zu berücksichtigen. Wenn die öffentliche Forschungsfinanzierung eingeschränkt würde, müßten die Wissenschaftler sich stärker an die Industrie wenden. Er schlägt vor, daß die Forscher verpflichtet werden, einen Teil ihres Etats durch die Entwicklung von Produkten und Arbeitsverfahren für die Industrie zu finanzieren. Eine derartige aktive Teilnahme der indischen Wissenschaftler an der "produktiven" Forschung würde auch die "Technologie-Politik" zunehmend bedeutungslos werden lassen. Landesweite Programme zur Verbreitung der Wissenschaft würden letztendlich viele der nicht-produktiven Barrieren herunterreißen. Vittal erwähnt, daß auch der Amtsschimmel ein größeres Hindernis darstelle und eine "Entbürokratisierung" der wissenschaftlichen Einrichtungen zur Anregung von schöpferischem Denken notwendig sei. Kalyani weist darauf hin, daß die Landwirtschaft viel von der Agrarwissenschaft zu lernen habe, und umgekehrt. Er führt das Beispiel eines Musterhofes an, der von seinem Team von Agrarwissenschaftlern entwickelt wurde. Hier wurde Ödland in eine Oase verwandelt, und der nachfolgende Wohlstand wirkte sich auf Gebiete wie Gesundheit, Bildung und Beschäftigung aus. Seine weiteren Belege für Wohlstand in ländlichen Gebieten unterstreichen nur sein Argument, daß Wissenschaft und

Technologie genutzt werden sollte, um in ländlichen Gebieten Beschäftigungsmöglichkeiten zu schaffen und so die Abwanderung und das Anwachsen der Elendsviertel in den Städten zu verhindern. Ramachandran betont die Notwendigkeit für nicht-kapitalintensive W&T-Produkte, die leicht zu bedienen und zu warten seien und nicht zur Arbeitslosigkeit führten. Lalbhai weist darauf hin, daß das größte Hindernis für die Anwendung von Wissenschaft und Technologie in der Einschränkung der Wahlmöglichkeiten der Verbraucher und des Wettbewerbs und der Leidenschaft für Importsubstitution liege. Dieser Eifer für Importsubstitution würde garantieren, daß die indische Industrie Güter herstelle, die nicht den internationalen Standards entsprächen und zudem sehr teuer seien. Da die Käufer keine Wahl hätten, gäbe es weder für Qualitätsverbesserungen noch für Kosteneinsparungen irgendeine Notwendigkeit. Rao nimmt den Standpunkt ein, daß neue Technologien zwar "scheinbar" die Beschäftigung reduzierten, durch ihre indirekten Wirkungen jedoch die Beschäftigung im Dienstleistungssektor erhöhten. Er lobt daher die neue Industriepolitik, da sie Unternehmergeist ermutigen würde.

Dhar betont die Förderung der auf der Landwirtschaft aufbauenden Industrien und der Selbstbeschäftigung. Notwendig sei eine "vorausschauende Investitionspolitik", um sowohl Investitionen als auch Überschuß für den Export zu erzeugen. Er fordert auch eine Neuanpassung der Industriearbeit, die Schließung ineffizienter Betriebe und die Weiterbildung der Arbeiter, um deren Kenntnisse zu verbessern. Dafür sollte das Bildungssystem umstrukturiert werden, um die berufsorientierten und technischen Fertigkeiten stärker zu betonen. Er führt aus, daß die Menschen auf Selbstbeschäftigung vorbereitet werden sollten, indem man sie beim Erwerb unternehmerischer Fähigkeiten unterstützt. Kalyani geht davon aus, daß eine angepaßte Technologie die landwirtschaftliche Produktion und die Einkommen um ein Vielfaches steigern würde, was wiederum zu einer deutlich gesteigerten Nachfrage für Industrie- und Konsumgüter führen würde. Arvind erklärt, daß unsere Industrialisierung auf dem Wege erfolgen müsse, der am besten zu unserem Land passe. Dies allein würde uns in die Lage versetzen, in Industrie und Handel zu einer Weltmacht zu werden. Er weist darauf hin, daß es angesichts der globalen Situation und der Bedürfnisse der Wirtschaft möglich sei, unsere Industrie auf einen stärker angepaßten Produktionsprozeß umzuorientieren.

Bei all diesen Fragen muß Wissenschaft und Technologie zu kreativeren Anwendungen gebracht werden. Vittals Ideen dazu schließen folgendes ein: eine Umkehrung des *braindrain* durch die Schaffung von "Zentren für hervorragende Leistungen" für Begabte und "strategische" Bündnisse mit anderen Ländern. Warum könne Indien nicht versuchen, den erwarteten Mangel an Ingenieuren in Japan zu decken, indem die erforderliche Zahl unserer eigenen Ingenieure in der japanischen Sprache unterrichtet wird?

Es ist auch notwendig, die Wohnungsnot der städtischen Armen anzugehen, die großenteils aus den ländlichen Gebieten zugewandert sind. Ko Ko führt aus, daß die Verbindungen zwischen der Wohnungssituation und der Gesundheit gerade in EL besonders stark sind, wo mangelnde Gesundheit oftmals mit mangelndem Wohnraum, schlechter Lüftung, Fehlen der Wasserversorgung und Kanalisation sowie Luft- und Lärmverschmutzung zusammenhängen. Er verweist auch auf andere Probleme, die mit der Wohnraumversorgung zusammenhängen, wie Feuer, dem Zusammenbruch von Häusern oder Überflutungen. Swaminadhan deutet auf die sich gegenseitig verstärkende Rolle von Wohnraum und Entwicklung hin und erklärt, daß die Wohnraumversorgung im größeren Zusammenhang von menschlichen Siedlungen gesehen werden sollte. Die Planung der städtischen und der ländlichen Entwicklung, die Gewerbeansiedlung und die Bereitstellung der Infrastruktur, der Dienstleistungen und des Transportwesens sollte insgesamt in die Bereitstellung von Wohnraum integriert werden.

Shahaney zitiert einige Untersuchungen der VN, die zeigen, daß viele sozio-ökonomische Bedürfnisse befriedigt werden könnten, wenn man die Transportmöglichkeiten ausweitete. Die Bereitstellung von Straßen und Transportmöglichkeiten war in vielen Entwicklungsprogrammen vernachlässigt worden. Er schlägt daher vor, daß Wissenschaft und Technologie zur Entwicklung von besseren Straßen und einer modernen Transportflotte beitragen sollten, mit robusten Fahrzeugen, hoher Energieeffizienz und geringen Emissionen. Er fordert höhere Priorität für das öffentliche Transportwesen. Kirloskar behauptet, daß Indien bei der Herstellung und Anwendung von alternativen Beförderungssystemen eine Führungsrolle übernehmen müsse. Jain weist darauf hin, daß eine Grundvoraussetzung für die Entwicklung des Transportwesens ein gutes Straßennetz sei und daß wir, angesichts der finanziellen Krise, möglicherweise ein System der "verzögerten Lohnzahlung" einführen sollten, bei dem die örtliche Bevölkerung beim Bau der Straßen nur soviel Lohn erhält, wie zum Erhalt der Existenz notwendig ist, und die Differenz dann ausgezahlt wird, wenn die Gewinne aus dem Straßenbau zu fließen beginnen.

Zur Familienplanung gibt es eine Vielzahl von Verbesserungsvorschlägen. Gupta schlägt vor, die Angebots- und Nachfrageaspekte des Familienplanungsprogramms zu trennen, es stärker zu dezentralisieren und auf die örtlichen Gegebenheiten auszurichten. Auch sollte die technische Kompetenz der Beschäftigten im Gesundheitswesen verbessert und eine Bevölkerungskommission eingerichtet werden, um das Programm über die Ebene der Ministerien zu erheben. Sein Konzept der Bevölkerungskommission hat einiges Stirnrunzeln verursacht. So fordert Bose etwa eine "Bevölkerungswissenschaft, die über die Punkte hinter dem Komma hinausgeht", und bezweifelt die Nützlichkeit einer Bevölkerungskommission. Kompetenz in der Fortpflanzungsbiologie und den Verhütungstechniken reiche nicht aus, um das Bevölkerungsproblem zu lösen. Indem er die übliche Suche nach Modellen im Ausland in Zweifel zieht, erklärt er: "Einige unserer Politiker und Abgeordneten sind viel mehr daran interessiert, nach China, Indonesien oder Singapur zu fahren, um von deren Familienplanungsprogrammen zu lernen, als sich zum Beispiel Bihar anzuschauen, wo sie selbst herausfinden könnten, was bei uns schief gelaufen ist."

Seth stellt fest, daß es als eine axiomatische Wahrheit gesehen werden kann, daß überall dort, wo Frauen eine sinnvolle Anstellung finden, auch die Geburtenrate zu sinken beginnt. Interessanterweise habe auch eine Verlängerung der Stillzeit in den EL mehr Geburten verhindert als alle Verhütungsprogramme zusammen. Was sollte die Hochtechnologie denn unterstützen, wenn wir das Familienplanungsprogramm nützlicher und produktiver machen sollten? Wir sollten die entsprechenden Verhütungsmittel entwikkeln für die, die zur Familienberatung bereit sind, meint Talwar. Er sieht in lange wirksamen Implantaten eine Antwort. "Die einzige Nebenwirkung sei eine Störung der Monatsblutung und die Unregelmäßigkeit des Zyklus". Eine Impfung zur Geburtenkontrolle, die gegenwärtig getestet wird, könnte gar noch praktischer sein, da sie die körpereigenen Abwehrmechanismen mobilisiert. Zwei auf *neem* basierende Verhütungsmittel, einmal eine Sperrmethode für Frauen und einmal eine Direktinjektion in die Gebärmutter, könnten ebenfalls potentiell nützlich sein, wenn sie abschließend entwickelt worden sind. Talwar schlägt hier vor, die strengen Verfahren bei den Kontrollverordnungen über Medikamente für derartige einheimische Produkte zu lockern, um diese schneller verfügbar zu machen.

Wenn man von der Seite der "Anwender" herangeht, stellt man eine unterschiedliche Sichtweisen zwischen denen fest, die Verhütungsmittelprogramme entwerfen, und denen, die nach Leistungen suchen. Zeidenstein und der in New York ansässige Bevölkerungsrat haben die Notwendigkeit betont, diesen Aspekt aufzunehmen und diese Differenz anzugehen. Puri fordert alle Wissenschaftler in der Verhütungsmittelforschung auf, sich auch mit Feldstudien und deren Ergebnissen, die zeigen, warum manche Methoden versagt haben, vertraut zu machen. Kishwar meint hier, daß es absolut erforderlich sei, die Frauen einzubeziehen, da sie im Bereich der Gesundheitspflege und der Bildung am stärksten diskriminiert seien. Die Hilfsorganisationen, die auf dem Land tätig sind, sollten einen besonderen Schwerpunkt auf das Thema der Wirtschaftsleistungen von Frauen in Familie und Dorfgemeinschaft legen. Gerade hier würden den Frauen die Entscheidungsfreiheit, die Koalitionsfreiheit und die Freizügigkeit zuerst beschnitten. So lange Frauen auf der Leiter von Vernachlässigung und Mißbrauch ganz unten stehen, so lange werde sich niemand groß um ihr Leben und ihr Wohlergehen kümmern. Aber letzten Endes seien ja diejenigen, die diese Organisationen leiten, auch nur Produkte derselben Gesellschaft und hätten so die gleichen Vorurteile gegenüber Frauen, die in der ganzen Gesellschaft vorherrschen.

Gibt es bei alledem eine Rolle für Ayurveda und Volksmedizin? Ranade möchte diese mannigfachen Schätze voll ausschöpfen, die in der Anthropologie, den Naturheilverfahren der Stammesvölker, der Ayurveda, dem Yoga und der Hygiene liegen. Er ist aber der Auffassung, daß, solange wir nicht die Menschen über eine gesunde Lebensführung, die Krankheitsursachen usw. besser aufklären, auch deren eigene Hilfsmittel nicht zum Erfolg führen werden. Puranik meint, daß das Konzept der Grundgesundheitsfürsorge mit ethno-botanischen Ansätzen der entsprechenden Bevölkerungsgruppen und Regionen wie auch mit der Volksmedizin verbunden werden sollte, da eine völlige Abhängigkeit von westlichen Modellen nicht ideal sei und China ein besser vergleichbares Modell für die indischen Bedingungen sei. Talwar weist darauf hin, daß Kräuterprodukte auch billiger seien und sich in die verfügbaren Methoden der Empfängnisverhütung sehr wirksam einfügten.

Dhar meint, daß in der Verfassung festgeschrieben werden sollte, daß jede Regierungspartei einen festen Prozentsatz des Jahreshaushalts zur Kontrolle des Bevölkerungswachstums bereitstellen müsse. Subramaniam fordert, daß alle politischen Parteien die Zwei-Kind-Regel propagieren sollten. Wadia schlägt vor, daß dies ein "Verhaltenskodex für jeden sein sollte, der eine Rolle in der Öffentlichkeit anstrebt". Gowariker vertritt die Auffassung, daß weder Mahatma Gandhis Forderung nach dem Zölibat noch die erzwungene Vasektomie Erfolg haben könnten und daß alle Schriften von Karve in alle indischen Sprachen übersetzt und einer breiten Öffentlichkeit verfügbar gemacht werden sollten. Podar führt aus, daß es keine Patentlösung gäbe; die beste Strategie sei, Familienplanungsprogramme zu denen zu bringen, die sie wollten, zu informieren und dabei den Menschen die Notwendigkeit einer wirksamen Geburtenkontrolle nahezubringen. Dies wäre jedoch nicht einfach, da Indien als ein Land mit mannigfachen ethnischen, religiösen, regionalen und Kastenbindungen sich vielen sozio-ökonomischen und kulturellen Hindernissen gegenübersehe. Die Medien und die Kommunikationstechniken sind einflußreiche Faktoren mit einer wichtigen für die Familienplanung. Die Frage ist nur: Wie phantasiereich werden sie genutzt? Prasad meint, daß die Verbreitung der "Stillt-mehr"-Botschaft der Familienplanung nicht isoliert angegangen werden kann, sondern in Strategien zur Förderung der Beschäftigung von Frauen integriert werden muß.

Nath führt aus, daß hohe Bevölkerungswachstumsraten sehr schwere Belastungen der natürlichen Ressourcen in der Nähe von sich ausweitenden Siedlungsgebieten darstellen. Beide Faktoren zerstörten unsere Umwelt. Eine Degradation der Böden und der Land- und Wasserressourcen hat fortschreitende Desertifikation in Gebieten zur Folge, in denen bislang alle Lebewesen in Harmonie lebten. Und die Verschmutzung von Luft und Wasser erreicht oft Bedrohungen der menschlichen Gesundheit und des menschlichen Lebens. Rao weist darauf hin, daß technologische Veränderungen vom Typs des "Land-Sparens" oder "Land-Vermehrens" den Druck verringern könnten, das bislang bestellte Land auszuweiten. Der Druck auf das genutzte Land durch Weidewirtschaft könnte auch durch eine stärkere Verfügbarkeit von Viehfutter aus dem Anbau von Getreide verringert werden. Mit der allgemeinen Vergrößerung der Biomasse könnte auch der Druck auf die Wälder durch die Brennholzsuche gemindert werden.

Hurtado stellt fest, daß der Kampf der EL um die Befriedigung der gegenwärtigen Bedürfnisse ihrer wachsenden Bevölkerung gleichzeitig der Herausforderung gegenübersteht, die Umwelt zu schützen und die nationalen Ressourcen zu schonen. Hier werde somit die Entwicklung, Übertragung und das Management von Technologien zunehmend entscheidend. Umweltverträgliche Technologien müßten angewandt werden, um sicherzustellen, daß bei der Herstellung von Produkten nicht die natürlichen Ressourcen aufgebraucht würden.

Swaminathan betont die Notwendigkeit, auch die Ökosysteme der Küsten zu erhalten, da alle Küstenzonen sich unter immer stärkerem anthropogenen Druck befänden. Für die ganze Welt sei geschätzt worden, daß im Jahr 2000 etwa 75% der Bevölkerung in einem schmalen Streifen von etwa 60 km entlang der kontinentalen Küsten leben würden. Selbst jetzt schon befänden sich in Südostasien 65% aller Städte mit mehr als 2,5 Mio. Einwohnern an der Küste. Swaminathan betont, daß es unwahrscheinlich sei, daß sich dieser Druck auf die küstennahen Ökosyteme verringern würde. Überall würde sich die Bevölkerung der Küstenstädte erhöhen.

Puri betont die Rolle der Frauen im Umweltschutz, da die Frauen die für die Haushalte lebensnotwendigen Dinge wie Brennstoffe, Nahrung und Wasser besorgten und so die Hauptverbraucher der natürlichen Ressourcen in ihrer unmittelbaren Umgebung seien. Umgekehrt seien sie auch die Opfer der Gefahren, die durch Luftverschmutzung, Zubereiten und Tragen von Kuhmist, Emissionen von kerosin- und gasbefeuerten Geräten und überproportional auch von den wasserabhängigen Krankheiten stammten. Im Zusammenhang mit einem derartigen Szenario sollte die Umweltpolitik an der Analyse der wirtschaftlichen und gesundheitlichen Bedürfnisse der Frauen ansetzen und auch auf die Steigerung ihrer Produktivität im Ressourcenmanagement gerichtet sein.

Mittal ist der Meinung, daß unsere Gesellschaft von vielen sozialen und politischen Konflikten heimgesucht ist, die zu gesellschaftlichen Disharmonien führten und das soziale Umfeld unerträglich verdürben. Wenn wir unser physisches oder soziales Umfeld wiederherstellen wollten, müßten die Umweltschutzprogramme auch eine Führerschaft auf örtlicher Ebene einschließen. Gewählte Repräsentanten könnten Programme in einem gesetzgebenden Verfahren ausarbeiten, diese überwachen und auf allen Ebenen eine Führungsrolle einnehmen.

Die Erderwärmung gilt als eine gewaltige drohende ökologische Gefahr, verursacht durch auf fossilen Brennstoffen aufbauende industrielle Aktivitäten - vornehmlich im Westen. Wachstum, Entwicklung und Industrialisierung bilden die Grundlage für eine Katastrophe, die wir verhindern müssen. Wir brauchen andere Entwicklungswege, andere Entwicklungsstile und andere Energieformen. Ebenso entscheidend sind Fragen der Weltsicherheit, der Entwicklung und Verfügbarkeit von energieeffizienten Technologien und der Schutz der Artenvielfalt.

Die Tatsache, daß es so wenig Leben im Sonnensystem gibt, vielleicht auch im gesamten Universum, sollte für uns Grund genug sein für eine hochgradige Verehrung des Lebens, meint Yash Pal. Er erinnert uns, daß wir ein Verantwortungsbewußtsein haben sollten, uns um dieses Heim zu sorgen; wenn man einen Wald betrachtet und die Fische im Meer oder die Tiere oder die Menschen, dann sieht man es - wir sind alle verbunden und alle Teile des einen Ganzen. Wir hängen alle zusammen, und dies zu verstehen ist eine Freude, ein fester Grund, um darauf unsere Aufgabe und Funktion zu bestimmen. Die Aufgabe liegt nicht nur darin, die Probleme in ihrer Tiefe wirklich zu verstehen, sondern sie auch für verschiedene Teile der Bevölkerung möglich zu machen, dazu auch verschiedene Ansichten anzuhören und an einem konstruktiven Dialog teilzunehmen. Dann würde Indien wirklich praktikable Lösungen erreichen und umsetzen können.

## Anmerkungen und Quellenverweise

Arizpe, Lourdes: On Cultural and Social Sustainability, in "Development", Zeitschrift der Gesellschaft für Internationale Entwicklung, 1/89.

Durning, Alan: How much is enough? Technology Review, MIT, Mai/Juni 1991.

Eberstadt, Nicholas: Population Change and National Security, Foreign Affairs, Sommer 1991, Council on Foreign Relations Inc., New York.

Freedman, Ronald: Family Planning Programmes in the Third World, Annuals of the American Academy of Political and Social Science, 510, Juli 1990. Titel der Ausgabe: World Population: Approaching the Year 2000. Sage, New York, 1990.

Hager, Wolfgang: Development of Defence Industries. Vortrag anläßlich der Zweiten gemeinsamen Konferenz des Königlichen Instituts für Internationale Angelegenheiten und der Gesellschaft für strategische Planung, London, 10/1990.

Internationalen Union für wissenschaftliche Bevölkerungsforschung, Neu-Delhi, 1989. Bei der Eröffnung dieses Treffens gestand der damalige Premierminister, R. Gandhi, zu, daß das indische Familienplanungsprogramm gescheitert sei.

National Security Study Memorandum: Implications of World-wide Population Growth for US Security and Overseas Interests, NSSM 200, 10. Dezember 1974, 1989 freigegeben und im Juni 1990 herausgegeben.

Siddhartha, V.: A Billion of Us, National Council for Educational Research and Training (NCERT), Neu-Delhi, Bd. 11, Nr. 2, Juni 1973.

## JAPAN: Ein Entwurf für Technologie und gesellschaftliche Wohlfahrt

### Auf dem Weg zu einer harmonischen Weltgesellschaft

### Einführung

Etwa um 1970 wurden durch die Entwicklung der industriellen Technologie erstmals Umweltschäden verursacht, die gesundheitliche Gefahren für die Menschen in den betroffenen Gebieten bildeten. Es kam zu einer Konfrontation zwischen den Bürgern und der angesiedelten Industrie. Viele Probleme der Umweltverschmutzung wurden durch den Einsatz von präventiven Technologien überwunden, z. B. durch die Entschwefelung oder die Denitrifikation. Während einerseits durch die Industrie Umweltprobleme entstanden, konnten sie andererseits durch Technologien teilweise gelöst werden.

Viele Länder wurden erst spät auf die Umweltverschmutzung aufmerksam, doch mittlerweile stehen globale Umweltthemen im Mittelpunkt der Aufmerksamkeit, z. B. der Treibhauseffekt durch ansteigende $CO_2$-Emissionen, die Ausdünnung der Ozonschicht durch Fluorchlorkohlenwasserstoffe, die Zerstörung der tropischen Regenwälder, das Aussterben von Tier- und Pflanzenarten, die Wüstenausbreitung oder die Meeresverschmutzung. Diese Probleme sind alle sehr komplex und langwierig und können nicht nur von einem einzelnen Land gelöst werden; hier bedarf es der internationalen Kooperation. Besonders Japan ist in der Lage, durch seine ökonomische und technologische Stärke zur Lösung dieser Probleme beizutragen.

In vielen Fällen werden globale Umweltprobleme auch durch den steigenden Energieverbrauch verursacht, der durch die Expansion der Wirtschaft noch weiter zunehmen wird. Aus diesem Grund wurde gefordert, den Fortschritt von W&T zu stoppen. Die Weltbevölkerung überschritt 1987 die 5 Mrd.-Grenze, und nach Schätzungen werden gegen Ende des Jahrhunderts etwa 6,2 Mrd. Menschen auf diesem Planet leben. Da diese riesige Erdbevölkerung jedoch versorgt und ernährt werden will, darf und kann der technische Fortschritt nicht gebremst werden. Deshalb schlägt die 'Japan Society for Technology' (JST) ein neues Modell für andere Paradigmen einer technologischen Entwicklung vor.

Technologien sollen zuallererst dem Wohl der Menschheit dienen. Da sie aber oft ungeahnte Folgen haben, bauten sich gesellschaftliche Widerstände gegenüber W&T auf. In den letzten beiden Jahren setzten sich Mitglieder des JST mit diesem Problem auseinander. Dabei wichen die Standpunkte der Mitglieder bei der Frage, welche Bedeutung Technologien zukünftig spielen sollten, stark voneinander ab. Dennoch wollen wir mit der Tradition brechen, Technologien lediglich als Grundlage wirtschaftlicher Entwicklung zu sehen. Statt dessen sehen wir Technologien als ein Hauptelement der Entwicklung der Welt-Gesellschaft an.

### Erste Schritte zum Bau eines harmonischen Sozialsystems

Traditionelle Grenzen in Politik, Wirtschaft und Gesellschaft verschwinden allmählich. Die Welt verändert sich von der US-Sowjet Polarität zu einer multipolaren Struktur. Das macht es notwendig, eine globale Gemeinschaft zu fördern, in der internationale Streitigkeiten friedlich gelöst werden und unterschiedliche Kulturen harmonisch nebeneinander in Wohlstand leben.

Technologien müssen zum Aufbau einer solchen Gesellschaft, zur Verbesserung der Lebensqualität und zum Frieden auf der Erde beitragen.

Die technologischen Innovationen der Menschen können jedoch weitreichende Wirkungen haben. Viele internationale Probleme, z.B. die weltweite Umweltzerstörung oder regionale und kulturelle Konflikte, werden immer gravierender und Technologien sind zwangsläufig daran beteiligt. Um diese Probleme zu lösen, müssen zwei grundlegende Prinzipien beachtet werden:
- die sparsame Nutzung begrenzter Ressourcen;
- kulturelle und regionale Unterschiede.

Die Auflösung der bisherigen Strukturen wird in Zukunft in vielen Bereichen vermutlich rasch fortschreiten. Es ist deshalb wichtig, diese beiden Faktoren bei der Entwicklung und Anwendung von Technologie in Erinnerung zu behalten und auf dieser Grundlage ein globales harmonisches System zu entwickeln. Wir müssen zu einem neuen Handlungsmodell finden, das auf den folgenden Überlegungen basiert. Unsere große Verantwortung für die Menschheit und die Gesellschaft darf dabei nicht vergessen werden.

Wie sollen wir aber nun in Anbetracht der Endlichkeit von Ressourcen und geographischen Grenzen eine technologische Entwicklung einleiten, mit der eine globale Zusammenarbeit gefördert werden kann? Wir müssen dazu die bestehenden technologischen Konzepte zu einem einzigen System zusammenfassen, weiterentwickeln und zusätzlich Überwachungsmechanismen implementieren. Auf diese Weise können Handlungsspielräume freier gestaltet, die sozialen Bedingungen verbessert und eine nachhaltige Entwicklung ermöglicht werden.

Regionale und kulturelle Differenzen werden stark durch die unterschiedlichen Formen der technologischen Entwicklung geprägt. Es sollte nicht versucht werden, diese Prozesse zwischen den Völkern zu vereinheitlichen. Beim Einsatz von Technologie sollten vielmehr regionale und kulturelle Unterschiede beachtet und bei Planungen mitberücksichtigt werden.

Dazu müßte für jede Gesellschaft ein minimaler Lebenssatndard gesichert sein, sodaß Menschen aller Nationen kultiviert leben und einander verstehen können. Um dies zu verwirklichen, müssen wir in den Bereichen wirtschaftliche Zusammenarbeit, Technologietransfer und öffentliche Entwicklungshilfe aktiv werden. So können wir unsere auf Marktprinzipien beruhenden Handlungsfreiheiten erhalten und gemeinsamen Wohlstand fördern, und trotzdem kulturelle und regionale Besonderheiten akzeptieren. Dadurch erreichen wir globale Harmonie.

Japan muß, diesen Überlegungen entsprechend, als technologisch sehr weit entwickeltes Land ein kulturelles Bewußtsein schaffen, mit dem die Gesellschaft in Harmonie mit ihrer Umgebung leben kann und zu einem ausgeglichenen globalen Zusammenleben aller Menschen beiträgt.

## Grundlegende Politik zum Bau einer harmonischen Weltgesellschaft unter Endlichkeitsbedingungen

### Der Aufbau einer Technikuberwachung

Um einen geeigneten Umfang für eine technologische Kontrolle zu finden, ist es wichtig, sich darüber bewußt zu werden, wie notwendig Freiheit und Kreativität für menschliche Aktivitäten sind. Wir müssen eine neue Struktur für die Entwicklung einer wünschenswerten Technologie finden, mit der Freiheit und Kreativität nicht eingeengt wird. Ein solches Konzept impliziert, daß der Einsatz von Technologie weltweit gleichermaßen akzeptiert wird. Es muß sorgfältig geprüft werden, welche Form eine Technologie annehmen sollte, um die Umweltzerstörung zu minimieren und die gesellschaftliche Wohlfahrt optimal zu steigern.

Folgende Anforderungen sollte eine solche Technologie erfüllen:
- Die Erde ist, wie eine Familie, ein interdependentes System. Dieses System muß erhalten und stabilisiert werden;
- Technologie muß zudem eine reparierende Funktion haben;
- Sie muß energiesparend und umweltverträglich sein.

Um Anreize für Forschung und Entwicklung zu geben, müssen folgende Maßnahmen eingeführt werden:
- Genauso, wie der Wettbewerb in der Automobilindustrie durch strengere Abgasnormen gefördert wurde, könnten globale Mindeststandards für Technologien vorgegeben werden, die hochqualifizierte Produkte auf dem Markt fördern und unterstützen;.
- Nach der Ölkrise wurde die Forschung zu energiesparenden Technologien durch politische Maßnahmen angeregt. Auch heute kann der Markt durch eine Vielzahl von Maßnahmen, z. B. durch sanfte Preis- und Steuervorgaben, gefördert werden. Ein sparsamer Umgang mit begrenzten Ressourcen könnten beispielsweise durch die Vergabe von Emissionsrechten erzielt werden. Dabei werden die Rechte anfangs unparteiisch an Emittenten vergeben und können von ihnen anschließend untereinander gehandelt werden. Für dieses Konzept ist ein Verfahren nötig, mit dem die beschränkten Ressourcen gefunden und bepreist werden können.

Bei Rahmenvorgaben für eine technologische Entwicklung, und dies wollen wir nochmals betonen, sollte immer daran gedacht werden, daß existierende Probleme nur von kreativen, freidenkenden und spontanen Menschen gelöst werden können. Um optimale Voraussetzungen für sie zu schaffen und Rahmenfestlegungen zu treffen, müssen Naturwissenschaftler, Geistes- und Sozialwissenschaftler in die Diskussion über eine neue Struktur zur Kontrolle der Technologie einbezogen werden. Es sollte weiterhin eine Art Forum gebildet werden, das die Ergebnisse dieser Diskussion verbreitet.

### Leitlinien zur Kontrolle von Technologie

Die erforderliche Technologie muß im beschriebenen TechnologiekontrollRahmen entwickelt werden. Art und Umfang dieser technologischen Entwicklung ist damit jedoch weitgehend offen und hängt von den individuellen Umständen ab. Eine wirksame Kontrolle der Technologie setzt dort an, wo konkret neue Technologien entwickelt oder eingeführt werden oder die Einführung neuer Technologien bevorsteht.

Da üblicherweise finanzielle Ressourcen und qualifizierte Arbeitskräfte nur begrenzt zur Verfügung stehen, müssen sie optimal eingesetzt werden. Dazu müssen passende Schwerpunktbereiche in der technologischen Entwicklung und Anwendung gewählt werden. Damit eine Technologie konstruktiv akzeptiert wird, ist es wichtig, ihre Folgen für die Menschen, die Gesellschaft und die Umwelt bei der Planung mit zu berücksichtigen und die Zielkriterien für eine technologische Entwicklung danach auszurichten. Von der Technikfolgenabschätzung müssen optimale Leitlinien für die Planung der technologischen Entwicklung und ihre Anwendung vorgegeben werden, die sich in den Rahmenplan für eine Kontrolle der Technologie fügen.

Auch wenn eine neue Technologie bereits eingeführt wurde, sollte sie in jedem Fall weiter beobachtet und dahingehend überprüft werden, ob ihre Entwicklung in gewünschter Weise mit den Vorgaben übereinstimmt. Falls nötig, müssen die Leitlinien selbst überarbeitet und den aktuellen Bedingungen angepaßt werden.

Wir schlagen vor, eine öffentliche Institution nach dem Vorbild des 'US Office of Technology Assessment' (OTA) einzurichten, die die Leitung und Aufsicht über die Technikfolgenabschätzung übernimmt. Wir hoffen, daß Japan aktiv zu einen internationalen Informationsaustausch beitragen wird, z. B. durch Symposien über die globale Technikfolgenabschätzung.

Die Technikfolgenabschätzung sollte nicht nur aus technischer Perspektive durchgeführt werden. Im Mittelpunkt der Analyse steht die wechselseitige Beziehung zwischen Individuum und Gesellschaft. Dabei wird es erforderlich sein, ethische Überlegungen, soziale und humanitäre Verantwortung und die Umwelt mit einzubeziehen.

## Grundlagen einer Politik für den Aufbau einer harmonischen Weltgesellschaft unter Berücksichtigung kultureller und regionaler Unterschied.

### Technologie als gemeinsames Erbe der Menschheit

Technologie spielt eine wichtige Rolle bei der künftigen Entwicklung vieler Länder. Es muß jedoch beachtet werden, daß in verschiedenen Kulturen unterschiedliche soziale Entwicklungsprozesse stattfinden. Auch die Art wie Technologie eingesetzt wird, unterscheidet sich oft grundlegend. Den EL dürfen deshalb bestimmte Technologietypen und Lebensstile nicht aufgezwungen werden. Die IL müssen ihre technologische Kooperation und den Technologietransfer auf die Bedürfnisse der EL abstimmen und den Wachstumsprozeß auf das jeweilige Land anpassen.

Gegenwärtig werden die technologischen und wissenschaftlichen Ressourcen zentral verwaltet und diejenigen, die W&T kontrollieren, sind die treibende Kraft bei ihrer Weiterentwicklung. Durch diese Verteilungsstruktur verstärken sich die weltweiten regionalen Unterschiede weiter. Zukünftig wird sich jedoch ein System bewähren, in dem diese Machtstrukturen im politischen und ökonomischen Bereich aber auch in W&T verteilt sind.

Gerade in dem Kampf um die Vormachtstellung in W&T wird dieser Umgestaltungsprozeß deutlich. Um eine weltweite Verbesserung des Lebensstandards zu erreichen, müssen wir neue Strukturen für einen technologischen und wissenschaftlichen Fortschritt schaffen. Technologie sollte dabei wie ein internationales Gut behandelt werden, an dem alle Staaten der Erde teilhaben. Alle Länder, auch die EL, sollten sich den folgenden 'freien' politischen Grundsätzen verpflichten, um Technologie zum Wohl der Menschheit verfügbar zu machen und alle am technologischen Transfer und Informationsaustausch zu beteiligen:

- Wissenschaftliche und technologische Ressourcen, die derzeit nur von wenigen kontrolliert werden, sollen zum Nutzen aller Menschen verbreitet werden;
- Wissenschaftliche und technologische Ressourcen sollen in den Besitz von allen Ländern kommen und effizient genutzt werden können;
- Auch wenn die internationale Staatengemeinschaft Technologie als ein Gut aller Länder ansieht, müssen sowohl die Rechte auf geistiges Eigentum, als auch Patentrechte auf Softwaretechnologien gewährleistet bleiben.

Auf Grundlage dieser Prinzipien muß Japan, als technologisch hochent-wickeltes Land, seine Verantwortung erkennen und die Initiative für einen Technologietransfer und für die Lösung von Umweltproblemen ergreifen, um somit die Bedürfnisse der EL zu unterstützen. Japan muß wieder zu einer offenen Politik finden, die für Freiheit und Dynamik steht und sich zu einer international denkenden Gesellschaft wandeln. Solange es verschiedene Nationalitäten gibt, ist es unwahrscheinlich, daß sich ihre Interessensgegensätze irgendwann einander annähern werden. Japan sollte deshalb für die Idee der jeweils "konfliktärmsten Lösung" eintreten. Wir hoffen, daß sich daraus ein globaler Rahmenplan entwickeln läßt, in dem jeder Nation noch genügend eigenen Handlungsspielraum bleibt.

**Förderung technologischer Entwicklungen für unterschiedliche Lebensstandards**

Was Glück und Zufriedenheit ist, wird in der Welt sehr unterschiedlich beurteilt. Die verschiedenen Lebensstandards der Menschen aus unterschiedlichen Ländern können deshalb nicht einfach in Form von monetären Geldeinheiten miteinander verglichen werden, z. B. durch das BSP. Eine Vielzahl weiterer Kriterien muß für die Beurteilung herangezogen werden, damit nicht nur quantitative Kriterien berücksichtigt werden. Eine Diversifizierung der Kriterien meint jedoch nicht, daß ein einziger Wertmaßstab geschaffen wird, mit dem der Wohlstand aller Länder verglichen werden kann.

Wir müssen uns die Auswahl der Kriterien und ihre Aussagekraft bewußt machen und sie an das spezifische Umfeld eines jeden Landes anpassen. Erst wenn der Lebensstandard jedes Landes den eigenen Anforderungen genügt, werden wir fähig sein, auf der Welt zufrieden und harmonisch miteinander leben zu können.

Wir wollen nun untersuchen, für welchen Lebensstandard sich Japan entscheidet. Japan darf sich mit seiner Stellung als Wirtschaftsmacht allein nicht zufrieden geben, sondern sollte fähig sein, allen in Japan lebenden Menschen einen hohen Lebensstandard zu sichern. Vor allem im sozialen Bereich muß wieder verstärkt investiert werden, um Humanität, Natur und Wirtschaft gleichgewichtig miteinander zu verbinden. Um eine Vielzahl individueller peröhnlicher Werte zu erfassen, müssen vielseitige Bewertungskriterien entwickelt werden. Technologie darf keine negativen Folgen für die Umwelt, das Wirtschaftswachstum, den sozialen Fortschritt oder das gesellschaftliche Wohl haben. Damit sich Technologie und Gesellschaft gleichberechtigt und harmonisch in einem Wertesystem nebeneinander entwickeln können, muß Technologie in Übereinstimmung mit den neuen Bewertungskriterien weiterentwickelt werden.

Ein erster Schritt dahin ist, aus möglichst vielen Perspektiven den Einfluß des technologischen Fortschritts auf die Menschen, ihr Wohlbefinden und andere nicht ökonomische Werte abzuschätzen. Bei der Bewertung sollten verschiedene Kriterien angewendet werden. Ein Bewertungsmaßstab könnte z. B. der "Technologie-Umwelt-Entwicklungs-Maßstab" sein, mit dem der Fortschritt von Technologie, Umwelt und Entwicklung gemessen wird.

## Schlußfolgerungen

Der heutige materielle und geistige Reichtum der Menschheit ist auf die technologische Entwicklung der industriellen Revolution zurückzuführen. Auf der Suche nach einem erfüllten Leben hat die Menschheit seit jeher die Geheimnisse dieser Welt zu ergründen versucht. Durch die Weiterentwicklung der Technologie wird menschliche Vorstellungskraft und Kreativität gefördert, werden Träume erfüllt und neue Horizonte eröffnet. Wird Technologie nur angemessen genutzt, können Menschen ein erfüllteres, wohlhabenderes Leben führen. Seit jeher wurden Menschen von großartigen Gemälden und musikalischen Werken dazu inspiriert, intensiver und genußvoller zu leben. Kreative Beschäftigungen dieser Art werden von der Gesellschaft akzeptiert und respektiert, aber auch W&T sind eine kreative menschliche Tätigkeit - genau wie die Kunst sind sie ein wesentlicher Bestandteil des Lebens. Es ist notwendig, ihnen respektvoll zu begegnen, damit Technologie ein Bestandteil unserer Kultur wird. Es sollte jedoch nicht verdrängt werden, daß sich unkontrollierte Technologien für Mensch und Natur auch sehr gefährlich auswirken können.

Ziel dieses ersten Entwurfs war es, aufzuzeigen, wie wir eine technologische Entwicklung sozialverträglich gestalten könnten und in welche Richtung wir uns dabei bewegen müssten, um unserem kreativen Schaffungsdrang nachgehen und technologische Ziele erreichen zu können und welche Voraussetzungen dafür geschaffen werden müssten.
Wir hoffen, daß dieser Entwurf einen Anstoß geben wird, in konkrete Diskussionen darüber einzutreten, wie diese Paradigmen umgesetzt werden könnten.

## DIE VEREINIGTEN STAATEN VON AMERIKA

### Partnerschaften für eine globale Entwicklung: Ein neuer Horizont öffnet sich[50]

In vielen Ländern, in denen sich moderne Wirtschaftssysteme erst spät entwickelten, leiden noch heute Hunderte von Millionen von Menschen unter Krankheit und Armut. Andere Länder konnten in den letzten dreißig Jahren erhebliche Fortschritte verzeichnen. Derzeitig finden auf der Erde geopolitische Veränderungen mit dem Ergebnis statt, daß sich in immer mehr Ländern marktwirtschaftliche Systeme entwickeln.

Auch wenn dieser Prozeß nur langsam vor sich geht und reich an Risiken und Rückschlägen ist, eröffnen sich hier enorme Möglichkeiten. Die Welt könnte aus ihrem jetzigen statischen Waffenstillstand auf Grund harter ideologischer Spannungen herausbrechen und Frieden, Demokratie, nachhaltiges Wirtschaftswachstum und eine Verbesserung der Lebensqualität erlangen.

Trotzdem sind die heutigen US-Gesetze, 'Unterstützungseinrichtungen' und die 'Zusammenarbeit für Entwicklung' immer noch auf dieses veraltete System abgestimmt. Oftmals fehlt sogar die Motivation, anderen Ländern konkrete Unterstützung anzubieten. Die USA muß hier zu einer neuen Strategie, mit strengeren Auswahlkriterien für Entwicklungsprojekte und Investitionshilfen in der internationalen Entwicklungszusammenarbeit kommen. Das Motto der künftigen Entwicklungszusammenarbeit sollte "Partnerschaften für eine globale Entwicklung" lauten. In der USA wird die Frage gestellt, ob sich Amerika überhaupt für soziale Verbesserungen in anderen Ländern einsetzen sollte, wenn nicht einmal im eigenen Land Chancengleichheit und Mindest-Lebensstandard für alle gewährleistet werden kann. Die knappen Ressourcen sollten für die eigenen Probleme eingesetzt werden, anstatt sie der "Auslandshilfe" zu opfern. Wohltätigkeit müsse zu Hause beginnen.

Es gehört zu unserer Verantwortung, die ökonomischen (und damit auch politischen) Bedingungen auf dieser Welt zu verbessern. Dazu verpflichten uns ethische Prinzipien der politischen und ökonomischen Freiheit, wie sie von den VN und freidenkenden Menschen weltweit unterstützt werden. Wir fordern keine "Auslandshilfe" nach dem veralteten Muster, sondern eine moderne Zusammenarbeit für eine globale Entwicklung. Wenn sich Frieden und Wohlstand auf der Welt durchsetzen, wo derzeit Unruhe und Armut herrschen, wird auch Amerika wirtschaftlich profitieren. Jedes Land wird sich stärker auf seine eigenen drängenden Probleme konzentrieren können, wenn internationale Spannungen abnehmen. Die USA sollte die Unabhängigkeitsbestrebungen der EL unterstützen und langfristige gegenseitige Bindungen anstreben.

Jeder, der sich mit "Auslandshilfe" beschäftigt, muß sich mit drei klassischen Fragen auseinandersetzen: 1. Warum (sollen wir "Auslandshilfe" leisten)? 2. Wo (bringen die Programme der USA am meisten Nutzen)? 3. Wie (kann Entwicklungshilfe am effektivsten durchgeführt werden)?

---

50 Carnegie Commission on Science, Technology and Government, New York, 1992

Aus humanitären, wirtschaftlichen und sicherheitspolitischen Gründen hat die USA ein zwingendes Interesse, in eine Zusammenarbeit für Entwicklung zu treten. Wesentliche nationale Ziele in den Bereichen Gesundheit, Umwelt, Export, Arbeitsplätze und Krisenlösungen können nur in Kooperation mit anderen Staaten erreicht werden.

Die USA, als mächtigste Nation und als Nation mit traditioneller Großzügigkeit und Führung im Bereich von W&T, besitzt einzigartige Voraus-setzungen für eine Partnerschaft für Entwicklung. Ein Grundprinzip der amerikanischen Zusammenarbeit ist es, eine gleichgewichtete Entwicklung des privaten, öffentlichen und unabhängigen Sektors anzustreben. Dieser Pluralismus läßt eine Vielfalt entstehen, in der sogar die besten Konzepte noch einer gegenseitigen Prüfung und Verbesserung unterzogen werden. Eine solche Kooperation kann jedoch nur durch eine breite und ausgewogene Beteiligung der unterschiedlichen Sektoren in der USA und allen anderen Unterstützung leistenden Ländern erreicht werden. Das vorrangige Ziel einer erfolgreichen Zusammenarbeit mit jedem Staat ist der Aufbau einer funktionierenden öffentlichen Verwaltung, einer florierenden Unternehmenskultur, eines stabilen Non-Profit-Sektors und eines breiten politischen Engagements für Freiheit, gesellschaftliche Chancengleichheit und uneingeschränkten globalen Handel.

W&T werden bis ins 21. Jahrhundert wesentliche Hilfe dabei leisten können, diese Ziele zu verwirklichen. Durch W&T können in der Forschung neue notwendige Erkenntnisse gewonnen werden. Sie unterstützen ein Ausbildungssystem, in den technische Fähigkeiten geschult werden. In einem demokratischen und freien Umfeld können sich W&T durch Forschungs-, Kommunikations- und Kooperationsfreiheit weiterentwickeln, aber auch Demokratie und Freiheit selbst werden durch diese Rechte gestärkt.

**Bewertungskriterien für Programme und Illustrationen**

Welche Entwicklungsprojekte sollen die Partnerschaften auswählen? Neben dem eigentlichen Ziel, einem Programm, gibt es vier weitere Kriterien für die Auswahl, die Planung und die Durchführung: Ein Kriterium ist die politische Lage eines Landes, besonders die Entwicklung der wirtschaftlichen Situation. Ein zweites Kriterium ist, inwieweit das Land fähig ist, sich ökologisch und sozial nachhaltig zu entwickeln. Das dritte Kriterium liegt im Potential des Landes, menschliche und institutionelle Voraussetzungen zu schaffen, mit denen künftige Probleme selbst gelöst werden können. Viertens muß ein intensiver kommunikativer Austausch zwischen den Partnern gewährleistet sein, um gegenseitiges Verständnis aufzubauen und ein Verantwortungsbewußtsein füreinander zu entwickeln. Treffen diese Kriterien in ausreichendem Maße zu, müssen wir umgehend Initiativen gegen das schreckliche Leiden der Menschen in den Ländern starten. Langfristig müssen die riesigen Potentiale von W&T erkundet werden, um soziale Verbesserungen mit besseren Methoden und neuen Ideen voranzutreiben.

Viele Herausforderungen verlangen den sofortigen Einsatz von W&T: Der Hunger, der die Hälfte der Erde betrifft, die Krankheits- und Todesfälle durch Tuberkulose, der Schutz und die Wiederaufforstung von bedrohten Wäldern, der Aufbau einer wettbewerbsfähigen Wirtschaft in Ländern der sogenannten Dritten Welt und die Umgestaltung des amerikanischen Bildungssystems auf neue Bedürfnisse und Ziele der Entwicklungsarbeit.

Für alle diese und weitere Bereiche werden neue Konzepte benötigt. Auch bereits laufende Programme müssen inhaltlich umgestaltet werden, um W&T optimal für die Entwicklung zu nutzen.

**Handlungsvorschläge für die USA**

Wie sollen die USA nun vorgehen? Eine neue Form der Zusammenarbeit erfordert eine Stärkung der nationalen und politischen Kapazitäten der USA. Die Bereitschaft sollte entstehen, mit allen EL zusammenarbeiten zu wollen; mit den armen sowie mit den jüngst industrialisierten Ländern. Die USA muß sich stärker für die Lösung grenzüberschreitender Probleme einsetzen. Dies gilt besonders bei aktuellen Umwelt- und Gesundheitsproblemen.

Die Entwicklungsprogramme müssen den wirklichen Bedürfnisse eines Landes angepaßt werden, befreit von veralteten Zielvorstellungen und überholten politischen, ökonomischen und geographischen Zwängen. Diese Bindungen haben in der Vergangenheit die Förderung und Unterstützung der Entwicklungshilfe zu sehr eingeengt. In einer kooperativen Entwicklungsarbeit muß ein effektiver Ausgleich zwischen Wachstum und Gerechtigkeit, Führung und Partizipation, kleineren Hilfsinitiativen und Großprojekten, globalen Kampagnen und lokalen Bedürfnissen, Gesetzen, Normen und Investitionen in grundlegende Bedürfnisse hergestellt werden. Technologisches Know-how und die realistische Einschätzung von Handlungsmöglichkeiten werden über den Erfolg von Programmen entscheiden.

Für langfristige, effektive Partnerschaften müssen die pluralistischen Kräfte der USA besser genutzt werden. Landes-, Staaten- und Kommunalregierungen, der private Profitsektor, der abhängigen Sektor, ehrenamtliche Organisationen, Stiftungen und Universitäten müssen sich zusammenschließen. Auch über institutionelle Grenzen hinweg müssen Koalitionen geschlossen werden, um international erforderliche Handlungsschritte voranzutreiben.

**Unsere Empfehlungen**

Unsere Empfehlungen betreffen das gesamte Handlungsspektrum der USA und zeigen zahlreiche neue Weg zu internationalen Partnerschaften auf:

- Es sollte ein internationaler Runder Tisch für internationale Entwicklungshilfe geschaffen werden, an dem Wirtschaft, Regierung und der unabhängige Sektor ausgewogen repräsentiert sind. Dieses Gremium soll den Fortgang der Entwicklung beobachten und spezielle Hilfsgruppen für die Lösung besonders drängender Probleme einsetzen. Diese Hilfsgruppen arbeiten in einzelnen Ländern oder Regionen an bestimmten technologischen Problemen oder auch an weitreichenderen Prozessen, z.B. dem Aufbau von Bildungseinrichtungen. Für jede Gruppe wird ein eigener Konzept- und Zeitplan aufgestellt. Alle Einsätze sollten von internationalem Interesse sein und überzeugend vor der amerikanischen Öffentlichkeit vertreten werden können:
- Die multilateralen Organisationen der USA sollten daraufhin untersucht werden, wie sich ihre Arbeit durch den rationellen Einsatz von W&T wirksamer gestalten lassen

könnte. Gerade multilaterale Initiativen sollten bei der Lösung globaler Probleme nicht unterschätzt werden;

- Größere Erfolge in der Entwicklungsarbeit ließen sich erzielen, wenn die laufenden Hilfsinitiativen der größten Länder besser untereinander koordiniert würden. Besondere Aufmerksamkeit sollte dem Aufbau neuer Studien- und Forschungskapazitäten geschenkt werden. Hier ergeben sich beim Entwicklungsprozeß oft schwierige und weitreichende Probleme für W&T: der Bedarf an neuen Institutionen. Neben der multilateralen Zusammenarbeit und der Koordination zwischen den hilfeleistenden Ländern werden bilaterale Programme eine wesentliche Rolle spielen;
- Festgefahrene Interessen, starre Institutionen und ein komplizierter Organisationsablauf in der Entwicklungshilfe machen es notwendig, daß vom Weißen Haus die Prioritäten für die Zusammenarbeit mit EL neu verteilt werden. Dabei kann es nützlich sein, das Problem aus verschiedenen Perspektiven zu betrachten. Bei der Überarbeitung sollte auf die Erfahrungen zurückgegriffen werden, die staatliche Behörden mit laufenden und geplanten Projekten der EL gemacht haben. Der Kongreß sollte ergänzend eine umfassende Beratung, Untersuchung und Anhörung für die Überwachung und die grundlegende Reform der rechtlichen Voraussetzungen für "Auslandsunterstützung" durchführen. In Anbetracht der negativen öffentlichen Meinung gegenüber "Auslandshilfe" und drängenden Problemen im eigenen Land, wird die Arbeit für den Kongreß künftig eher noch schwieriger werden. Dennoch planten führende Politiker beider Parteien aus Kongreß und Exekutive in den vergangenen Jahren behutsame und konstruktive Veränderungen. Diese Entwürfe müssen weiter verfolgt werden. Die Reformen enthalten bislang nur kurzfristige Ziele, sind in weiten Teilen noch zu wenig konkret oder es wurden keine Finanzmittel bewilligt. Globale Entwicklungsstrategien sind immer noch einer Politik zweiter Klasse zugeordnet, während eigene ökonomische und soziale Ziele in der USA oberste Priorität haben;
- Führende Nichtregierungs-Organisationen des unabhängigen Sektors, die im Bereich der Entwicklungszusammenarbeit und W&T arbeiten, sollten neue Methoden für den generellen Informationsaustausch erforschen, sowie die Möglichkeiten, bestehende freiwillige Informationsnetzwerke auszuweiten, mit denen öffentliches Interesse erweckt werden kann. Diese Systeme sollten problemorientiert für die Einsatzgruppen leicht verständlich und arbeitsunterstützend sein. Auch wenn viele Universitäten, Stiftungen und Non-Profit-Organisationen oft erstaunliche Kompetenz besitzen, zersplittern ihre gemeinsamen Bemühungen bzw. werden nicht durch langjährige Forschungsarbeiten getragen;
- Wichtige Institutionen des privaten Sektors sollten sich in Forschungsteams und handlungsorientierten Foren zusammenschließen, um sich mit den Kernfragen der internationalen Entwicklung auseinanderzusetzen. Hochqualifizierte Wissenschaftler werden so in den Ideenaustausch über eine in- und ausländische Wirtschaftspolitik für eine umfassende globale Entwicklung einbezogen. Private Wirtschaftsunternehmen und Arbeitnehmer müssen von ihren Vorteilen einer Entwicklungszusammenarbeit überzeugt werden, die in einem beschleunigten wirtschaftlichen Aufbau und weiteren Handelsbeziehungen mit den EL bestehen;
- Der nationale Runde Tisch sollte auch in Kommunikation mit dem abhängigem Sektor und der Regierung treten, damit der private Sektor umfassender mit eingebunden werden kann;

- Die behördliche Mittel für Entwicklungsprogramme müssen neu organisiert werden. Viele Bundesbehörden und Verwaltungen sind an W&T-Projekten beteiligt, aber diese Initiativen werden kaum aufeinander abgestimmt;
- Die 'Agency for International Development' (AID) muß ihre Kompetenz in W&T-Fragen ausbauen, Weiterbildungsmöglichkeiten für Mitarbeiter anbieten, zentralisierte Machtstrukturen auflösen, langfristiger planen und ihre Organisation an internationale Veränderungen anpassen. Die AID ist in den USA im Bereich der "Auslandsunterstützung" die bedeutendste Regierungsorganisation mit dem größten finanziellen und politischen Einfluß. Für eine Umstrukturierung dieser Institution muß der Präsident eine nicht unmöglich erscheinende Gesetzesreform durchsetzen. Die AID hat bereits die Initiative ergriffen und selbst inhaltliche Vorschläge zu ihrer Umgestaltung erarbeitet;
- Die USA kann und sollte sich für die drängendsten Probleme in Afrika, Lateinamerika, Asien und dem mittleren Osten einsetzen. Auch die einmalige Chance, die sich momentan in Ost-Europa und der früheren Sowjetunion eröffnet, sollte nicht verpaßt werden. Trotz des begrenzten Finanzhaushaltes der USA (die gleiche Situation, wie in anderen Geberländern auch), sollte eine Haushaltsumschichtung aus dem militärischen Bereich zugunsten der finanziellen Unterstützung von Entwicklungsmaßnahmen vorgenommen werden. Auch in den EL müssen die militärischen Ausgaben gekürzt und verstärkt in den zivilen Bereich investiert werden. Diese Umschichtungen öffentlicher Ressourcen müssen mit den weltweiten Finanzströmen von privaten Spareinlagen und Investitionen abgestimmt werden. Weiterhin müssen neue Wege gefunden werden, um finanzielle Anreize für wirtschaftliches Wachstum zu schaffen.

Wir müssen uns von den veralteten Weltvorstellungen der 60 bis 80 Jahre lösen; diese Welt existiert nicht mehr. Heute eröffnen sich allen Nationen neue historische Möglichkeiten, um Frieden, Freiheit und globalen Wohlstand partnerschaftlich zu fördern. Es ist ein einzigartiger Moment, in dem neue Ideen gefragt sind, vergleichbar mit der Situation nach dem Zweiten Weltkrieg. Planungen, Gesetze und Institutionen müssen daraufhin neu ausgerichtet werden. Unser Einsatz ist hoch, aber er wird sich lohnen. Die USA sollte endlich all ihre Kräfte mobilisieren, um alle Länder am Weltmarkt zu beteiligen. Aus humanitären, ökonomischen und sicherheitspolitischen Gründen liegt dies im ureigensten Interesse der USA.

## Inhalte der Entwicklungzusammenarbeit

Die Motivation für eine Entwicklungszusammenarbeit hat sich gewandelt, daher muß die Frage nach den Inhalten dieser Arbeit neu gestellt werden. Heute sind die Probleme, die sich durch Industrialisierung, Urbanisierung und demographische Veränderungen in den verschiedenen Entwicklungsstadien ergeben, besser bekannt. Viele Länder haben erfahren, daß auch sie von globalen Risiken bedroht werden, wie z. B. der globalen Erwärmung oder dem Artensterben. Allein diese Einsicht stellt einen wesentlichen Schritt im Entwicklungsprozeß dar. Eine Agenda für die Entwicklungszusammenarbeit muß sich diesen Veränderungen anpassen. Der größte Anpassungsprozeß muß von den USA, dem größten und erfahrensten Entwicklungspartner, geleistet werden.

Hierzu soll der Runde Tisch zunächst den groben Rahmen festlegen, in dem Entwicklung stattfinden soll. In diesem Kapitel werden vor allem die Auswahlkriterien und -prinzipien für zukünftige Entwicklungsprogramme vorgestellt. Wir befinden uns in einer Übergangszeit in der die Bedürfnisse der einzelnen Länder vielfältiger und eine flexiblere Zusammenarbeit immer notwendiger wird.

**Ansätze einer Entwicklung**

Es gibt viele mögliche Ansätze für Entwicklungshilfe für staatliche und private Akteure. Die US-Regierung muß durch ihre Programme, als Voraussetzung für einen Entwicklungsprozeß in den EL, ein sicheres und friedliches Umfeld schaffen. Die Regierung der USA verfolgt aber auch andere "internationale" politische Ziele und Programme, die sich indirekt auch auf die internationale Entwicklung auswirken; dazu gehören die Umwelt-, Energie-, Drogen-, und Einwanderungspolitik, studentische Austauschprogramme oder Rechte geistigen Eigentums. Mindestens ebenso relevant sind die innenpolitischen Reglungen und Programme, die sich auf amerikanische Spareinlagen, Investitionen oder das Wirtschaftswachstum auswirken und damit natürlich auch die Weltwirtschaft betreffen. Auch die volkswirtschaftlichen Aktivitäten der IL bestimmen entscheidend den Fortschritt des globalen Entwicklungsprozesses. Bilaterale Verträge können dabei helfen, Ressourcen für diesen Prozeß nutzbar zu machen.

In diesem Bericht wollen wir uns auf die US-amerikanischen und multinationalen Programme und Organisationen konzentrieren, die vorrangig an der Förderung der internationalen Entwicklung beteiligt sind. Es sollten aber auch andere politische Einflußbereiche beachtet und in nationale und behördliche Entscheidungen einbezogen werden.

**Das Prinzip der gleichgewichtigen Gesellschaftsentwicklung**

Auch bei größter finanzieller und politischer Unterstützung für Entwicklung bliebe ein Erfolg der Programme aus, wenn die grundlegenden Prinzipien fehlen, die eine internationale Zusammenarbeit regeln. Erfahrungen mit Entwicklungshilfe haben gezeigt, daß sich (unabhängig vom Inhalt der Programme) die größten Erfolge dort einstellen, wo klar definierte Prinzipien die Auswahl und Planung der Programme bestimmen.

Oberstes Prinzip dabei ist die ausgewogene Entwicklung des öffentlichen, privaten und unabhängigen Sektors. Dabei sollte sowohl ein pluralistischer Ideenaustausch innerhalb der Sektoren stattfinden als auch untereinander. Eine Zusammenarbeit dieser Art kann nur gelingen, wenn die gesellschaftlichen Sektoren des unterstützenden Landes bereit sind, gleichgewichtig Verantwortung zu übernehmen und helfen, gemeinsam eine funktionierende öffentliche Verwaltung, eine Unternehmenskultur und einen aktiven, kritischen und unabhängigen Sektor aufzubauen.

**Der private Sektor**

Politik allein kann keinen politischen und sozialen Fortschritt induzieren. Einen entscheidenden Anteil daran hat die Unternehmenskultur, die vor allem an handfesten Resultaten ihrer Arbeit interessiert ist. Sie kämpft für Autonomie und Freiheit für das Individuum, fördert Innovationen und steigert durch ihre privaten Investitionen die soziale Wohlfahrt.

Sie baut flexible Netzwerke auf, um schnell und effizient auf neue Herausforderungen des Marktes reagieren zu können.

Die Privat-Wirtschaft besitzt die größte Finanzkraft für Investitionen im In- und Ausland. Wissenschaft und besonders Technologie bietet der Unternehmenskultur breite Einsatzmöglichkeiten. Sie erhöhen die Anpassungsfähigkeit der Unternehmen an veränderte Marktbedingungen, beschleunigen den Informationsfluß und senken die Kosten. Wissenschaftliche Forschung und technologische Entwicklungen unterstützen Innovationen, während auf eine sich ändernde Nachfrage schneller mit der Entwicklung neuer Leistungen und Produkte reagiert werden kann.

Andererseits dient auch die Privat-Wirtschaft der W&T, indem sie Innovationen auf dem Weltmarkt verbreitet.

**Staatliche Akteure**

Der öffentliche Sektor muß die organisatorischen und administrativen Voraussetzungen für den Aufbau und Erhalt von Demokratie, von offenen politischen und ökonomischen Prozessen und einer repräsentativen Politik und Gesetzgebung schaffen. Der öffentliche Sektor legt die Grundlagen für eine gerechte Marktwirtschaft, Gleichgewicht zwischen Vorteilen und Pflichten, den rationellen Einsatz von Ressourcen, den Schutz der Umwelt, die Aufsicht über die Grundlagenforschung und andere öffentliche Güter.

Stabile öffentliche oder halb-öffentliche Institutionen werden benötigt, um komplexe soziale Funktionen zu übernehmen und zu verwalten. Militärische und soziale Sicherheit, Umwelt- und Gesundheitsschutz, Verkehr, Kommunikation und der Ausbau anderer Infrastrukturen benötigen neue politische Strategien und eine kompetente Führung. Auch private Initiativen können Unterstützung leisten, z. B. durch Gruppen bei der Familienplanung.

Die Regierung muß Daten erfassen und analysieren, Handlungsoptionen entwerfen, Ergebnisse evaluieren und die Wähler von den Inhalten ihrer Politik überzeugen. Eine handlungsfähige öffentliche Verwaltung stützt sich dabei auf allgemein anerkannte Prizipien. Der moderne öffentliche Sektor kann nicht auf einen breiten Einsatz von W&T verzichten, z.B. bei der Informationsverarbeitung, der Überprüfung des Bankenwesens und von Gesundheits- und Umweltzielen.

**Der unabhängige Sektor**

Es sollten auch soziale Organisationen erwähnt werden, die gegen ungerechte Wohlstands-, Status-, Macht- und Bildungsverhältnisse kämpfen, sich für Menschenrechte einsetzen, Menschen für ein ehrenamtliches Engagement motivieren und durch kreative Einfälle die kulturelle Entwicklung voranbringen. Gerade lokale Gruppen und Initiativen setzen sich kreativ und hartnäckig für humane Innovationen und eine verantwortungsbewußte Politik ein. Universitäten, Kirchen, viele Nicht-Regierungsorganisationen und gesellschaftliche Einflußgruppen entwickeln sich im allgemeinen freier in einer Gesellschaft, in der Kritik als Beitrag zu einer nachhaltigen Gerechtigkeit anerkannt wird.

Der unabhängige Sektor fördert politischen Pluralismus, Religions- und Pressefreiheit, Minderheitenschutz und direkt-demokratische Rechte. Er vertritt Minderheiten, die weder von der Wirtschaft noch von dem alltäglichen Politikprozeß berücksichtigt werden. Den bedürftigsten Menschen wird auf diese Weise unmittelbar geholfen.

Auch für einen funktionsfähigen unabhängigen Sektor sind W&T unentbehrlich geworden: Sie unterstützen eine Kultur, die das erlangte Wissen noch nicht für selbstverständlich hält.

**Ein harmonischer Ansatz**

Eine standhafte Demokratie lebt erst durch den Austausch unterschiedlicher humanistischer Denkweisen. In der Vergangenheit versäumte man es, den Erfolg der Entwicklungsunterstützung zu prüfen; größerer Wert wurde auf die Entwicklungsansätze selbst gelegt. Bei der Entwicklungszusammenarbeit müssen die gesellschaftlichen Bildungs-, Organisations-, und Entscheidungsprozesse in den Sektoren der Länder optimiert werden. In manchen Ländern ist es nötig, grundsätzlich erst einmal eine Unternehmenskultur, einen unabhängigen Sektor oder eine handlungsfähige öffentliche Verwaltung aufzubauen. Dabei spielen W&T eine bedeutende Rolle.

**Die grundlegende Bedeutung von W&T**

W&T sind ausschlaggebend für einen erfolgreichen Entwicklungsansatz. Voraussetzung, gesellschaftliche Wohlfahrt zu steigern, sind Wissen, Freiheit und berufliche Qualifikationen.

Wissenschaft und Technologie

- unterstützen die Forschung nach wichtigen neuen Erkenntnissen;
- helfen, Bildungssysteme für qualifizierte Berufsbildung aufzubauen;
- entwickeln sich mit der Forschungs- und Kommunikationsfreiheit und der Freiheit, offen Vereine zu gründen, sichern Demokratie und Freiheit und sichern sich dadurch selbst ihre Weiterentwicklung.

Alle wesentlichen Entwicklungsziele: Wirtschaftswachstum, schnelle Industrialisierung, Umweltschutz, moderne Telekommunikationstechniken, Gesundheitsversorgung, Landwirtschaft, verantwortungsbewußte Bevölkerungsentwicklung, neue Alltags-Technologien oder die Biotechnologie hängen von der Fähigkeit ab, W&T einsetzen zu können.

Mit Hilfe von W&T können drängende Entwicklungsprobleme in Angriff genommen werden, z. B. die Zahl hungernder Menschen auf der Welt zu halbieren (s. Tabelle 10). Länder, die sich in einer Welt als erfolgreich erwiesen, in der die Wissenschaft eine immer größere Rolle spielt, investierten lange Zeit in die wissenschaftliche und technologische Ausbildung und lernten, die Resultate umzusetzen und anzuwenden.

Die Zusammenarbeit mit weniger entwickelten Ländern soll Investitionen in den Aufbau menschlicher und technischer Ressourcen leiten. Nur so kann es zu nachhaltiger Entwicklung kommen.

## Anforderungen an die Entwicklungsprogramme

Bislang wurden in der traditionellen Entwicklungszusammenarbeit nur bestimmte "Sektoren" gefördert, vor allem der Landwirtschafts-, Energie- und Transportsektor. Künftig muß auch die starke gegenseitige Abhängigkeit der sozialen Bedingungen und der zukunftsorientierten Politikprogramme stärker berücksichtigt werden, die einen nachhaltigen Wohlstand fördern sollen.

Jedes Programm für eine Entwicklungszusammenarbeit muß auf seine Dringlichkeit und seinen Lösungsansatz hin überprüft werden. Es gibt vier Kriterien für die Auswahl, die Planung und die Durchführung von Programmen: das politische Umfeld in den EL; ökologische und soziale Nachhaltigkeit; die Aussicht der Länder, zukünftige Probleme eigenständig lösen zu können; kulturelles Verständnis und ein respektvoller Umgang unter den Partnern, so daß sich ein Verantwortungsgefühl füreinander aufbaut und gemeinsame Zielvorstellungen entwickelt werden können. Die Zusammenarbeit sollte sehr sorgfältig geplant werden, um die Ziele, die durch diese Kriterien ausgedrückt werden, zu erreichen. Jedes Kriterium soll daher vorgestellt werden

## Ein günstiges politisches Umfeld

Das politische Umfeld wirkt sich auf alle Gruppen der Gesellschaft aus. Die wichtigsten Politikfelder für Entwicklungsinitiativen sind die Steuer- und Abgabenpolitik für ein nichtinflationäres, nachhaltiges Wirtschaftswachstum und die Handelspolitik, die die einheimische Industrie wettbewerbsfähig macht, zur Ressourcenschonung anregt und Eigentumsrechte schützt.

Es muß eine stabile Volkswirtschaft aufgebaut werden, um eine günstige betriebswirtschaftliche Grundlage für Unternehmen zu legen. Der Weg in die Selbständigkeit ist mit zahlreichen Risiken verbunden und sollte nicht zusätzlich durch eine undurchschaubare und wechselhafte staatliche Wirtschaftspolitik erschwert werden.

Offene Märkte und Handelsbeziehungen sind sowohl für die IL als auch die EL von ausschlaggebender Wichtigkeit. Bedauerlicherweise gab es Ende 1990 trotzdem 250 Absprachen zwischen GATT-Mitgliedern, die Exportprodukte aus EL von ihren Märkten fernhalten sollten. Die USA hat ihre Märkte stärker, als viele andere seiner industrialisierten Konkurrenten, dem Handel geöffnet. Wie Tabelle 11 zeigt, importiert die USA den größten Teil der Exportprodukte aus den EL. Die USA kann einen wichtigen Beitrag zur Entwicklungshilfe leisten, indem sie andere Länder auffordert, sich diesem globalen Entwicklungsansatz anzuschließen und, für das Wohl der EL, ebenfalls ihre Märkte und Handelswege zu öffnen, denn Protektionismus ist langfristig ein gefährlicher Feind für jede Entwicklung.

Mit dem "politischen Umfeld" ist noch mehr als nur wirtschaftliche Gesichtspunkte gemeint: Frieden, politische Freiheit und Pluralismus bilden erst die Voraussetzung für einen nachhaltigen wirtschaflichen und sozialen Fortschritt. Wirtschaftliche Verbesserung in den Ländern und Freiheit bedingen sich gegenseitig. Wenn wir jetzt nicht handeln, könnte der Fortschrittsprozeß insgesamt gefährdet werden.

Ein erster wichtiger Schritt ist die politische Anerkennung der Rechte auf freie Meinungsäußerung, der Bildungsfreiheit für eine aufgeklärte, informierte Öffentlichkeit, freie und faire Wahlen sowie Gleichheit und Gleichbehandlung der Geschlechter und aller anderen Gruppen. Diese sollten durch die offizielle Entwicklungshilfe unterstützt werden.

### Ökologische und soziale Nachhaltigkeit

Nachhaltigkeit meint, daß heute neue Möglichkeiten für eine ökologische und soziale Entwicklung zukünftiger Generationen geschaffen werden. Nachhaltigkeit ist natürlich ein dynamisches Kriterium. Technologische Innovationen, genauso wie politische, ökonomische und gesellschaftliche Veränderungen können dramatische Auswirkungen auf die Nachhaltigkeit der Entwicklung haben. Einen starken Einfluß hat dabei das Bevölkerungswachstum. Auf das Kriterium der Nachhaltigkeit kann bei der Entwicklung nicht verzichtet werden: sie zu realisieren ist möglich.

### Die Fähigkeit, zukünftige Probleme selbständig lösen zu können

Ein wesentliches Ziel der Entwicklungszusammenarbeit muß sein, die Entwicklungspartner zu befähigen, Handlungsansätze zu entwickeln und selbständig umzusetzen. Mit welchem Teilbereich sich die Entwicklungszusammenarbeit auch immer beschäftigt: Wälder, landwirtschaftliche Betriebe, Malaria oder die produzierende Industrie; in jedem Fall müssen lokal qualifizierte Arbeitskräfte ausgebildet und Institutionen unterstützt werden, die die Erforschung und Verbreitung des aktuellen Wissens- und Erkenntnisstandes voranbringen. Dies bezieht sich nicht nur auf Schulen und Hochschulen, sondern betrifft alle Bereiche wie Entwicklung: Ausbildungssystem, Informations- und Kommunikationsstrukturen, soziale Bildung und Learning -by-doing. Die Bildung sollte wesentliche Aspekte, wie z. B. die Durchführung einer politischen Wahl, Unternehmensführungs- oder Management-methoden und den Umgang mit Technologien beinhalten. Diese Maßnahmen dienen der Kompetenz von Einzelnen und Gruppen, der Fortbildung, Wissensverbreitung und Weiterentwicklung durch Anwendungen, und dem Ausbau einer institutionellen Infrastruktur zur Umgestaltung von Bildung und Forschung und der sinnvollen Entscheidungsfindung von öffentlichen und privaten Organisationen. Durch die Ausbildung werden individuelle Fähigkeiten von Frauen und Männern, Mädchen und Jungen gefördert. Ziel sollte außerdem sein, daß jeder von dem Gesundheits- und Ausbildungssystem und vom Arbeitsmarkt profitiert und so seinen Teil zum nationalen Fortschritt beiträgt. Tabelle 12 zeigt, welche Bedeutung dieser universale Ansatz der USA bei der Unterstützung der EL auf dem Weg zu diesen Zielen einnimmt.

### Partnerschaft als eine Voraussetzung für Zusammenarbeit

Ein weiteres fundamentales Kriterium für die Entwicklungszusammenarbeit ist die Auffassung, die die Beteiligten von einer Partnerschaft besitzen. Die traditionelle Einteilung in "Geber" und "Empfänger" ist nicht mehr sinnvoll. In wahren Partnerschaften sind die Erwartungen der Partner bekannt und jeder zieht Nutzen daraus. Jedes Land trägt eine Verantwortung für das Gelingen des Programms. Projekte, die auf dieser Grundlage begonnen werden, sind nicht einfacher oder schneller durchführbar. Ihr Erfolg hängt vielmehr von einer sorgfältigen, detaillierten Planung, den Erfahrungen der Partner, und einer kontinuierlichen Führung ab, damit Konflikte gelöst und Mißerfolge konstruktiv und offen diskutiert werden können.

**Tabelle 10 Die Halbierung der hungernden Bevölkerung bis zum Jahr 2000**

Eine umfangreiche Initiative wurde gestartet, um den Hunger der Hälfte der Menschen auf der Erde noch vor dem Jahre 2000 zu beenden. Bei dem Projekt werden die aktuellsten wissenschaftlichen Forschungsergebnisse mit neuen Implementationstechniken, bewährten Handlungsansätzen und pluralistischen Institutionen kombiniert. Gleichzeitig sind langfristige Innovationen in W&T nowendig, um ihr volles Potential für die Entwicklung nutzen und ausweiten zu können.

Auch wenn Zahlen nicht sehr aussagekräftig sind: Derzeit leben ungefähr eine Milliarde Menschen ohne Nahrung, die zum Arbeiten notwendig wäre; eine halbe Milliarden Menschen leben ohne genug Nahrung, um sich überhaupt normal bewegen zu können. Eins von sechs Kindern kommt untergewichtig zur Welt und eines von drei Kindern ist es spätestens mit dem fünften Lebensjahr. Hunderte von Millionen von Menschen leiden an Anämie, Kropfbildung und Sehbeeinträchtigungen, die durch Eisen-, Jod- oder Vitamin A-Mangel verursacht werden. Es herrscht Einigkeit darüber, daß mit dem heutigen W&T Ergebnissen die Anzahl der Hungertoten innerhalb von 10 Jahren halbiert werden kann.

Dies war auch die Schlußfolgerung der 1989er Konferenz von Bellagio (Italien), auf der sich Gruppen und Institutionen, die sich mit dem Hungerproblem auf der Erde beschäftigen, trafen, so z.B. das 'World Food Council', die 'Task Force on Child Survival', der 'World Summit for Children' und die bedeutensten Nicht-Regierungsorganisationen. Sie stellte vier Ziele für die 90er Jahre auf: den Hungertod ganz zu stoppen; den Hunger der Hälfte der ärmsten Menschen zu beenden; die Unterernährung von Müttern und Säuglingen zu mindern und den Jod- und Vitamin A-Mangel zu beseitigen. Drei Jahre nach der Deklaration wurde bereits von erheblichen Fortschritten berichtet:

**Hungersnot:** Als ersten Schritt fordert die Agenda, die jährlich 15-35 Mio. vom Hungerstod bedrohten Menschen dadurch zu retten, daß Frühwarn/Präventions-Systeme aufgebaut werden und die Nahrungsmittelversorgung in Krisengebieten dadurch kontinuierlich gesichert werden kann.

**Ernährung:** Zwei der drei oben genannten Ernährungskrankheiten könnten problemlos eingedämmt werden. Durch jodhaltiges Salz oder Ölinjektionen ließen sich bis zum Ende dieses Jahrhunderts weitgehend 190 Mio. Krankheitsfälle durch Kropfbildung verhindern. Würde den 280 Mio. Kindern, die an Vitamin A-Mangel leiden, nur zweimal im Jahr ein Medikament verabreicht, so ließen sich die Krankheitsfälle in den kritischen ersten vier Lebensjahren sogar vermeiden. Nicht nur die Gefahr der Erblindungen könnte damit vermindert werden, sondern es würde auch die Überlebenschance der Kinder erheblich gesteigert. Eine international koordinierte Initiative hat bereits gestartet, mit dem Ziel, den Vitamin A- und den Jod-Mangel zu beseitigen und den Eisen-Mangel zumindest zu reduzieren. Dabei werden verschiedene Ansätze der Hungerhilfe miteinander kombiniert: die Nahrungsergänzung (durch Medikamente und Injektionen), die Nahrungsunterstützung (durch Zusatzstoffe) und eine Ernährungsumstellung (auf mineral- und vitaminreiche Nahrung). Der "versteckte Hunger", verursacht durch Mangelernährung soll auf diese Weise bekämpft werden.

Es ist außerdem möglich, die Anzahl der Frauen und Kindern, die an Nahrungsmangel leiden, um die Hälfte zu reduzieren. Schnelle Fortschritte konnten bei der Säuglingsimmunisation erreicht werden und bei der Entwicklung ambulanter Behandlungsmöglichkeiten von Diarrhöe. Die Bruststillung von Säuglingen nimmt in vielen EL wieder zu. In neuen Programmen in Afrika und Asien werden Kinder regelmäßig gewogen und ihr Nahrungsmittelaufnahme bei Bedarf entsprechend ergänzt. Diese Maßnahmen können mit weiteren Initiativen verbunden werden, um etwas Belastung von den ohnehin überarbeiteten Müttern zu nehmen und die Ernährungsanämie einzudämmen, die bei der Hälfte aller Mütter im zeugungsfähigen Alter diagnostiziert wurde.

**Armut:** Der meiste Hunger ensteht aus Armut, aber es ist möglich, den Hunger von mindestens der Hälfte der ärmsten Menschen zu beenden. Ausgiebige Erfahrungen mit Nahrungsunterstützung, Coupons, Rationsausgaben oder Ernährungsprogrammen haben gezeigt, daß durch sorgfältige Planung und effiziente Durchführung solcher Maßnahmen die urbane Nahrungsknappheit zu sehr geringen Kosten verringert werden kann. In ländlichen Regionen können durch Arbeitseinsätze der Bevölkerung notwendige Verbesserungen der Landwirtschaft und Umwelt erreicht werden. Im Gegenzug werden so Lohn- und Nahrungseinkommen gesichert. Die Nahrungsknappheit konnte sofort reduziert und gleichzeitig die Produktivität der Landwirtschaft gesteigert werden. In anderen Programmen werden selbsttragende Kredite vergeben, besonders an Frauen, damit sie kleinere Geschäfte eröffnen oder lokale Produkte oder Dienstleistungen anbieten können.

**Landwirtschaftlicher Anbau für den Eigenbedarf:** Nahrungsarme Haushalte, die sich selbst versorgen, haben mit einer Verschlechterung ihres Ackerbodens zu kämpfen. Wichtige allgemeine Landflächen dürfen nur noch eingeschränkt oder unter Auflagen genutzt werden. Kleinere Ländereien müssen wieder an Bauern verpachtet und bereits existierende kostengünstige Techniken eingesetzt werden, die die Bodenerosion eindämmen und den Nahrungsertrag und die Einkommen steigern.

**Kosten:** Soll das Hungerproblem systematisch angegangen werden, so sind koordinierte Aktionen in neuen Partnerschaften genauso notwendig, wie eine neue Finanz- und Nahrungsunterstützung, die die reichen Länder mit den armen und hungrigen Menschen eingehen. Die Kosten für ein realistische Programm, das den Hunger in den 90er Jahren bekämpfen soll, wurden auf ungefähr 8 US$ geschätzt (ein großer Teil davon stammt aus den USA, Japan, der EU und internationalen Institutionen), was ungefähr 7,25 US$ für jeden Bürger aus der wohlhabenden Welt bedeuten würde. Wichtiger noch als neue Finanzierungshilfen wären stärkere soziale Unterstützung und politische Motivation der EL. Der Einsatz von lokalen Institutionen und bislang ungenützten Ressourcen muß konkret geplant werden. Dabei sollten auch die Kosten für Nahrungsunterstützung und die Erforschung von schnellwachsenden Pfanzen/Früchten, landwirtschaftlichen Anbaumethoden auf trockenen Böden oder Einsatzmöglichkeiten von Biotechnologie in der Landwirtschaft des 21. Jahrhunderts einbezogen werden.

**Private Hilfsorganisationen:** Private Hilfsorganisationen sind besonders wichtig bei der unmittelbaren Unterstützung für Arme und Hungrige. Am effektivsten arbeiten dabei Selbsthilfeorganisationen. Erfolgversprechende Ansätze zielen darauf ab, Betroffene selbst zu motivieren, um an einer Verbesserung ihrer Lage mitzuarbeiten. Zunächst wird akute Hungerhilfe geleistet, während auch tieferliegende Ursachen der Armut verändert werden und an einer nachhaltigen Verbesserung gearbeitet wird.

*Was kann sofort getan werden?* Es existieren heute gute, wissenschaftlich fundierte Kenntnisse darüber, wie Frühwarnsysteme in Hungergebieten aufzubauen sind, um Kindererkrankungen als Folge von Hunger zu verhindern und die Nahrungsproduktion nachhaltig zu steigern. Diese Systeme müssen durch flankierende Maßnahmen zielorientiert unterstützt werden, z.B. durch die Vergabe von Krediten an Bedürftige, dic Immunisierung der Bevölkerung gegen Krankheiten sowie die Versorgung der Mütter mit der technischen Ausrüstung für die Gewichts- und Gesundheitskontrolle ihrer Kinder. Es gibt auch neue Ansätze, bei denen Märkte mit Sicherheitsnetzen kombiniert und die Basis mit der Spitze durch Netzwerke von Institutionen verbunden werden.

*Was kann langfristig getan werden?* Es wird noch viele kurzfristige Handlungszwänge geben, solange die Erdbevökerung weiterhin mit dieser Geschwindigkeit wächst. Für eine langfristige Nachhaltigkeit der Nahrungsversorgung sind verstärkte Investitionen in die Erforschung von landwirtschaftlichen Systemen und Technologien erforderlich. Dies wird vor allem dann wichtig, wenn durch die wachsende Bevölkerung und enorme Produktionssteigerungen sensible ökologische Systeme gefährdet werden. In langfristigen Planungen sollten deshalb sichere Anreize vorgesehen werden, mit denen landwirtschaftliche Produktion angeregt wird, aber umweltbelastende Bewirtschaftungsmethoden benachteiligt werden.

**Tabelle 11** **Wieviele Prozente der Exporte der Entwicklungsländer werden von welchen Industrieländern aufgenommen?**

| Land | % |
|---|---|
| USA | 26 |
| Japan | 23 |
| Deutschland | 12 |
| Frankreich | 8 |
| Italien | 6 |
| Großbritannien | 6 |
| Alle anderen OECD-Länder zusammen | 19 |

## Veraltete geographische Bindungen

Die ehemals in den USA verbreitete Befürchtung, daß der Kommunismus und andere politisch-ökonomisch-militärische Mächte regional expandieren, führte dazu, daß die Entwicklungsprogramme der US-Regierung die EL nur nach ihrer Zugehörigkeit und nicht nach ökonomischen und sozialen Kriterien klassifizierte. Den gesetzlichen Vorgaben für die Planung von Entwicklungsprogramme stehen damit geographischen Präferenzen entgegen. Auch wenn die Leiter der Programme durch diese Vereinbarung eventuell mit einigen üblichen kulturellen Umgangsformen bekannt gemacht werden, werden

**Tabelle 12** **Woher die ausländischen Studenten in den USA kommen** (im Studienjahr 1990/91)

| Rang | Herkunftsland | Studentenzahl | Rang | Herkunftsland | Studentenzahl |
|---|---|---|---|---|---|
| 1 | VR China | 39 600 | 11 | Großbritannien | 7 300 |
| 2 | Japan | 36 610 | 12 | Thailand | 7 090 |
| 3 | Taiwan | 33 530 | 13 | Deutschland | 7 000 |
| 4 | Indien | 28 860 | 14 | Mexiko | 6 740 |
| 5 | Südkorea | 23 360 | 15 | Iran | 6 260 |
| 6 | Kanada | 18 350 | 16 | Frankreich | 5 630 |
| 7 | Malaysia | 13 610 | 17 | Singapur | 4 500 |
| 8 | Honk Kong | 12 630 | 18 | Griechenland | 4 360 |
| 9 | Indonesien | 9 520 | 19 | Jordanien | 4 320 |
| 10 | Pakistan | 7 730 | 20 | Spanien | 4 300 |

doch alle Möglichkeiten und Handlungsansätze erschwert, die wirtschaftlich bewährt und anerkannt sind. Es ist z.B. schwierig, Erfahrungen zwischen Ländern, in denen ähnliche wirtschaftliche Bedingungen herrschen (wie z. B. Ungarn, Thailand, Mexiko und Marokko) auszutauschen, weil sie als "geographisch unterschiedlich" eingestuft werden.

**Resultate dieser Unstimmigkeiten**

Die drei Grundzüge der Entwicklungshilfe: der detailliert vorgeschriebene Verwendungszweck der bereitgestellten Ressourcen, die bestehende Auslegung der "Bedürfnisse" und die Klassifizierung der Nationen nach ihrer geographischen Lage, vermindert die Effektivität der Zusammenarbeit auf vielfältige Weise. Die Zweckbestimmung der Ausgaben führt dazu, daß die Programme nach den legislativ-vorgegebenen Anforderungen und nicht nach den wirklichen Gegebenheiten und dringendsten Bedürfnissen eines Landes ausgerichtet sind. Werden Finanzmittel für die Überlebenshilfe für Kindern ausgewiesen, führt dies z.B. dazu, daß in allen Ländern nach passenden Projekten Ausschau gehalten wird, auch wenn die Haupttodesursachen vieler Völker z.B. Malaria, Tuberkulose, unzureichende Wasserversorgung oder kardiovaskulare Erkrankungen sind.

Aufgrund dieser Vorgaben nur sind geringe Geldsummen für neue, flexible "funktionsorientierte Ausgaben" verfügbar. Mit Ausnahme der traditionellen Bereiche Landwirtschaft und Bevölkerungspolitik werden die Bereiche mit finanzieller Unterstützung immer weiter eingeengt, während sich die potentiellen Handlungsfelder der Entwicklungshilfe immer weiter ausdehnen. So ist z.B. das Finanzvolumen des Titels "Privater Sektor, Energie und Umwelt" mit 150 Mio. US$ der drittkleinste des Haushaltes (zum Vergleich: der Landwirtschaftssektor umfaßt ungefähr 500 Mio. US$). Dennoch müssen mit diesen Mitteln Projekte finanziert werden, die eine große Anzahl auf uns zukommender Probleme lösen sollen. Unabhängig davon, wie akut die Umweltprobleme eines Landes sind, können dafür keine Finanzen aus anderen Sektoren, wie z. B. der Landwirtschaft oder der Bevölkerung, abgezogen werden.

Eine dynamische Anpassung an die große Herausforderungen unserer Zeit wird so entweder durch Haushaltskompromisse oder Handlungsträgheit blockiert. Selbst eine 5 %ige Aufstockung der funktionsorientierten Ausgaben oder des Landeshaushaltes würde es den Programmen nicht gestatten, auf Probleme, die sich plötzlich oder auch nur schrittweise anbahnen oder auf neue Potentiale, die sich stellen, reagieren zu können. Art und Umfang der Entwicklungszusammenarbeit der USA ist größtenteils detailliert im voraus geplant; leider aber nicht die Probleme, die sich uns künftig stellen werden. Das hat sich sehr stark im Gesundheits- und Umweltschutz und bei der Privatisierung von ineffizienten Staatsunternehmen in Ost-Europa und der früheren Sowjetunion gezeigt. Als Ergebnis muß die US-Regierung nun Gelder für die "Probleme des letzten Jahres" ausgeben; Probleme, die mit dem entscheidenden Weg zu einem wirtschaftlichen und sozialen Fortschritt nicht mehr viel zu tun haben. Die Gelder werden selbst dann noch investiert, wenn das Thema längst unwichtiger als andere Probleme geworden ist.

**Neue Ansätze**

Die Entwicklung eines vollständig neuen Ansatzes für Entwicklungshilfe wird zunehmend dringlicher. Für die USA spielen wirtschaftliche und soziale Aspekte eine Rolle, nicht geographische. Die eigenen vorherrschenden Interessen für die Zukunft der USA sind ein stabiles Wachstum der Weltwirtschaft (das nicht die globale Umwelt der zukünftigen Generationen gefährdet), offene Handelsstrukturen, freie Investitionsmöglichkeiten, eine zunehmende Teilnahme aller Nationen am Handel und ein geringeres Bevölkerungswachstum. Für die USA ist die Verteilung von Gütern und Dienstleistungen auf der Erde und Produktionsbedingungen heute genauso entscheidend, wie es die Stellungen der Armeen vor vier Jahrzehnten waren. Wegen der steigenden Bedeutung der globalen Wirtschaftstätigkeit muß die USA die Grundsätze ihrer Entwicklungsprogramme erneuern, um die unterschiedlichen Bedingungen der EL und die Probleme, die sich in den Ländern während einer wirtschaftlichen und sozialen Entwicklung ergeben, berücksichtigen zu können. Partnerschaft für Entwicklung verlangt von den USA effektive Kapazitäten, um mit dem gesamten Spektrum aller Länder zusammenarbeiten und länderübergreifende Probleme angehen zu können.

**Das gesamte Spektrum aller Partnerländer**

Vor 30 bis 40 Jahren war die Ausgangssituation in den EL zwar nicht gleich, aber in wesentlichen Aspekten ähnlich: die Mehrheit der EL war geprägt von Landwirtschaft und der Ausbeutung von Naturressourcen, einem hohen Analphabetisierungsgrad, einer geringen Lebenserwartung, einer mangelhaften Infrastruktur für Wasser und einer hohen Geburtenrate. Außer den Hinterlassenschaften des Kolonialismus waren die meisten Länder nur sehr marginal in das internationale Handelssystem eingebunden. Es mangelte an wesentlichen privaten inländischen und ausländischen Investitionen. In vielen Fällen fehlte ein moderner nationalstaatlicher Verwaltungsapparat.

Heute verläuft die Entwicklung der einzelnen Länder sehr unterschiedlich. Manche Länder machen kontinuierliche Fortschritte, bei manchen verläuft die Entwicklung etwas langsamer und andere bleiben verstrickt in Armut und Konflikte. Die Geographie oder die Region eines Landes bestimmt weniger denn je diese unterschiedliche Entwicklung. Thailand, Indien, Brasilien und Marokko gleichen sich z.B. mehr, als ihren geographischen Nachbarn Kambodscha, Bangladesch, Bolivien oder Jemen.

Für eine globale Entwicklungszusammenarbeit müssen sich die Partnerschaften mit dem gesamten wirtschaftlichen Spektrum der EL zusammenschließen, von den fortgeschrittensten bis zu den ärmsten Ländern. Darüber hinaus kann ein einzelnes Land viele verschiedene regionale oder wirtschaftliche Niveaus von Entwicklung erreicht haben:

- **Fortgeschrittene Länder** sind Länder, deren Wirtschaftswachtums und sozialer Fortschritt positiv und stabil verläuft und deren größere Einbindung in die Weltwirtschaft in naher Zukunft realistische Aussicht hat. Diese Länder zeichnen sich dadurch aus, daß sie schnell in der Lage sind, neue Fähigkeiten zu erlernen und eigene Problemlösung zu finden. Zu ihnen gehören z.B. Thailand, Ungarn, Mexiko, Brasilien und Costa Rica.
- **Länder von mittlerem Rang** haben eine bedeutende soziale und wirtschaftliche Entwicklung vollzogen, aber langsamer mit vielen Umwegen und Schwierigkeiten. Die Fähigkeit dieser Länder, Hindernisse zu überwinden, ist nur schwach. Dazu zählen Ägypten, Pakistan, Jamaika und Indonesien.

- **Die ärmsten Länder** stehen noch immer vor den größten Problemen der Armut und Instabilität. Die Antriebe für einen wirtschaftlichen und sozialen Fortschritt stehen still; der Weg dorthin ist steil und beschwerlich. Das Vertrauen dieser Länder in ihre eigenen Entwicklungschancen ist sehr gering. Wissenschaft und moderne Technologie sind kaum verbreitet. Viele solche Länder befinden sich in Afrika, auch Laos, Kambodscha, Bolivien, Haiti, Afghanistan oder Albanien müssen dazu gezählt werden.

**Flexible Programme**

Da vor vier Jahrzehnten in allen EL etwa ähnliche Bedingungen vorherrschten, wurden die Entwicklungsprojekten der USA so konzeptioniert, daß sie weitgehend auf alle Regionen zutrafen. An erster Stelle stand dabei die Entwicklung der Landwirtschaft, gefolgt von der öffentlichen Gesundheitsversorgung, der Bevölkerungsentwicklung und einer Grundschulausbildung.

Der unterschiedliche Fortschritt der Länder und neue Partnerschaften mit Osteuropa und der früheren Sowjetunion fordern jedoch statt pauschalen Entwicklungsformeln flexiblere Programme. Am Beispiel der Ausbildung soll dies verdeutlicht werden.

Die Entwicklungsprogramme der USA unterstützen Bildung nur bis zu der Fähigkeit, lesen und schreiben zu erlernen. Vom Kongreß wurde angekündigt, daß die finanzielle Mittel für die Förderung von Grundschulbildung erweitert werden sollen. Länder, in denen die Grundschulbildung kein Problem mehr darstellt, werden somit durch Bildungsprogramme nicht mehr unterstützt. Wird dieses Vorgehen unter Hinweis auf die unterschiedlichen Ausgangsbedingungen der einzelnen Länder kritisiert, kann das nachteilige Folgen haben. Mit der Abnahme der Zahl von Analphabeten wird auch die Unterstützung für Bildung gekürzt, obwohl sie eine Voraussetzung für den Aufbau von Entwicklungskapazitäten ist. Das Interesse an weiterer und ebenso notwendiger Bildung findet keine Beachtung. Statt auf den Erfolgen aufzubauen, wendet sich Amerika ab. Der Aufbau der Kapazitäten, die Entwicklung unterstützen könnten und für die ein erster Grundstein gelegt wurde, wird abgebrochen und verfällt wieder.

Flexible Programme, die sich nach der konkreten Situation der Länder und nicht nach zentralen Anordnungen richten, müssen diese Fehler ausgleichen. Auch dies soll am Beispiel der Bildung verdeutlicht werden.

Dort, wo Analphabetismus das kritische Hemmnis für Entwicklung darstellt, sollte die Zusammenarbeit der USA in der jetzigen Form beibehalten werden. Wo aber der Mangel an einer weiterführenden oder technischen Ausbildung den Fortschritt hemmt, sollte die Entwicklungszusammenarbeit fähig sein, darauf angemessen und energisch zu reagieren. Wenn eine stärkere akademische Ausbildung in den Natur- und Ingenieurswissenschaften für die Entwicklung erforderlich wird, sollte auch sie ermöglicht werden.

Bei einer Entwicklungszusammenarbeit sollte Einigkeit darüber herrschen, daß es auch Grenzen für eine sinnvolle Ausbildung gibt. Wenn die EL allerdings in der internationalen Wirtschaft von morgen wettbewerbsfähig werden sollen, müssen die Bildungsprogramme der helfenden Länder flexibler gestaltet werden. Nach Schätzungen wird in den

IL bei mindestens 95% der neuen Arbeitsplätze eine formale Ausbildungzeit von 17 Jahren verlangt, während Arbeiter mit weniger als 13 Jahren Schulausbildung für höchstens ein Drittel aller Arbeitsplätze qualifiziert sein werden. In einem kürzlich erschienenen Bericht lautet der Kommentar dazu: "Die Konsequenzen [...] für die EL liegen auf der Hand".

**Kein Top-down mehr**

Traditionelle Vorgaben für die Entwicklungshilfe, ein typisches Instrument hierarchischer Führungsmethoden, stehen grundlegend dem Konzept einer partnerschaftlichen Zusammenarbeit entgegen. Die USA sollten sich den Rahmenbedingungen jedes Landes (oder von Ländergruppen, mit gegenseitigen Interessen) anpassen. Grundlage für die Entwicklungszusammenarbeit sollten folgende Schwerpunkte sein:

- Förderung privater Investitionen in die Industrie,
- Umgestaltung des rechtlichen und regulativen Rahmens für lokale und internationale Investoren (z. B. geistige Eigentumsrechte oder Handelsgesetze);
- Ausbildung und Managementtraining;
- Stärkung der Forschungs- und Entwicklungskapazitäten, mit dem Ziel Arbeitsplätze zu schaffen;
- Erleichterung von menschlichen Leiden;
- Verbesserung der Lebenssituation; und
- der Transfer von Know-how und Ressourcen, die für die ärmsten Länder der Erde entscheidend für eine Stabilisierung des Wohlstands sind.

**Schlußfolgerungen**

In der Entwicklungszusammenarbeit der USA sind sofortige und weitreichende Veränderungen erforderlich, um auf die neuen politischen und wirtschaftlichen Bedingungen und die technologischen Möglichkeiten einzugehen. In den zukünftigen Projekten muß ein Ausgleich zwischen Wachstum und Gerechtigkeit, Führung und Partizipation, geringer und umfassender Unterstützung, globalen Projekten und lokalen Bedürfnissen, bestehenden Regeln und Normen und den Investitionen in die Befriedigung grundlegender Bedürfnisse angestrebt werden. Private Märkte und Politik, Pluralismus und Erfahrungen, wirtschaftliche und soziale Wohlfahrt müssen gleichrangig nebeneinander gefördert werden. Die Bedeutung des Individuums im wirtschaftlichen Prozeß und die Entkopplung von Wirtschaftswachstum und Umweltbelastung sind Ziele, die es zu verbinden gilt. Die USA muß mit ihrer gesamten bisherigen Erfahrung versuchen, das Leiden von Menschen zu mindern. In langfristigen Programmen muß das riesige Potential von W&T erschlossen werden, um neue Methoden für die Lösung der schwierigsten Probleme zu entwickeln.

In den alten Strukturen von "Entwicklungshilfe" können die neuen Inhalte der Entwicklungszusammenarbeit nicht mehr umgesetzt werden. Besonders die gegenwärtige Verteilung der Kompetenzen und die überholte Organisation der Entwicklungszusammenarbeit der USA verlangen nach wirkungsvollen Änderungen.

# Kapitel III

# Wissenschaft und Technologie als Herausforderungen an den Süden und an den Osten

## DIE HERAUSFORDERUNG AN DEN SÜDEN[51]

### Der ungleichmäßige Fortschritt der IL

Ein kurzer Rückblick zeigt, daß neben dem Süden auch der größte Teil der übrigen Welt nicht an allen geschichtlichen Perioden beteiligt war, in denen ein umfassender wissenschaftlicher und technologischer Fortschritt stattgefunden hat. Um dies zu verdeutlichen, werde ich einige Beispiele nennen.

In Europa, besonders in Deutschland existierten schon frühzeitig hervorragende naturwissenschaftliche Kenntnisse, wie die zahlreichen Nobelpreisverleihungen bis zu den frühen 20er Jahren belegen. Von 1910 bis 1920 entwickelte sich die wissenschaftliche Forschung in den USA schneller als in Europa. Schon während der zwei Weltkriege übernahmen die USA die Vorherrschaft im Bereich von W&T und baute sie gegenüber den anderen Ländern nach dem Zweiten Weltkrieg weiter aus.

Der Vorsprung der US-amerikanischen Forschung gegenüber Westeuropa wird allgemein mit dem europäischen Unvermögen begründet, Forschung effizient zu organisieren und eine fähige Unternehmensführung aufzubauen, die es versteht, wissenschaftliche Erkenntnisse praktisch umzusetzen und ausreichende Ressourcen für die Forschung bereitzustellen.

Die Nachkriegsperiode, besonders die späten 80er Jahre waren durch den starken Wettbewerb in der Wirtschaft und in W&T, besonders zwischen den USA (dem stärksten Land), Japan und Westeuropa, das seinerseits versuchte, Anschluß an diese Entwicklung zu halten, gekennzeichnet. Es ist unnötig, auf die Unterschiede der Kapazitäts- und Ressourcenausstattung von Japan und der USA einzugehen. Trotz einer geringeren Landfläche, einer ärmeren Ausstattung mit Naturressourcen und teilweiser Zerstörung Japans während des Zweiten Weltkriegs stellt das Land dank seines erfolgreichen Ausbildungssystems und seiner W&T dennoch in vielen technologischen Bereichen eine ernstzunehmende Kon-

51 Auszüge aus „Science and Technology - Challenge for the South by The Third World Academy of Sciences“, Triest, 1992, von Muhammed Abdus Salam

kurrenz für die USA dar. Während die USA allerdings 1990 74 Mrd. US-$ in W&T investierte, betrugen die Ausgaben Japans lediglich 47 Mrd. US-$. Es ist deshalb interessant, die Fälle USA und Japan näher zu betrachten und zu vergleichen.

## Japan

Japan war ursprünglich vom Import von Technologien abhängig. Es profitierte von den bewährten Technologien der IL und sparte damit erhebliche Kosten für ihre Erprobung. Bei der Auswahl angemessener Technologien verließ sich Japan vollkommen auf sein Ausbildungssystem, seine wissenschaftlichen und technologischen Grundlagen und seine Entwicklungsplanung. Studenten und Landesvertreter wurden in andere Länder geschickt und Spezialisten nach Japan eingeladen.

Japan legte dadurch nicht nur die Grundlage für wichtige Technologien, sondern paßte sie auch den eigenen Bedürfnissen an. In manchen Fällen geschah dies so umfassend, daß viele neue Produkte entwickelt wurden. Ein Abschnitt aus dem Buch "Made in Japan" von Akio Morita veranschaulicht den japanischen Erfolg mit dieser Strategie:

*... bei Sony nahmen wir den ursprünglichen Transistor und planten und bauten ihn für unsere Zwecke um, die so ursprünglich nicht vorgesehen waren. Wir entwickelten so einen komplett neuen Transistor. Während unserer Entwicklungsarbeit entdeckte unser Forscher Leo Esaki den Tunneleffekt, der später zur Entwicklung der Tunnel-Diode führte. 17 Jahre später, als Leo Esaki zu IBM gewechselt war, erhielt er dafür den Nobelpreis. ... Unsere hochqualifizierten Arbeitskräfte hörten nicht auf, ihre kreativen Fähigkeiten unter Beweis zu stellen. In der Zeit des Wiederaufbaus nach dem Krieg waren die geringen Lohnkosten dieser qualifizierten Arbeitskräfte ein enormer Vorteil für die japanische Einfach-Technologie-Industrie. Da heute verstärkt Hochtechnologie gefragt ist, ist es von Vorteil für Japan, hochqualifizierte Arbeitskräfte zu besitzen, die den neuen Herausforderungen gewachsen sind.*

Um den Vorsprung der anderen IL so schnell wie möglich wettzumachen, konzentrierte sich Japan bei der Entwicklung von W&T auf die praktische industrielle Anwendung und vernachlässigte darüber die Grundlagenforschung. Diese Politik wurde vom japanischen Ministerium für Internationalen Handel und Industrie (MITI) ausgeführt, weswegen Japan in der industrialisierten Welt einen äußerst geizigen Eindruck bei der Unterstützung der Grundlagenforschung hinterließ. Das klärt auch, warum die im Vergleich zu Japan winzige Schweiz nach dem Krieg mehr Nobelpreise bekam als Japan.

Später legte Japan (nicht zuletzt wegen seines negativen internationalen Images) größeren Wert auf die Grundlagenforschung. Ein Produkt dieser Epoche ist die bis heute ausführlichste Enzyklopädie der Mathematik, die in Japan verfaßt wurde und beim Verlag des Massachusetts Institute of Technology auch auf Englisch erschien (1977). Dennoch gab es lange Zeit Schwierigkeiten, z. B. unzureichende Unterstützung für Hochschulforscher oder Mangel an Laboringenieuren und Versuchsgeräten.

Die japanische W&T-Politik bot große Möglichkeiten, besonders mit ihrer Industrieorientierung. Unsere Wettbewerbsfähigkeit wurde auf fast allen Gebieten gestärkt und bestand gegen den Weltmarkt und die Märkte der USA und Westeuropas. Nach Einschätzung der USA wurde sie in der Entwicklung von Japan überholt, da es Japan in der Vergangenheit besser gelang, Technologie in marktfähige Produkte umzusetzen. Auch wenn japanische Wissenschaftler weniger Nobelpreise erhalten, so verstehen sie es immer wieder hervorragend, ihre Forschung in Produkte umzuwandeln. Amerika legt seinen Schwerpunkt dagegen nicht auf die Produktion, sondern auf die Neugestaltung und Innovationen in der Grundlagenforschung.

Die hohe wirtschaftliche Produktion, der Einsatz neuer Technologien (besonders von Robotern), hochwertige Produkte, niedrige Produktionskosten und Verkaufspreise werden immer ein Geheimnis des japanischen Wirtschafts- und Außenhandels bleiben.

Nach diesen Erfolgen startete Japan Anfang der 90er Jahre ein globales Projekt: "Intelligentes Produktionssystem". Mit diesem 10-Jahres-Projekt sollen hochqualifizierte Arbeitskräfte in die Produktentwicklung eingebunden werden. Außerdem wurden erwirtschaftete Gewinne sofort wieder in die Wirtschaft reinvestiert. Schätzungen zufolge investierte Japan 1989 rund 750 Mrd. US-Dollar oder 24 % seines BSP in seinen Wirtschaftsaufbau. Die USA gaben dagegen nur knapp 500 Mrd. US-Dollar, 2/3 der japanischen Summe aus (10 % des BSP der USA). Auffällig ist auch, daß die USA mit ihren Ausgaben gewöhnlich ihre Wirtschaftskapazitäten erweiterten, während japanischen Investitionen für eine grundlegende Umgestaltung der Industrie genutzt wurden.

*Ein Drittel der japanischen Investitionen fließt in die Produktion, ein Drittel in die Innovationen und in neue Produkte. Wir erleben, wie sich Japan zu einem neuen Produktionslabor der Welt entwickelt.*

Es wäre falsch, anzunehmen, daß der Fortschritt der japanischen Industrie erst nach dem 2. Weltkrieg begann. Schon vorher war Japan ein mächtiges Industrieland, jedoch blieb diese Entwicklung auf den militärischen Sektor beschränkt, weil Japan während des 2. Weltkrieges militärische Eroberungen in China, Ost und Südasien vorbereitete und durchführte.
Während der Meiji-Restauration lautete eines der fünf Versprechen des japanischen Herrschers bezüglich seiner zukünftige Wissenschaftspolitik: "Japan wird das für den Ruhm und die Sicherheit des Landes nötige Wissen im Land mit allen zur Verfügung stehenden Mitteln entwickeln und erwerben".

Zu Beginn der 90er Jahre verlangsamte sich das Wirtschaftswachstum in Japan und glich sich dem Durchschnitt der OECD-Länder an. Japan sucht seitdem nach neuen Wirtschaftsstrategien. Akio Morita beschreibt diese Neuorientierung folgendermaßen:

*.... die japanische Wirtschaft kann im Handel Konflikte mit Amerika verhindern, indem kürzere Arbeitszeiten eingeführt werden und man sich auf Profite konzentriert, statt sich Marktanteile sichern zu wollen. Diese Umgestaltung paßt zu den neuen Bedürfnissen der Wirtschaftskreisläufe, zur alternden aber immer noch ehrgeizigen "Firma Japan".*

*.... In diesem Jahrzehnt werden neue Ansätze nötig werden, um den fortschreitenden Arbeitskräftemangel zu bekämpfen und um die Gelder sinnvoll einzusetzen, die in den letz-*

*ten 18 Monaten an Japan zurückflossen, als die Investitionen und Kredite im Ausland steil anstiegen.*

Aufgrund starker Schwankungen in Japans Industrie in den letzten Jahren (Überproduktion und Überverkauf, etc.) richteten viele japanische Geschäftsleute ihr Augenmerk primär auf Gewinnmaximierung und nicht auf die Sicherung von Marktanteilen bzw. die Lösung von kurzfristigen Problemen.

In den letzten drei Jahren nahmen die Gewinne ab; schon während der 80er Jahre (1980-1988) betrug der Erlös der Wertpapiere japanischer Firmen nur 8,5% verglichen mit 13,9% von US-Firmen. Diese Gewinneinbußen trugen dazu bei, daß die Investitionen für neue Anlagen und Ausrüstungen massiv gekürzt wurden: Sony reduzierte seine Kapitalinvestitionen um 36%, Toyota, Hitachi und Toshiba um mindestens 20%.

Die Elektronikindustrie stößt in Japan, nach einem spektakulären Aufstieg, an ihre Kapazitätsgrenzen. Die Märkte sind gesättigt, aber viele Konzerne steigen nicht auf neue Produkte um. Besonders diejenigen Elektronikfirmen sind von großen Absatzverlusten betroffen, die stark in den Ausbau von Computerchip-Produktionskapazitäten investiert haben, jetzt aber vor einer nur schwachen Nachfrage, z. B. nach Videorecordern, stehen.

Führende japanischen Unternehmen kürzen ihre bislang unantastbaren Budgets für W&T. Firmen wie z. B. Nissan, Hitachi, und Mitsubishi wollen ihre Ausgaben für W&T auf dem Stand von 1992 einfrieren.

Japan versucht, sich der Marktlage wieder anzupassen, indem es seine Produktionsstruktur überdenkt. Eine bewährte Praxis japanischer Firmen war es beispielsweise, in schneller Folge verschiedene Ausführungen eines Produktmodells zu entwickeln (z. B. gab es den Walkman von Sony in 227 verschiedenen Modellen; oder Toyota hatte 72 unterschiedliche Automodelle, bzw. brachte jede 10. Woche einen neuen Typ heraus).

Ein weiteres Problem stellen die japanischen Dividenden dar, die weit unter denen der USA oder England liegen. Aktionäre und Investoren von japanischen Firmen wurden darüber unzufrieden und verlangten höhere Anteile. Die kritische Situation erreichte letztes Jahr ihren Höhepunkt, als die Investoren nach Finanzskandalen ihr Vertrauen in den Aktienmarkt verloren. Die Firmen treiben nun ihre Gewinne in die Höhe, um wettbewerbsfähige Dividenden zahlen, die Aktienkurse stabil halten und mit westlichen Firmen konkurrieren zu können.

Diese Entwicklung sehen manche als Bruch mit der traditionellen japanischen Politik. Es wurde die Befürchtung geäußert, daß sich negative Rückwirkungen auf die Industrie ergeben könnten. Andere hoffen, daß der geschilderte Anpassungsprozeß die japanische Firmen und die Wirtschaft stärken würde. Langfristig ist jedoch kaum zu erwarten, daß die japanische Wirtschaft, trotz dieser sehr kurzfristigen Maßnahmen, aufhören wird, 10-15 Jahre in die Zukunft zu planen.

## Die USA

Die USA ist das am weitesten entwickelte Land, was humane und finanzielle Ressourcen, wissenschaftliche Institutionen, Universitäten und Publikationen im Bereich von W&T betrifft. Die USA hatten lange Zeit die führende Rolle in der Technologie inne, wurden aber schrittweise von Japan überholt. Ich möchte Frank Press, den Präsidenten der 'US National Academy of Sciences', zitieren, der in diesem Zusammenhang auf ein ebenso problematisches wie schmerzliches Paradox hinweist: Während führende Politiker die Wissenschaft als wesentlichen Beitrag für den nationalen Wohlstand betrachten, wird aus Sicht der Wissenschaftler dieses System momentan stark vernachlässigt. Hervorragende Forschungsmöglichkeiten mußten aus Finanzmangel aufgegeben werden. Press nennt Gefahren für die Qualität der amerikanischen Wissenschaft und stellt präventiv folgende Forderungen auf:

- eine gesicherte und angemesse Anzahl und Qualität an neuen Wissenschaftlern;
- eine optimale Allokation der Ressourcen, so daß wissenschaftliche Produktivität maximiert und nationale Ziele erreicht werden;
- eine angemessene finanzielle Unterstützung der wissenschaftlichen Forschung;
- die Einsatzbereitschaft von 'State-of-the-art'-Instrumenten;
- eine vernünftige Führung und Leitung der Wissenschaft;
- eine gewisses Maß an Lebensqualität für unsere Wissenschaftler; und
- eine Stärkung der symbiotischen Beziehungen zwischen Regierung, Bildungsstätten und der Industrie, die unser Forschungssystem gestalten und finanzieren.

Durch Kürzung der Ausgaben für Technologie wurden in der zweiten Hälfte der 80er Jahre für die Zukunft harte Bedingungen für High-Technik in Amerika geschaffen, behauptet S.S. Roach von der Morgan Stanley & Co. Während die Kosten für Informationstechnologien, Computer, Telekommunikationstechniken, Forschungsinstrumente, Fotokopierer u.ä. sprunghaft zwischen 1974-1984 anstiegen, wurden die Haushaltsgelder jährlich um 15% gekürzt. Das führte dazu, daß die Ausgaben für W&T den größten Teil des 'US Corporate America's capital investment budget' ausmachten und von 22% auf 34% anstiegen. Seit 1984 steigt die jährliche Rate der Ausgaben für Technologie nur noch um 6% und der Anteil an den öffentlichen Gesamtausgaben stagniert. Mit dem Rückgang der Investitionen in High-Technik stiegen die Technologieimporte seit 1987 um 45% sprunghaft an. Auch die inneramerikanischen Verkäufe stiegen von fast 14% auf mehr als 18%

Der globale Wettbewerb auf dem weltweiten High-Tech-Markt wird angeheizt, während durch die Kürzungen der US Kapitalausgaben eine schwächere inländische Nachfrage nach Technologie besteht. Nach Roach gehören damit die Glanzzeiten der US High-Tech der Vergangenheit an.

Die USA gibt im Vergleich zu Japan etwa doppelt soviel für F&E aus. Daran haben Ausgaben für Verteidigungszwecke einen wesentlichen Anteil. In letzter Zeit wurde in Amerika die Bedeutung von W&T, besonders die Anzahl und Qualität künftiger Wissenschaftler, neu diskutiert. Japan besitzt zur Zeit, im Vergleich zu Amerika, sechs mal so viele Studenten, die ihr Studium in den Ingenieurwissenschaften beenden. In den USA wird dagegen damit gerechnet, daß in Zukunft 275.000 Studenten fehlen werden. Manche halten dies für eine starke Übertreibung, da es heute bereits zu viele Naturwissenschaftler gäbe und sie den Bedarf an zusätzlichen Forschern für das Jahr 2011 grundsätzlich in Frage stellen. In Schulen sollte die Dreieinigkeit der 'Physik-Chemie-Biologie' zugunsten von einführenden Lehrveranstaltungen in die Technik aufgeben werden.

"Nur das, was wir für das Leben lernen, werden wir auch ein Leben lang behalten" sagte Rustum Roy, Professor der Pennsylvania State University und Mitglied der renomierten 'National Acadamy of Engineering'. Mit diesem Prinzip entwickelte die 'American Association for the Advancement of Science' ein Projekt für das Jahr 2061, mit dem die wissenschaftliche Ausbildung reformiert werden soll.

**Die frühere UdSSR**

Die UdSSR ist ein charakteristischer Fall, bei dem große finanzielle und menschliche Ressourcen in W&T investiert wurden, während diese kaum Auswirkungen auf die Wirtschaft hatten.

In viel größerem Umfang als in den USA wurden, trotz eines sehr geringen BSP, 70% aller Materialien und Fachkräfte der W&T für die Waffenproduktion verwendet, teilte uns Roald Sagdeev (leitender Weltraumforscher der ehemaligen UdSSR) mit. Die militärische Entwicklung hatte oberste Priorität. Schlimmer jedoch ist, was Gorbatschow als *"internal COCOM"* der russischen Föderation bezeichnete. Die strenge Trennung zwischen ziviler und militärischer Industrie verhinderte, daß Materialien und Technologien, die für militärische Zwecke entwickelt wurden, auch in der zivilen Wirtschaft zum Einsatz kamen. Von den gesamten sowjetischen Industriekapazitäten waren ungefähr 70% militärisch ausgerichtet.

Auf diese Weise entstand die enorme Diskrepanz zwischen den Erfolgen im militärischem Sektor, (besonders in der Weltraumforschung) der zurückgebliebenen zivilen Industrie und der Landwirtschaft.

Wissenschaftliche Errungenschaften fanden nur sehr verzögert Anwendung. Nach Guri Marchuk, dem damaligen Präsidenten der Akademie der Wissenschaften der UdSSR, dauerte es "durchschnittlich zehn Jahre, bis aus einer wissenschaftlichen Erfindung eine weitverbreitete Technologie wurde".

Die Krise und Isolation der UdSSR, die Verschlechterung der Finanzlage, die geringere finanzielle Unterstützung der Wissenschaft, die Verschlechterung des Lebensstandards und die Öffnung der Grenzen führten schließlich zur größten Emigration von Wissenschaftlern seit dem 1. Weltkrieg. Zielländer waren vor allem die USA und Israel, aber auch fortschrittlichere EL. Die Zahl der sowjetischen Immigranten in der USA stieg 1991 um mehr als das zehnfache. Für 1992 wurde eine begrenzte Aufnahme von 60.000 sowjetischen Einwanderern festgelegt. Von den sowjetischen Flüchtlingen, die 1990 in die USA einreisen durften, waren mehr als 800 Doktoren einer Naturwissenschaft und 8 000 ausgebildete Ingenieure. Top-Wissenschaftler sind sehr gefragt und finden schnell Arbeit.

Manche wurden auf unbesetzte Stellen in amerikanischen Colleges geholt. Nahezu das gesamte Personal des 'Theoretical Physics Institute in Minnesota' besteht aus ehemaligen UdSSR-Flüchtlingen. Viele dieser Angestellten, wie z. B. der 78-jährige Gelfand, kritisieren das Ausbildungssystem der USA und arbeiten an einer Reform.
In amerikanische Firmen wurden insgesamt 215 russische Wissenschaftler eingestellt, um an einer Optimierung der Fiberoptiktransmissionstechnik mitzuarbeiten. In Rußland wurde eine neue Methode für eine optische Ummantelung und ein neues Glasmaterial entwickelt, mit denen kostengünstiger und effizienter fiberoptische Systeme produziert werden könnten. Die Bezahlung der Forscher im heutigen Rußland beträgt, bei aktuellen Wechselkursen, nur ungefähr 480 US-Dollar p.a., während sie in den USA 70.000 US-Dollar bekommen. Bei Firmen und Regierungsbehörden in den USA sind Technologien und Experten aus der früheren UdSSR sehr begehrt.

Dennoch blieben andere Wissenschaftler und Ingenieure auch arbeitslos, so daß sie, laut Alexander E. Kaplan, Emigrant aus der UdSSR und jetziger Physiker an der 'John Hopkins University', "als Programmierer, Buchhalter oder Taxifahrer arbeiten müssen und womit der Wissenschaft und der Industrie ein hohes produktives Potential für immer verlorengeht".

Emigrierte sowjetische Wissenschaftler sind billiger als ihre US-amerikanischen Kollegen. Das gilt besonders, wenn sie bei amerikanischen Partnerfirmen in Rußland angestellt werden. Zudem haben sich zwischen den USA, England und anderen Partnern Rußlands 'Joint-ventures' gebildet.

Das alles trägt dazu bei, daß die *GUS* und die Immigrationsländer das hinterlassene sowjetische Wissenschafts- und Ingenieur-Potential sinnvoll nutzen können. Daneben haben sich bereits sowjetische Wissenschaftler und Techniker zusammengeschlossen, um eigene Firmen in den USA zu gründen; manche von ihnen haben sich als durchaus wettbewerbsfähig erwiesen.

Eine große Sorge der USA, Ägyptens aber auch von der früheren UdSSR selbst wurde es, daß sowjetische Atomwissenschaftler von Staaten eingekauft werden könnten, die Interesse an nuklearen Waffen besitzen. Wie können die 2.000 bis 3.000 Wissenschaftler, die über das fortgeschrittenste Nuklearwissen verfügen, in friedlichen Programme im eigenen Land eingebunden werden? Da sich ihre individuelle und finanzielle Lage rapide verschlechtert, haben sie ein großes Interesse an gutbezahlter Arbeit.

Während des Besuchs des ehemaligen amerikanischen Staatssekretärs James Baker wurde das Problem auf dem "mit Stacheldraht umzäunten Gelände des Chelyabinsk-70, eines der beiden Labore des sowjetischen Nuklearwaffenkomplexes" mit Wissenschaftlern diskutiert. Es wurde beschlossen, ein internationales Wissenschaftsinstitut einzurichten, in dem Atomexperten speziell in Projekten eingesetzt werden sollen, in denen militärische Technologien (wie z.B. die magnetische Fusion) für den zivilen Bereich nutzbar gemacht werden (z.B. neue Techniken der Energieerzeugung). Zu diesem Zweck wurde ein internationales W&T-Zentrum in Moskau eingerichtet, zu dessen Errichtung die USA, Japan und die Europäische Union insgesamt 75 Mio. US-Dollar beisteuerten. Ein weiteres Zentrum soll in Kiew (Ukraine) errichtet werden, für das die USA mit 75 Mio. US-

Dollar die Grundfinanzierung übernahm. Waffenexperten und Ingenieure sollen auf diese Weise davon abgehalten werden, ihr Know-how Ländern zur Verfügung zu stellen, die dem Westen gegenüber feindlich eingestellt sind.

Das alles sind erste Schritte bei der komplexen Aufgabe, das riesige Potential an Wissenschaftlern der früheren UdSSR sowohl für die Nachfolgestaaten als auch für andere Länder, die sich für den Fortschritt von W&T engagieren, nutzbar zu machen.

**Die Republik Korea**

Für einige Länder des Südens können W&T die Schlüsselfaktoren zu einem wirtschaftlichen Fortschritt sein, z.B. für die "Dynamic Asians Economies" (**S**üd**k**orea, Taiwan, Hongkong, Singapur, Thailand und Malaysia). SK ist in seinem Entwicklungsprozeß von allen das typischste und lehrreichste Beispiel. Ich möchte es daher im folgenden kurz vorstellen.

SK verfügt nur über wenige natürlichen Ressourcen und hat eine große Bevölkerungsdichte. Seine Entwicklung stützte sich stark auf sein Ausbildungssystem. W&T wurden nicht nur in der Theorie gefördert sondern auch praktisch eingesetzt und entwickelt. Die Regierung plante umfassende politische Maßnahmen und Strategien zur Entwicklung von W&T (insbesondere die High-Technologien), um die Wirtschaft nach außen zu orientieren und selbst unabhängig von Technologieimporten zu werden. Die Strategie sah dabei drei parallele Ansätze vor: 1) die Entwicklung einer soliden Basis qualifizierter Arbeitskräfte, 2) die Einführung und den Einsatz von fortschrittlicher, ausländischer Technologie und 3) Anreize für W&T im eigenen Land. Die koreanische Entwicklung begann mit dem Import von Technologien, die im Land verändert und kopiert bzw. verbessert und für den eigenen Bedarf modifiziert wurden.

Durch eine gute Ausbildung und Qualifikation der Arbeitskräfte wurde eine erste Grundlage für die eigene Entwicklung gelegt. Der Analphabetismus der Bevölkerung konnte bereits 1980 beseitigt werden; alle Kinder besuchen seitdem die Grund- und Mittelstufe, 82,2% schlossen eine weiterführende Schulausbildung an (1986). Die schnelle Zunahme qualifizierter Arbeitskräfte ermöglichte nicht nur die Aufnahme und Modifikation ausländischer Technologien, sondern förderte auch die Entwicklung eigener W&T. Auch dies bildete einen Faktor für den weiteren erfolgreichen Transfer von ausländischen Technologien und Wissenschaft.

Nachdem diese Ziele erreicht waren, wurde der Schwerpunkt auf die finanzielle Unterstützung der landeseigenen W&T gelegt, in der viele landeseigene Forscher Beschäftigung fanden. Die Zahl der Wissenschaftler und Ingenieure verdoppelte sich in den 80er Jahren; der Anteil vom W&T am BSP verdreifachte sich.

Ein derartiger Einsatz menschlicher und finanzieller Ressourcen mußte, wenn er durch eine gut geplante W&T-Politik, und nicht zuletzt durch vorbildliche W&T-Projekte, unterstützt wird, erfolgreich sein: 80% aller Ausgaben wurden für die F&E oder die Vermarktung der F&E-Ergebnisse ausgegeben, 12% für Ausbildung und den Import von Technologien und 2% für den Ankauf von nötiger Ausrüstung für F&E. Anfangs stand die Entwicklung und Anwendung von W&T im Vordergrund, schrittweise wurden aber die Grundlagenwissenschaften immer wichtiger. Die Bildung der 'Korean Science and Engineering Foundation' trug wesentlich zu der systematischen Zusammenarbeit zwischen Regierung, Universitäten, Industrie und Forschungsinstituten bei. Als die Industrie wirtschaftlich stabiler geworden war, übernahm sie vom Staat den größten Teil der Finanzierungsleistungen: Sie stiegen von 32% im Jahr 1971 auf 81% im Jahr 1986. 1971 existierte nur ein privates W&T-Institut, 1986 waren es bereits 290.

Zukünftig soll mit der High-tech-Industrie ein spezialisierter Industriezweig gefördert werden, der durch intelligente Lösungen, die Grundlagenwissenschaft, energie- und ressourcenschonende High-Technologien und qualifizierte Arbeitskräfte hochrangige Zusatzprodukte hervorbringt, mit denen wieder neue Arbeitsplätze geschaffen werden können. Das günstige Klima für W&T, die breite Anwendung der Naturwissenschaften und die Integration von W&T in die Entwicklung stellen wichtige Faktoren für den Erfolg Koreas dar.

Institutionen wie z.B. die 'Korean Science Policy Foundation', die der koreanischen Bevölkerung rationelles und wissenschaftliches Denken näherbringen sollen, wurden eingerichtet. Drei Ziele wurden damit verfolgt: 1. W&T als Bestandteil der Entwicklung zu verstehen; 2. die Bevölkerung dazu anzuregen, elementares technisches Wissen auch im täglichen Leben einzusetzen; 3. Anregung zu geben, technische Fähigkeiten selbst zu erlernen sowie Aufklärungs- und Überzeugungsarbeit dahingehend zu leisten, daß eine zielorientierte Entwicklung und Expansion der Wirtschaft zusätzliche wissenschaftliche und technische Fähigkeiten erfordert[52] .

Dieser Strategie folgend, wurden rechtliche und finanzielle Rahmenbedingungen geschaffen, mit denen die definierten Aufgaben und Grundzüge dem jeweiligen Entwicklungsstadium angepaßt wurden.

Bei der Evaluation der koreanischen Entwicklung von W&T (die wirtschaftliche Entwicklung mit eingeschlossen), sollten bestimmte Faktoren berücksichtigt werden:
- Die Militärdiktatur schuf seit 1961 einen Zusammenhalt unter den aufstrebenden Unternehmen, indem sie günstige Kredite (loan gurantees), niedrige Löhne und lange Arbeitszeiten (bis zu 55 Wochenstunden) einführte und den inländischen Markt schützte. Damals entstanden auch etliche der heute so bedeutenden Mischkonzerne.
- Es folgte eine Demokratisierungsbewegung. Durch gewaltsame Aufstände wurden Produktionsstätten zerstört, die Löhne stiegen in drei Jahren bis zu 60%, Spareinlagen und Investitionen wurden gekürzt. Die Preise stiegen und der koreanische Won gewann im Vergleich zum Dollar an Wert, was dazu führte, daß 1989 die Exporte durch strenge Importbeschränkungen zurückgingen.

---

52 Hyung Sup Choi: Science and Technology policies in the Industrialization of a Developing Country - Korean Approaches. South Commission, Genf, 1988

- Auch heute hören wir von stürmischen Protesten und Demonstrationen der Studenten in Südkorea und es ist kaum vorauszusagen, welchen Einfluß diese Unruhen auf die Entwicklung des Landes haben werden.
- Es wird für Korea immer schwerer, sich kommenden technologischen Veränderungen anzupassen. Die koreanische Bank kritisierte in einem Bericht, daß koreanische Firmen mehr in den Unterhalt ihrer Betriebe, als in Forschung investieren würden.

Korea zog aus dem Austausch mit dem Ausland großen Nutzen, wie einige Faktoren gut belegen. Es erhielt eine Pro-Kopf-Unterstützung aus dem Ausland, die das dreifache der Hilfe für W-Europa durch den Marschall-Plan war. Mit einer starken W&T und einer breiten wirtschaftlichen Grundlage könnte sich Korea dem neuen politischen Prozeß der Demokratisierung anpassen, wenn eine gerechtere Einkommensverteilung die Arbeiter zu einer Leistungsverbesserung ihrer Arbeit anregen würde. Ein wissenschaftlicher Mitarbeiter der 'Prudential-Bache Securities' in Seoul sieht die zukünftige Herausforderung, vor der Korea steht, folgendermaßen: "Die größte Frage, die sich für Korea stellt ist: Können die Demokraten die Wirtschaft genauso erfolgreich führen, wie es die Despoten konnten?"

Es hat den Anschein, als ob sich der demokratische Prozeß in Korea, zwar nicht ohne soziale Unruhen, aber mit einer noch immer wachsenden Wirtschaft, fortsetzen wird.

## Indien

Indien ist eines der größten Länder des Südens, dessen Stärke in den Naturwissenschaften, aber nicht bei den technologischen Systemen liegt. Indien besitzt mit mehr als 2 Mio. ausgebildeter Naturwissenschaftler die drittgrößte Anzahl wissenschaftlicher Arbeitskräfte, 6.500 wissenschaftliche Zeitschriften werden pro Jahr veröffentlicht und indische Wissenschaftler sind weltweit anerkannt. Dennoch hat das Land nur einen geringen Beitrag zur Entwicklung neuer Prozesse, Produkte oder Materialien geleistet. Sogar Länder mit nur 1% der Größe Indiens konnten größere Erfolge erzielen. Indien opferte bei seiner Entwicklung Qualität für Quantität. Selbst mit High-Tech hat es kein ausreichendes Qualitätsniveau schaffen können, da notwendige Investitionen in die Grundlagenforschung ausblieben.

Ein weiteres Entwicklungshemmnis Indiens ist das Kastensystem: "Das Privileg, eine höhere Ausbildung genießen zu können, ist zum größten Teil vererbt und beschränkt sich auf weniger als 5% der gesamten Bevölkerung".

Was aber geschieht mit dem großen wissenschaftlichen Potential des Landes, wenn Indien doch in der internationalen technologischen Entwicklung weit zurückliegt und die Grundlagenforschung gleichzeitig vernachlässigt. Eine Erklärung könnte in der Verteilung der Ausgaben für W&T gefunden werden: 79,8% aller Ausgaben für W&T werden für die Atomenergie, die Verteidigung und die Raumfahrt aufgewendet.

Der Rückstand der indischen Wissenschaft rief eine kontroverse Diskussion in der Fachöffentlichkeit hervor. Dem Artikel "Nehrus Traum von Wissenschaft" zufolge, hatte der große indische Führer ein starkes Interesse an W&T. Es bestanden allerdings erhebliche Unterschiede zwischen seinen Träumen und dem, was aus ihnen gemacht wurde.

So kam nach der Unabhängigkeit Indiens eine Ära der W&T, die jedoch mehr von Technologien als von wissenschaftlichen Aktivitäten geprägt war. Diese einseitige Gewichtung wurde mit der Notwendigkeit begründet, zunächst eine technologische Grundlage für die Entwicklung des Landes schaffen zu müssen. Einflußreiche Forschungsinstitute wurden aufgebaut, an denen die kompetentesten indischen Wissenschaftler und Techniker arbeiteten. Sie wurden wirtschaftlich und finanziell stark unterstützt. Die indischen Universitäten verloren dagegen an Einfluß und wurden für unfähig erklärt, hochrangige wissenschaftliche Forschung betreiben zu können. Das führte dazu, daß die indischen Universitäten mit Lehrern und Professoren alleingelassen wurden, deren fachliche Fähigkeiten erschreckend mäßig waren. Viele Professoren der staatlichen Forschungsinstitute beklagten vehement die schlechte Qualität der universitären Ausbildung. Diese ungerechte Behandlung von Universitäten gegenüber Instituten schadete den Universitäten, verleidete den begabtesten Studenten die Ausbildung und vertrieb ehrliche Anhänger der Naturwissenschaften. Nach aktuellen Informationen soll sich die Situation in Indien mittlerweile etwas verbessert haben.

## Die vielfältigen Aspekte bei einer Analyse von W&T

### Minderwertigkeitsgefühle gegenüber der eigenen W&T

Die technologische und wissenschaftliche Abhängigkeit der EL ist Ausdruck einer mentalen Unterwerfung, die durch starke Minderwertigkeitsgefühle gegenüber der eigenen W&T geprägt ist. Dieses Gefühl (das besonders bei Amtsträgern in Entscheidungspositionen anzutreffen ist) führte dazu, daß wissenschaftliche und technologische Initiativen des Südens schon im Keim erstickt werden. Wissenschaftler und Techniker des eigenen Landes sollten stärker respektiert und bei der Besetzung von entscheidenden Funktionen gegenüber ausländischen Bewerbern bevorzugt werden. Erfahrungen aus anderen Ländern (z. B. Brasilien) zeigen, daß durch eine Zusammenarbeit von Wirtschaftsexperten, Naturwissenschaftlern und Technologen ein erstaunliches Wachstum ausgelöst werden konnte. Für eine unabhängige Entwicklung ist es wichtig, Hindernisse zu überwinden.

Ebenso wichtig ist es, daß sich Wissenschaftler und Technologen des Südens zusammenschließen, um für ihre Anerkennung gemeinsam Druck auf ihre Regierungen auszuüben. Auch die wissenschaftlichen Vereinigungen des Nordens sind dementsprechend organisiert. In England gab es z.B. eine starke Bewegung mit dem Motto "Rettet die britischen Naturwissenschaften". Aus diesem Zusammenhang stammt das Zitat aus 'The Economist' vom 9. März 1991 (House of Lords Select Committee on S&T):

*England könnte eines Tages ohne eigene Produktionsstätten enden, wenn die britische Regierung nicht bereit ist, mehr in W&T zu investieren, Investitionshemmnisse abzubauen und vorausschauende Planungen zu beginnen.*

Jetzt, nach fünf Verhandlungsjahren, sieht man eine Reaktion: Es scheint, als hätte der neue Wissenschaftsminister die Relevanz des Themas erkannt. Neue politische Strategien werden ausgearbeitet und Wissenschaftler darüber konsultiert, wie "die Naturwissenschaften aus ihrer Depression erlöst werden können" (New Scientist, 3. Oktober 1992). Ich glaube, daß die Zeit reif dafür ist, Wissenschaftler und Technologen wieder in unsere staatlichen Einrichtungen einzubeziehen. Dabei werde ich an eine Geschichte des legendären König Athurs erinnert, an dessen Hof es einen Magier namens Merlin gab. Merlin schmiedete am Hof durch seine Magie Eisen zu Schwertern und braute medizinische Zaubergetränke.

Der Wissenschaftler ist der Merlin von heute. Wissenschaftler sind in der Lage, magische Heldentaten zu vollbringen, von denen der Merlin von gestern nicht einmal zu träumen wagte; sie können sogar gesellschaftliche Veränderungen auslösen. In den EL werden die Merlins jedoch von staatlichen Angelegenheiten ausgeschlossen. Sollten sie nicht sogar gebeten werden, ihre professionellen Fähigkeiten dort einzubringen? Viele meinen, und vielleicht auch zu Recht, die Merlins in den EL seien unerfahrene Amateure, die kaum ihr eigenes Handwerk verstehen. Sie würden lieber zurückgezogen in ihrem eigenem Elfenbeinturm leben; die südlichen Länder wären deshalb gezwungen, die "richtigen" Merlins aus dem Norden heranzuziehen.

Vielleicht ist das auch so, aber warum? Könnte die Kraftlosigkeit der EL nicht dadurch überwunden werden, daß unsere eigenen Merlins zu der Entwicklung in ihren Ländern beitragen? Diese Aufgabe können nicht einmal ihre Kollegen, die Volkswirtschaftler nachkommen, die in dieser Metapher die Hohe-Priester der Entwicklung sind. Allein durch Erfahrung kann der Merlin-Wissenschaftler lernen, wie Entwicklungsprobleme anzugehen sind, auch wenn er seine Wissenschaft längst beherrscht. Dieser verhängnisvolle Strudel von gegenseitigem Mißtrauen kann hoffentlich noch vor dem nächsten Jahrhundert unterbrochen werden.

## Die Stellung der Wissenschaftler in der Gesellschaft

Wissenschaftler können erst dann ihren vollen Beitrag leisten, wenn sie (genau wie in ihrer wissenschaftlichen Arbeit), gleichberechtigt neben Wirtschaftsfachleuten und Politikern, umfassend in die Entwicklungs- und die Entscheidungsprozesse eingebunden werden. Sogar in großen Wirtschaftsunternehmen wurden bereits Naturwissenschaftler in Führungspositionen befördert und damit positive und ermutigende Ergebnisse erzielt. Dies geschieht jedoch nur selten, besonders in Ländern des Südens.

Der Erfolg der Wissenschaftler hängt stark von ihrem Stellenwert in der Gesellschaft ab. Dieser kann an folgenden Kriterien gemessen werden:

1. der Qualität der wissenschaftlichen Infrastruktur;
2. ihrer Ausstattung;
3. der Verfügbarkeit von ausländischer Literatur;
4. den Kontakten mit Wissenschaftlern anderer Lände durch Besuch oder Austausch;
5. ihrer finanziellen Ausstattung und
6. der staatlich/gesellschaftlichen Anerkennung.

## Die gegenseitige Verantwortung von Wissenschaftlern und Technologen

Parallel dazu müssen Wissenschaftler und Technologen in den EL Sinn für Verantwortung entwickeln. Zur Zeit stellen Wissenschaftler und Technologen dort nur einen kleinen Randbereich dar. Sie bilden keine eigene Subkultur und füllen höchstens Nischenfunktionen aus. Ihre Bedeutung hängt von ihrer Artikulationsfähigkeit und ihrer Integration in den nationalen Entwicklungsprozeß ab. Bei der Entwicklungszusammenarbeit müssen sie sich als Teil eines Teams verstehen, das gemeinsam vor einer aufregenden Herausforderung steht.

Ihre Vorstellungen von einer sozio-ökonomischen Entwicklung bestimmen sowohl ihre Artikulationsfähigkeit als auch das Ansehen, das sie im nicht-wissenschaftlichen Teil der Bevölkerung, besonders bei Entscheidungsträgern (Politikern, Unternehmern, Managern und Bankiers) genießen.

Eine Sache sollte klar gesagt werden: Die Wissenschaftler und Technologen selbst müssen durch ihre Einstellung zur Landesentwicklung diese Wechselwirkung beeinflussen. Sie müssen die wirtschaftliche Grundlage der Produktion in ihrem Land ebenso wie den wirtschaftlichen Wert ihrer eigenen Arbeit verstehen lernen. Sie müssen sich darüber bewußt werden, daß sie, als Gruppe der "Verlassenen", sich bei gemeinsamen Wünschen und Zielen treffen. Wir wollen nichts mehr von den "Elfenbeintürmen" hören, in die sich unsere (verantwortlichen) Wissenschaftler zurückziehen. Ich wundere mich manchmal, warum die verantwortlichen Wissenschaftler und die Öffentlichkeit in den EL nicht stärker zusammenarbeiten, wie es beispielsweise in England unter den Landwirten üblich ist. Dort ist der lokal zuständige Wissenschaftler bei einer Katastrophe in der Landwirtschaft für die Landwirte der erste Ansprechpartner.

## Der universale Charakter der Wissenschaft und die Expertenauswanderung

Eines der schwierigsten Probleme im Umgang mit Naturwissenschaftlern ist der universale Charakter der W&T und die Versuchung für Wissenschaftler, aus ihrem Land zu emigrieren.

Eine der besten Vorkehrungen gegen die Abwanderung von Experten ist ein Konzept, das in einem Versuchsprojekt der IAEA-UNESCO vom 'International Centre for Theoretical Physiks' (ICTP) in Trieste getestet wurde: das 'Associateship Scheme'. Ausgewählte Wissenschaftler, die in EL leben und arbeiten, bekommen dabei garantiert, daß sie drei Mal im Laufe von sechs Jahren jeweils sechs bis zwölf Wochen nach ihrer eigenen Wahl am ICTP arbeiten dürfen. Für ihre gesamten Reise- und Lebenskosten kommt das ICTP auf. Es werden allerdings keine Gehälter gezahlt. Über 400 Physiker, die in der Dritten Welt arbeiten, sind gegenwärtig Mitglieder der ICTP. Von den 25.000 Auslandsreisen, die in den letzten 25 Jahren von Physikforschern aus der Dritten Welt unternommen wurden, ist kein einziger Fall bekannt, in dem ein Mitglied, dieses renommierten Zentrums aus dem Land emigriert ist. Ähnliche Projekte sollten auch in anderen Disziplinen für naturwissenschaftliche Forscher und Technologen angeboten werden. Es ist wichtig klarzustellen, daß Wissenschaftler ihr Land nicht aus finanziellen Gründen verlassen (anders die Mediziner), sondern weil sie dort meistens sehr isoliert leben, keinen gleichartigen gesellschaftlichen Kontakt finden, nur unzureichenden Zugang zu wissenschaftlicher Literatur oder zu fachlichem Informationsaustausch haben.

Es gibt auch noch andere Projekte, wie das TOTKEN, das vom 'United Nations Development Programme' (UNDP) entworfen wurde. Die Emigranten tragen dabei eine wichtige Rolle bei der Entwicklung ihres Landes. Dieses Programm ermöglicht ausgebürgerten Wissenschaftlern und Technologen, in ihr früheres Heimatland regulär einreisen zu dürfen.

Die IL haben wesentlich dazu beigetragen, das Problem der Auswanderung von Wissenschaftlern zu verschärfen. Nach Schätzungen der 'National Academy of Sciences' der USA kehren nur die Hälfte aller Ausländer, die in den USA ihren Doktor der Physik gemacht haben, wieder in ihr Heimatland zurück. Das hängt partiell damit zusammen, daß die USA erkannt hat, daß der Bedarf der USA an Physikern nicht allein durch einheimische Doktoranten gedeckt werden kann. Es wurde auch Kritik daran geübt, derart viele ausländische Studienabsolventen (nicht nur aus den EL) im Land zu behalten.

In diesem Zusammenhang möchten wir einen Vorschlag machen, wie ein Teil der Schuldgefühle der Emigranten gegenüber ihrem früheren Land, für die Ausbildung, die ihm zugute gekommen ist, abgelegt werden können. Ihm/Ihr könnte vorgeschlagen werden, Einlagen in (private) Stiftungen für die Wissenschaft seines/ihres Landes zu leisten. In jedem EL könnte eine solche Stiftung geschaffen werden, finanziert durch Spenden der ausgebürgerten Wissenschaftler, die mindestens den Zuwendungen entsprechen, die sie selbst für ihre Ausbildung von ihrem Land erhalten haben. Auf diese Weise kann auch das Wissenschafts- und Ausbildungssystem ihres Landes bereichert werden (ein solcher Vorschlag müßte jedoch geschickt vorgebracht werden, um keinen Anstoß zu erzeugen).

**Die Bedeutung der privaten Stiftungen für die W&T**

Die Bedeutung der privaten Stiftungen kann gar nicht überbewertet werden (außer für planwirtschaftlich Staaten). Alleine in den USA gibt es 22 000 solcher Stiftungen, für die die Regierung Unterstützung in Form von großzügigen Steuererleichterungen leistet (besonders der mittlere Westen war einst legendär für seine Forschungs- und Ausbildungsstiftungen).

Imam Ghazzali zahlte im 11. Jahrhundert ein Tribut an die Länder des Iran und Irak mit den Worten: "Es gibt kein Land, in dem es einem Gelehrten leichter gemacht wird, für seine Nachkommen vorzusorgen". Zu dieser Zeit plante er, sich in das Einsiedlerleben zurückzuziehen.

**Verständnis für die Schwierigkeiten mit Kreativität in der wissenschaftlichen Forschung sowie dafür, daß sie Eigenarten und einen eigenen Sittenkodex hat.**

Wissenschaftliche Forschung kann nicht zu jeder Zeit für alle Probleme Lösungen erbringen, besonders nicht nach zeitlichen Vorstellungen staatlicher Verwaltungen. Die Situation in den nördlichen Ländern bei der Krebs- oder AIDS-Forschung verdeutlicht dies dramatisch, auch wenn Milliarden investiert werden und hunderte von Forschern zusammen an der Lösung dieser Probleme arbeiten. Vor diesem Hintergrund müssen die Ersatzforderungen beurteilt werden, die an kleine und hilflose Gemeinschaften von Forschern gestellt wurden (wie es in einigen EL geschehen ist). Es ist wichtig, sich auch bewußt zu machen, daß es letztendlich einzelne Wissenschaftler oder Technologen sind, die neue Ideen entwickeln.

Neue und fortgeschrittene technologische Entwicklungen können nicht immer in vorgeschriebenen Bahnen verlaufen, wie dies Alexander King, der ehemaligen Präsidenten des Club of Rome, formulierte: *"Das Denken vieler Ökonomen impliziert, daß neue Technologien im wesentlichen als Reaktion auf die Wechselwirkungen zwischen ökonomischen Kräften entstehen. Das stimmt natürlich nur teilweise. Es kann außerordentlich gefährlich sein, sich bei der Lösung von Problem, die bereits Krisenausmaße angenommen haben, auf "technologischen Kniffe" zu verlassen. Die Einführungszeiten der Technologien, von der Entdeckung und Entwicklung bis zum Einsatz, können so lange sein, daß die Lösung zu spät kommt. Neue wissenschaftliche Entdeckungen ermöglichen in zunehmendem Maße die Entwicklung komplett neuer Technologien, wie sie niemals von ökonomischen Kräften hätten verursacht werden können".*

**Eine Gemeinschaft der Naturwissenschaften**

Die Einengung der Kreativität in der wissenschaftlichen Forschung kann dadurch minimiert werden, daß politische Vorgaben so weit wie möglich reduziert werden. Dies könnte durch die Bildung von Gemeinschaften von Naturwissenschaften in Regionen oder strukturverwandter EL geschehen. Ich zitiere dazu aus einem meiner Artikel, den ich vor einiger Zeit über Regionen der Dritten Welt schrieb, die durch ähnliche kulturelle und politische Voraussetzungen geprägt sind, z.B. das französischsprachige Afrika, die Karibik, Arabien oder die islamischen Länder:

Wir brauchen eine Gemeinschaft der Naturwissenschaften in unseren Ländern, auch wenn heute noch keine politischen Zusammenschlüsse in Aussicht sind. Ein solche Gemeinschaft der Naturwissenschaften gab es bereits in der Vergangenheit, als in Zentralasien (in Ibn-Sina oder Al-Biruni) noch in einheitlicher arabischer Sprache geschrieben wurde.

Meinem damaligen Kollegen, dem Physikforscher Ibn-ul-Haitham, wurde damals gestattet; von seinem Geburtsort Basra, dem Herrschaftsgebiet des Kalifen von Abbas, zu dem Hof seines Konkurrenten Fatmi, dem Kalifen von Ägypten, auszuwandern. Ungeachtet der politischen und konfessionellen Differenzen, die damals genauso bestanden wie heute, konnte er sicher sein, dort mit Respekt und Anerkennung empfangen zu werden.
Die heutigen Politiker und Wissenschaftler, mich selbst eingeschlossen, müssen sich genauso wieder für solche Gemeinschaften der Naturwissenschaften einsetzen.

Die Wissenschaftler der El bilden heute eine kleine Untergruppe in der Gesellschaft und betragen nur etwa ein Hundertstel bis Zehntel der Wissenschaftler in westlichen Ländern. Deshalb müssen wir uns zusammenschließen, um unsere Ressourcen zu bündeln und als eine Gruppe zusammenzuarbeiten. Eine Hilfestellung wäre ein Regierungsmoratorium für die nächsten 25 Jahre, mit dem uns eine umfassende Immunität übertragen wird. Wäre es nicht sinnvoll, wenn Wissenschaftler aus ohnehin kulturell verbundenen Regionen des Südens eine Wissenschaftsgemeinschaft bilden und bei politischen und konfessionellen Streitigkeiten von dieser geschützt würden?

Die USA baute in kurzer Zeit ihre jetzige Vormachtstellung in den Naturwissenschaften dadurch auf, daß sie Wissenschaftler aufnahm, die aus Europa flohen. Es wurde jedoch nicht erwartet, daß diese in ihre Heimatländer zurückkehren, sobald "ihre Pflichtreise" beendet war. Sie lernten die englische Sprache, ließen sich in den USA nieder und gründeten Familien. [...] Die Frage, die sich uns heute stellt, ist: Wird in unseren Ländern wenigstens den hoch-qualifiziertesten aller Wissenschaftlern, die aufgenommen wurden, ein ähnliches Angebot gemacht? Versprechen wir Ihnen Frieden und persönliche Sicherheit? Empfangen wir sie mit offenen Armen, so daß sie mit vollster Hingabe ihre Forschungsschulen aufbauen?

Wenn diese Haltung Akzeptanz findet, bestimmen fünf kardinale Voraussetzungen die Renaissance der Naturwissenschaften:
1) unser leidenschaftlicher Einsatz dabei;
2) ein umfassender Schutz;
3) Sicherheitsvorkehrungen;
4) Selbstverwaltung und
5) der Grad der Internationalisierung unserer wissenschaftlichen Unternehmen.

Wird erst einmal akzeptiert, daß zwischen Wirtschaftswachstum und Umweltschutz ein Konflikt vorprogrammiert ist, benötigt man eine Lösung im Sinne der nachhaltigen Entwicklung, weil beide voneinander untrennbar sind. Eine Neubewertung der in den letzten vier Dekaden implementierten Entwicklungsansätze und die gegenwärtigen Bedenken zu den Gefahren für die Umwelt, mündeten in das Konzept der nachhaltigen Entwicklung, das sich auf die Wechselwirkungen zwischen Entwicklung im Umweltschutz und Wirtschaftswachstum konzentriert. Der Begriff der 'nachhaltigen Entwicklung' wurde von der Weltkommission für Umwelt und Entwicklung (der Bruntland Kommission) in ihrem 1987 veröffentlichten Bericht "Our Common Future" in die Debatte eingeführt. Die Kommission definierte den Begriff so, daß nachhaltige Entwicklung den Bedürfnissen heutiger Generationen entsprechen müsse, ohne dabei die Bedürfnisse zukünftiger Generationen zu gefährden. Dies bedeutet, daß gleichzeitig Ziele für die ganze Welt festgelegt werden müssen, die das Wirtschaftswachstum gewährleisten, Armut und Entbehrung beseitigen, die Umwelt erhalten und zur Entwicklung unserer Ressourcen verhelfen. Um zu einer arbeitsfähigen Strategie zu gelangen, die miteinander verknüpften Probleme wie Armut, Ungleichheit oder Übernutzung der Umwelt beseitigt, müssen neue Ansätze für Wirtschaftswachstum und Umweltmanagement gefunden werden. Nachhaltige Entwicklung beinhaltet festes und bewegliches oder 'Umwelt-' und 'von Menschen erzeugtes' Kapital. Im Sinne der Nachhaltigkeit darf sich der gesamte Kapitalstock nicht verringern, woraus resultiert, daß sich der Grad der Nachhaltigkeit aus dem Verhältnis von natürlichen und menschlichen Aktivitäten errechnet. "Die Gesamtproduktivität des akkumulierten Kapitals, einschließlich seiner Auswirkungen auf die menschliche Gesundheit, ästhetisches Vergnügen sowie das Einkommen muß die Verluste beim natürlichen Kapital kompensieren können".

## Wissenschaft, Technologie und Umwelt

*Doppelte Verantwortung von W&T*

Die Herausforderungen der Umwelt an die Menschheit und ihre Folgen für das Wirtschaftswachstum stellen W&T vor eine doppelte Verantwortung:

- Wissenschaftliche Forschung muß dazu veranlaßt werden, die Umweltverschmutzung zu verringern oder ganz zum Verschwinden zu bringen, indem sie sauberere Technologien bei der Produktion von Gütern und Dienstleistungen - kurz umweltfreundliche Technologien - einführt;
- für bestehende und kommende Umweltgefahren wissenschaftliche und technische Lösungen findet und einen Teil der Probleme, die wir der Technologie anlasten, löst. Kurzum, nachhaltige Entwicklung erfordert neue technologische Entwicklungslinien, die keine fundamentalen ökologischen Parameter gefährden. Technische Innovation ist gefordert, die das Muster der Wirtschaftsaktivitäten und künftigen Produktionskosten prägen kann. Technologien, die von natürlichen Energien betrieben werden, beeinflussen die Innovation und ihre Verbreitung und verändern die industrielle Struktur und Wettbewerbssituation auf nationaler und internationaler Ebene. Aus diesen Gründen muß die Entwicklung auf die unterschiedlichen Bedürfnisse einzelner Länder abgestimmt werden und erklärt ihre verschiedene Vorgehensweise.

Obwohl Art und Ausmaß der Bedrohung für die Umwelt ungewiß sind, können einige allgemeine Charakteristiken bezüglich W&T herausgegriffen werden. Es gibt zwar kein allgemeingültiges Konzept für die Etablierung universeller internationaler Prioritäten für W&T, dafür scheinen zumindest die bestehenden Schwerpunkte miteinander nicht in Konflikt zu stehen. Dem Konzept der 'Verschmutzungsvermeidung' entspricht etwa das der 'Senkung des Energie- und Rohstoffverbrauchs'; beide sind ausgezeichnete Orientierungslinien. Die auf die Umwelt 'ausgerichtete' Technologie sollte wenigstens eingangs kein großes Problem darstellen. Marktsignalen sollte man nicht trauen, weil sie verzerrt sind und zu Beginn auch noch keine große Genauigkeit verlangt wird. Investitionen zugunsten von Energieeinsparungen oder alternativen Entwicklungen gegenüber Investitionen in Öl- und Kohle-Technologien erscheinen deshalb als umweltfreundlicher.

*Unsicherheitsfaktoren bei W&T*

Die Finanzierung umweltbezogener W&T ist ein neues Gebiet, das noch nicht klar definiert ist und in dessen Dateien es noch eine Menge Defizite gibt. Auch wegen der Schwankungen im ökologischen Gleichgewicht brauchen wir Rat, wenn wir die Richtung von W&T festlegen wollen.

*Finanzierungstrends für umweltbezogene W&T*

Die Finanzierung von umweltbezogener W&T fiel in den OECD-Ländern eher bescheiden aus, nahm aber vor allem im letzten Teil der 80er zu. Laut OECD betrug der Anteil für Umweltschutz 1990, gemessen an den gesamten Regierungsausgaben für F&E, nur in fünf Ländern mehr als 3%: in Deutschland waren es 4,2%, den Niederlanden 4%, Neuseeland 3,6%, Schweden 3,2% und Dänemark 3,1%. Großbritannien verdoppelte seinen Anteil in der letzten Dekade, von 0,7% auf, weiterhin magere, 1,4%. In einigen Ländern wurden die bereits sehr niedrigen Aufwendungen noch geschmälert: in den USA von 0,8% im Jahr 1980 auf 0,6% in 1990 und in Frankreich von 1,1% in 1980 auf 0,7% in 1989. Für Japan gibt es keine vollständigen Daten, aber sein Anteil fiel mager aus: 0,5% in 1986 und 0,4% in 1989

*Die Richtung in der Umweltforschungspolitik*

*Das Forschungswesen hat sich allmählich von früher meist deskriptiven Formen zu mehr analytischen und experimentellen Formen entwickelt. Man ist bemüht, die inneren Mechanismen der von menschlichen Aktivitäten beeinflußten ökologischen, klimatologischen und anderen Prozesse zu begreifen. Gleichzeitig wurde in den 70er und 80er Jahren die Grundlagenforschung intensiviert; am stärksten wurden technologiebezogene Forschungen, vor allem im Bereich der Verschmutzungsbekämpfung, betont*[53].

Die Finanzierung von W&T setzt den Schwerpunkt auf sich abzeichnende Umweltgefahren wie die Probleme der Zerstörung der Ozonschicht, der globalen Erwärmung und auf das Ziel, die Emissionen der Treibhausgase zu senken. Letztere sollen für die 90er und darüberhinaus zum zentralen Problemfeld der Politik gemacht werden. Die globalen Klimaveränderungen stellen eine besondere Herausforderung, ein komplexes Problem dar, wobei es noch unklar ist, welcher Forschung wir den Vorzug geben sollen.

*Wir haben keinen Beweis für die These vom Zusammenbruch der wissenschaftlichen Forschung. Aber wir wissen zu wenig über die Beziehungen zwischen Grundlagenforschung und angewandter F&E, und wie diese Beziehungen in Zukunft sein sollten.*

Verschiedene OECD-Länder folgen unterschiedlichen Ansätzen, je nach Voraussetzungen und Schwerpunkten. Die Komplexität der Probleme legt einen interdisziplinären Ansatz nahe, der die Sozialwissenschaften da integriert, wo vordem nur die Naturwissenschaften waren. Aktivitäten auf nationaler Ebene haben in gleicher Weise wie die internationale Kooperation zugenommen. Zahlreiche Programme der EU bieten Beispiele dafür: STEP, EPOCH, JOULE, etc.. Wie es in den 90er Jahren weitergehen wird ist ungewiß, aber es ist eine Anhebung der Finanzierung zu erwarten und es könnte zur Einführung 'sauberer' anstelle von End-Of-Pipe-Technologien kommen.

*W&T in Entwicklungsländern*

EL verfügen über keine Daten für F&E. Die knappen Informationen verweisen auf einige Aktivitäten in den fortgeschritteneren EL. Die Veränderungen bei Wissenschaftlern und bei der Nutzung der Ressourcen gegenüber schwerwiegenden, umweltrelevanten Problemen, die teils mit den allgemeinen Bedürfnissen, teils mit der allgemeinen Popularität der Problematik zusammenhängen, war nicht immer hilfreich und hat sich mitunter auch zum Nachteil der vormaligen Forschungsgebiete ausgewirkt. Eines steht jedoch fest: der

53 Martin Brown: Science, Technology and Environment. The OECD Observer, Vol.174, 2/3,1992

Süden sollte seine F&E-Kapazitäten im wesentlichen auf dem Gebiet des Umweltschutzes ausbauen, indem er neue Arbeitskräfte und finanzielle Ressourcen schafft und nicht die bestehenden Potentiale daraufhin umverteilt. Diesen Schritt sollten vor allem TWAS und TWNSO gehen. Der Süden sollte sich hier auf den kostenfreien W&T-Transfer aus dem Norden verlassen und die weltweiten Umweltprobleme im Hinterkopf behalten, die intensive Beziehungen zwischen Nord und Süd unumgänglich machen.

**ASCEND 21**

Ich möchte abschließend die "Internationale Konferenz zur Entwicklung einer wissenschaftlichen Agenda für Bildung und Entwicklung im 21. Jahrhundert (ASCEND 21)" erwähnen. Sie wurde vom "International Council of Scientific Unions (ICSU)" einberufen und vom 24.-29. November 1991 in Wien abgehalten. Die Konferenz verabschiedete sehr weitgehend ausgearbeitete Empfehlungen unter den beiden Überschriften:
- wissenschaftliche Erkenntnis, Begleitforschung und Vorhersagen;
- Wissenschaft und Politik.

Und sie erwartet einen wesentlichen Beitrag der Wissenschaftsgemeinschaft zu den Anforderungen des Umweltschutzes.

*Die Umweltindustrie*

Es ist das oberste Ziel umweltbezogener W&T, Prozesse und Umweltanlagen zu entwerfen, die zur Schadensbeseitigung benötigt werden. Wachsende öffentliche Besorgnis und Aktivitäten sowie der Druck der 'Grünen' haben Regierungen dazu veranlaßt, Regelungen zur Lösung von Umweltproblemen zu erlassen, womit die Nachfrage nach bestimmten Anlagetypen und Dienstleistungsformen gestärkt wurde. Es ist keine einfach Aufgabe, die Umweltindustrie zu definieren, weil es sich hier um ein neues Konzept handelt. Entsprechend der gängigen Statistik setzt diese Gruppe in den OECD-Ländern ca. 185 Mrd. US$ jährlich um. Ihr Weltmarkt soll bis ins Jahr 2000 auf 300 Mrd. US$ ansteigen. Das entspricht einer Wachstumsrate von 5%. Das Wassermanagement soll die höchste Zuwachsrate mit 6,4% haben [54].

*Die 'umweltindustrie'-bezogene W&T liegt bei ca. 10 Mrd. US $ p.a.. Etwa 80% der gesamten umweltrelevanten W&T in den OECD-Ländern scheint von Unternehmen finanziert zu werden, womit dieser Anteil wesentlich höher als der weltweite Anteil von Unternehmen an W&T liegt.*

Die Beteiligung des privaten Sektors an der allgemeinen W&T-Finanzierung ist wesentlich geringer (35% in Deutschland).

Fast 30% der Anlagen wurden für die Wasser- und Abwasserbehandlung, rund 20% für das Abfallmanagement hergestellt, rund 15% galten der Kontrolle der Luftreinhaltung und 10% anderen Geräten (z.B. Landwiedergewinnung und Lärmschutz). Die USA, Japan und die BRD stellen 43%, 16% und 15% der Produktion. Über die Hälfte des Umsat-

54 Candice Stevens: The Environment Industry. The OECD Observer, August 17, 1992

zes tragen Großunternehmen zusammen, kleine und mittler Unternehmen wuchsen im Bereich spezialisierter Anlagen und solcher mit begrenzter Kapazität. Es gibt schätzungsweise 30.000 solcher Unternehmen in Nordamerika, 20.000 in Europa und 9.000 in Japan. Großunternehmen der Chemie- und Elektroindustrie in den größten IL betrachten heute die Diversifizierung in den umweltrelevanten Dienstleistungen und Anlagen als mögliche Wachstumsbranchen. Sie wurden Teil des internationalen Handels, der eher durch Vergabe von Lizenzen als über direkte Exporte und Importe von Anlagen erfolgte. Die EL hängen enorm vom obigen Transfer ab, aber mangels Devisen konnte dieser ihre Bedürfnisse bisher kaum decken.

Die weitere Entwicklung ihrer Umweltindustrie, insbesondere der Weg von den End-of-Pipe Anlagen zu sauberen Technologien, trägt sowohl zur Ausdehnung des Handels wie auch zum Schutz der Umwelt bei[55] .

Regierungen könnten diese Entwicklungen stark vereinfachen und die wachsende internationale Kooperation dadurch unterstützen.

*Internationale Aktivitäten - UNCED*

Internationales Interesse und Aktivitäten auf dem Gebiet des Umweltschutzes gibt es bereits seit zwei Dekaden. Sie setzten mit der "First UN Conference on the Human Environment Programme" ein. Es gibt noch weitere Aktivitäten, einschließlich der der bereits erwähnten World Commission on Environment and Development. Die bedeutendste der jüngsten Zeit war die UN Konferenz für Umwelt und Entwicklung (UNCED) in Rio de Janeiro im Juni 1992. UNCED war die bisher größte Versammlung von Staats- und Regierungsoberhäuptern in der Geschichte und sie nahm einige wichtige Entscheidungen zugunsten von Umwelt und Entwicklung an, bzw. suchte nach Lösungen für Probleme, die in diesem Kapitel bereits diskutiert worden waren. Zwei Probleme verdienen nähere Betrachtung: der Lebensstil der Reichen und die Forderungen der EL:

*Der Lebensstil der Reichen - Risiken für unsere gemeinsame Zukunft*

Die Produktions- und Konsumformen des reichen Teils der Weltbevölkerung sind nicht zukunftsfähig: sie gefährden unser Überleben, sowohl das der Reichen, die dafür die Verantwortung tragen, wie auch das der Armen, die ein Opfer sind. Dazu der Generalsekretär der UN-Konferenz, Maurice Strong:

*"Wir müssen uns von unseren gegenwärtigen Lebensformen trennen. Die Lebensformen in den USA entsprechen nicht dem Prinzip der Nachhaltigkeit. ... wir müssen das den Menschen klarmachen ... die Menschen überzeugen, wie notwendig Veränderungen in unserer Wirtschaft und den Wirtschaftssystemen sind. Diese sind, entsprechend selbst dem Chef von Du Pont, nicht nachhaltig. Die Beweise liegen auf der Hand. Aber wir müssen damit zu den Wählern der politischen Vertreter durchdringen"*[56] .

55 Martin Brown: Science, Technology and Environment, a.a.o.

56 South letter, No.14, Summer 1992. The South Centre

Das bedeutet, daß wir zu ressourcenschonenderen Lebensstilen finden und den schädlichen Druck von der Umwelt abwenden müssen, um nicht die lebenserhaltende Funktion der Erde aufs Spiel zu setzen. Die Wissenschaft bietet uns hierfür Werkzeuge, die das ermöglichen könnten[57] . Darin bestand die größte Herausforderung für den Rio-"Erdgipfel".

*Die Forderungen der Entwicklungsländer*

Julius Nyerere, der ehemalige Vorsitzende der South Commission und derzeitiger Vorsitzender des Beratungskomitees des South Centre, stellte die Ziele des Südens folgendermaßen dar:
- es gilt, sicherzustellen, daß dem Süden für seine künftige Entwicklung ein angemessener Umweltraum bleibt;
- die weltweiten Wirtschaftsbeziehungen sollten in der Weise umstrukturiert werden, daß der Süden die erforderlichen Ressourcen, Technologie und Marktzugänge erhält, durch die er einen Entwicklungsweg einschlagen kann, der nicht nur umweltverträglich ist, sondern auch die Bedürfnisse und Ziele seiner wachsenden Bevölkerung berücksichtigt.

Nachfolgend sollen einige Schlüsselprobleme zusammengefaßt werden, die das South Centre vorstellte:

**UNCED Verhandlungen:** Der Süden sollte dazu aufrufen, über Entwicklung und globale Wirtschaftsreformen nachzudenken, deren Ziel die nachhaltige Entwicklung ist. Der Norden sollte sich nachdrücklich dafür einsetzen, Schulden zu erlassen, offizielle Hilfeleistungen anzubieten, internationale Finanzmittel bereitzustellen, keine überhöhten Preise zu verlangen und Zugang zu seinen Märkten zu gewähren. Der Süden muß dem Norden zeigen, wie er seine Muster umzustellen hat, damit dem Süden ein Entwicklungsraum bleibt. Ein globales Programm zur Armutsbekämpfung im Süden wird gebraucht. Die mit der Umsetzung der Rio-Vereinbarungen betrauten Institutionen sollten demokratisch kontrolliert werden.

**Rahmenverhandlungen zu den Klimaveränderungen:** Der Süden verlangt bestimmte Rechte und Systeme wie: gleiche Emissionsrechte auf Bevölkerungsbasis; Senkung der Emissionen über festgelegte Zeiträume; Fonds zur Verringerung klimaschädigender Aktivitäten; Mechanismen zum Handel mit Emissionsrechten; bevorzugte und nicht-kommerzielle Transfers von umweltfreundlichen Technologien, die das Wirtschaftswachstum im Süden fördern und gleichzeitig den Emissionsforderungen entsprechen.

**Verhandlungen zur Artenvielfalt:** Der Süden sollte sich für die Rechte geistigen Eigentums einsetzen, für eine Kompensation für die von ihm gelieferten biologischen Ressourcen und Zugangsmöglichkeiten zu Biotechnologien, die die genetischen Ressourcen erschließen helfen. Kurzum, dem Süden liegt daran, seine Umweltprobleme durch eigene Ressourcen und die Hilfe der entwickelten Welt zu lösen. Gleichzeitig besteht er darauf,

---

57 Aus dem Text eines Artikels von Maurice Strong, Generalsekretär der UNCED, für das *Journal of the Third World Network Scientific Organizations*, 29 June 1992

seine Position innerhalb der Weltwirtschaft zu verbessern, um schnelleres Wachstum und höheres Einkommen zu gewährleisten, die für die künftige Entwicklung und den Umweltschutz eingesetzt werden könnten. Die Forderungen der EL stießen in einigen Fällen auf Verständnis, in anderen auf Kritik und in den USA auf starke Ablehnung. Trotzdem bildeten sie einen wesentlichen Bestandteil der Verhandlungen, an denen UNCED-Beamte, die öffentliche Meinung und insbesondere die NGOs einen ganz wesentlichen Anteil hatten.

*Die Haupterrungenschaften des Erdgipfels*

Das Abschlußdokument des Rio-Gipfels ist in fünf Teile gegliedert:
- die Rio-Deklaration über Umwelt und Entwicklung;
- die Agenda 21; einschließlich der Umsetzungs-Abkommen;
- die Erklärung zu den Prinzipien des Waldschutzes;
- der Rahmenkonvention über Klimaveränderungen;
- der Konvention zur Erhaltung der Artenvielfalt.

*Die Rio-Deklaration*

Die Deklaration enthält bestimmte Prinzipien, die den Übergang zu nachhaltiger Entwicklung leiten sollen, den Menschen in den Mittelpunkt der Bemühungen zu nachhaltiger Entwicklung stellen, das Recht auf Entwicklung unterstreichen, das Verursacherprinzip und das Prinzip des vorsorgenden Umweltschutzes nachdrücklich betonen, einschließlich gemeinsamer und individueller Verantwortlichkeiten. Sie bildet die Grundlage für das Programm der internationalen Kooperation, das in der Agenda 21 enthalten ist.

*Die Agenda 21*

Die Agenda 21 ist ein breit angelegtes Handlungsprogramm, das Umwelt- und Entwicklungsaspekte integriert und in einer Reihe spezifischer Programme thematisiert. Sie reflektiert den globalen Konsens von Regierungen und ist auf die Schwerpunkte, die sich aus den länderspezifischen Entwicklungsstadien ergeben, abgestimmt:
- Aspekte die in der Agenda 21 angesprochen werden, umfassen Armut, Landbesitz, Frischwasservorkommen und den Waldbestand;
- Das Programm der Agenda 21 beschäftigt sich mit internationalen Wirtschaftsaspekten, die für die nachhaltige Entwicklung grundlegend sind, wie beispielsweise dem umgekehrten Ressourcenfluß aus den EL, Handel einschließlich der Terms-of-Trade, dem Marktzugang und vielen anderen;
- Ein konzeptionelles Kernstück der Agenda 21 beschäftigt sich mit Aufgaben wie Armut, Konsummustern und dem demographischen Druck;
- Die sektorbezogenen Gruppen der Agenda 21 umfassen verschiedene Aspekte, die sich auf Land-, Wasser- und Bio-Management in EL beziehen, die wesentlich für die Armutsbeseitigung sind und in denen Umwelt und Entwicklung am offensichtlichsten integriert werden;

- Regional spricht die Agenda 21 Probleme der fragilen Ökosysteme in Wüsten- und Trockengebieten, in Berglandschaften, Küstengebieten und auf kleinen Inseln an. Die Programme für landwirtschaftliche und ländliche Entwicklung befassen sich mit Abfallwiederverwendung sowie mit der Entwicklung und dem Schutz von Waldbeständen;
- Unterkünfte für Menschen, verknüpft mit Gesundheits- und Bildungsaspekten, ist als weitere Gruppe von Programmen für EL interessant, die zentral von der Verfügbarkeit angemessener Ressourcen abhängen;
- Integrierte Strategien werden für den schonenden Umgang mit Meeren, regionalen und Binnenmeeren entwickelt, sie enthalten auch Strategien zur Klärung der schwierigen Frage der Meeres- und Tiefseevorkommen ;
- das Programm befaßt sich mit toxischen Chemikalien und Sondermüll, einschließlich der Problematik, wie der Informationsaustausch, die Auswertung und die Haftung verstärkt werden können.

*Zwei Konventionen*

Die folgenden Konventionen wurden von 156 Ländern unterzeichnet:
"Globale Klimaveränderungen" und "Biodiversität".

*Umsetzung der AGENDA 21*

Die Programme der Agenda 21 sind nicht bindend und ihre Umsetzung darf bezweifelt werden. Dabei wären sie zentral, weil nur so umweltfreundliche Technologien für alle zugänglich gemacht, bzw., weil nur so finanzielle Ressourcen bereitgestellt, Kapazitäten aufgebaut, Institutionen und das Verhältnis zwischen Mensch und Natur entwickelt und Technologietransfers in Gang gesetzt würden. Ein Wissenspool für Nachhaltigkeit sollte auf höchster Ebene größtmöglichste Beachtung finden.

*Finanzielle Verpflichtungen*

In Rio haben die Industrieländer die Absicht bekundet, für die offizielle Entwicklungszusammenarbeit bis zu 0,7% ihres BSP auszugeben. Nach anderen Finanzierungsquellen wird noch gesucht, einschließlich des Versprechens des Weltbankpräsidenten, Ideen wie die eines Welt-Wertzuwachs-Fonds sowie einer Global Environment Facility zu lancieren. Doch bis heute gibt es keine realistischen Finanzzusagen. Die finanzielle Grundlage für die Agenda 21 stellt zweifellos den größten Schwachpunkt des Gipfels dar. Laut Maurice Strong: "*...werden wir keine großen Beträge erhalten. Die staatlichen Haushalte sind zu stark belastet und es ist schwierig, ihnen verbindliche Zusagen abzuringen. Ich bin deshalb noch weit stärker darüber enttäuscht, daß wir bisher keine Verpflichtungen zu automatischer Kapitalakkumulation durch innovative Finanzierungsmodelle wie z.B. handelbare Erlaubnisscheine bekommen haben*".

*Kommission für Nachhaltige Entwicklung*

Dieses, von der Konferenz eingerichtete, hoch angesiedelte Gremium soll einen Orientierungspunkt für die zwischenstaatlichen und entwicklungsrelevanten Ziele bieten. Sie ist eine zukunftsorientierte, dynamische Organisation zur Implementierung des Geistes von Rio.

*UNCED - ein nur bedingter Erfolg*

UNCED kann als Erfolg gewertet werden, sofern man sie als ersten Schritt in einem langen und komplexen Prozeß für Umwelt und Entwicklung begreift. Politisch wie intellektuell gilt sie als wichtige Errungenschaft, deren Implementierung mangels materieller und finanzieller Unterstützung gefährdet ist. Die folgende Erklärung (aus den Schlußsätzen Julius Nyereres) dürfte eine kompetente Einschätzung der Tage nach der Konferenz darstellen:

*Die kommenden Diskussions- und Verhandlungs-Monate und Jahre könnten eine neue Phase der Nord-Süd-Kooperation einleiten. Gemeinsam könnten wir die Gefahren für die Zukunft der Menschheit bewältigen, die von der Ausbeutung der Natur und der Menschen ausgeht. Wir könnten den Planeten schützen, wenn wir unsere vereinten Kräfte für gleiche Rechte für alle Menschen einsetzen und den Reichtum der Erde zur Erhaltung der menschlichen Würde und des Friedens auf Erden verwenden*[58] .

*Ergebnis für die Entwicklungsländer*

Für die EL brachte UNCED nur unzureichende Ergebnisse, gleichwohl mit einigen Ausnahmen:

- auf der Rio-Konferenz wurden Nord-Süd Entwicklungsaspekte wieder auf die internationale Agenda gesetzt
- eine wachsende Zahl von Menschen im Norden, wenngleich vorwiegend aus den Reihen der NGOs, bekräftigte die Gültigkeit der Ansprüche des Südens hinsichtlich der Umwelt- und Entwicklungsaspekte.

An der Entwicklungsfront zeichnete sich während der Konferenz noch kein Ende des Ressourcentransfers aus dem Süden ab, obgleich die Agenda 21 dagegen Stellung bezogen hatte. Es gab auch keine neuen Selbstverpflichtungen zur Entwicklungskooperation oder zur Finanzierung, sondern man begegnete sogar eher einem gewissen Widerstand. Da die Konferenz als ein Prozeß verstanden wurde, stehen die EL vor einem Nachbereitungsproblem. Und in der Umweltfrage gibt es noch eine Reihe von Zusatzproblemen, wie z.B.: 'Umweltschutz als Bedingung für Finanzvergabe und damit ironischerweise als Druckmittel für EL, die derzeit nur für einen kleinen Teil der globalen Umweltprobleme verantwortlich sind.' Andere Aspekte betreffen die Beziehungen zwischen Institutionen wie z.B. die zwischen der Ministerial Commission on Sustainable Development und UNCTAD, oder mit anderen Worten: ob die Hauptaspekte des Entwicklungsprozesses in Zukunft unter dem Rubrum "Umweltprobleme" abgehandelt werden sollen.

58 Der Artikel wurde in der Earth Summit Times veröffentlicht, einer der beiden auf der UNCED veröffentlichten Zeitungen. Die Zitate stammen aus The South Letter, No.14, 1992

**Internationale Modalitäten für das Wachstum und für den Gebrauch von W&T**

In diesem Abschnitt untersuche ich den Aufbau der wissenschaftlichen Bildung sowie die Entwicklung von W&T, wobei ich mir bewußt bin, daß sie für den Süden Langzeitprobleme darstellen. Schlußendlich ist der Aufbau der Wissenschaft und ihre Verwendung natürlich ein Problem des Südens selbst, obwohl Hilfe von außen, insbesondere organisierte Hilfe, wesentliche Veränderungen bringen kann. Die Modalitäten für das Wachstum und den Gebrauch von W&T beinhalten zwei Aktionstypen:
- solche, die vom und im Süden umgesetzt werden;
- solche, deren Durchführung in konzertierter Aktion mit dem Norden erfolgen können.

*Konzertierte Aktion zwischen Nord und Süd*

Wir zählen hier einige Modalitäten auf, durch die der Norden den Süden dabei unterstützen kann, sein wissenschaftliches und technologisches Fundament zu begründen.

*Hilfs-Fonds*

Ich empfehle ein Minimum von 10 Prozent aller Hilfsgelder zur Stärkung von W&T zweckzubinden.

*Das Geburtsrecht der Wissenschaftsgemeinschaften des Südens: Freier Zugang zu wissenschaftlicher Literatur*

Es sollte Teil des Geburtsrechtes der EL-Wissenschaftsgemeinschaften sein, daß jedes Land über mindestens eine vollständige Zentralbibliothek verfügt, die die Mehrzahl wissenschaftlicher und technologischer Zeitschriften und alle wissenschaftlichen Bücher enthält. Mit den Herausgebern des Nordens sollte vereinbart werden, daß wissenschaftliche Bücher und Zeitschriften zu einem Bruchteil ihres aktuellen Preises erhältlich sind (mindestens ein Exemplar pro Land) und in eine ausgewählte Zentralbibliothek in mindestens (nach unserer Zählung) 50 EL geschickt werden, die aus ihnen unmittelbaren Nutzen ziehen können (die American Physical Society hat die Idee jüngst aufgegriffen und vergibt ihre Zeitschriften über das Dritte Welt Netzwerk für Wissenschaftsorganisationen (DWNWO) an eine Zentralbibliothek in jedem EL. Gerade dieses Beispiel sollte von akademischen Gesellschaften sowie von Herausgebern wissenschaftlicher Literatur nachgeahmt werden).

*Umfassende Informationszentren für Technologie*

Von der Literatur für W&T führt die Idee umfassender Informationszentren für Technologie weiter zu anpassungsfähiger Entwicklung und Forschung von wichtigen Technologien. Laut Blackett stellt "die entwickelte Welt einen Supermarkt für W&T dar. Die EL sollten hingehen und ihnen abkaufen, was sie für ihre Zwecke verwenden können." Es liegt im Interesse der IL, daß jedes EL ein umfassendes Informationszentrum für Technologie hat, mit allen modernen Kommunikationsgeräten, in dem der Süden von dem Überangebot an technischem Fortschritt des Nordens profitieren kann.

*Die Unterorganisationen der Vereinten Nationen und ihre Verfassungen sollten die Etablierung internationaler Zentren für W&T aufnehmen*

Das Internationale Zentrum für Biotechnologie und Gentechnik blüht in Delhi und Triest. Diese Zentren werden von Wissenschaftlern für Wissenschaftler betrieben (der Süden sollte mindestens den richtigen Einsatz der von diese Zentren Ausgebildeten gewährleisten können und sollte andere VN-Unterorganisationen drängen, ebenfalls internationale Ausbildungszentren für Forschungen zu errichten, die in ihrem Kompetenzbereich liegen).

*Drei neue Internationale Zentren sowie zwanzig EL-Zentren für Wissenschaft, Hi-Tech und Umwelt*

In diesem Zusammenhang wird ein internationales Wissenschaftszentrum in Triest errichtet, das aus vier Komponenten bestehen wird: das bestehende ICTP; den bestehenden lokalen Zweig des Internationalen Zentrums für Gentechnik und Biotechnologie; das neue Internationale Institut für Reine- und Angewandte Chemie; und das neue Institut für die Erd-, Umwelt- und Meereswissenschaft und -technologie. Weiterhin wurden 20 neue Zentren für Wissenschaft, Hi-Tech und Umwelt angeregt (Lehre und Forschung sollen in ihnen gleichermaßen betont werden) und sollten in Zusammenarbeit mit der Weltbank begonnen werden. Dieser Vorschlag fand beim Belgrader Treffen der Blockfreien im September 1989 Zustimmung. Die Staats- und Regierungschefs folgerten, "daß die Einrichtung eines die Welt umspannenden Netzes von Forschungs- und Ausbildungsinstituten, das der Entwicklung und Anwendung von Hi-Tech und Umwelt gewidmet ist, dringend unterstützt werden muß. Wir appellieren an die internationale Gemeinschaft, insbesondere die IL und die multilateralen Finanz- und Entwicklungseinrichtungen, insbesondere die Weltbank, dieses Netzwerk im Rahmen der internationalen Kooperation zu unterstützen".

*Beziehungen zwischen nationalen Wissenschaftszentren im Süden und im Norden*

Als ich für die Schaffung eines internationalen Zentrums für theoretische Physik in Triest plädierte, wurde mir (fälschlicherweise) vorgeworfen, daß es mir lediglich darauf ankomme, Verbindungen zwischen aktiven Zentren des Süden und ihren Partnern im Norden herzustellen (eine Mischung aus einem Teilhaberschafts-Plan und einem Institutszusammenschluß-Plan). Wir hatten jedoch gehofft, daß aktive Zentren in EL wie Indien, China, Brasilien und Mexiko spezielle Verbindungen mit ihren Partnern im Norden herstellen könnten, besonders im Hinblick auf kostspielige Geräte.

*Süd-Süd Zusammenarbeit*

W&T-Zusammenarbeit zwischen Ländern des Südens ist besonders auf dem Gebiet der wissenschaftlichen und technischen Ausbildung, der höheren Bildung, der angewandten Wissenschaften und für die Entwicklung von Technologien wichtig. Das ergibt sich aus der Ähnlichkeit der Probleme und Erfahrungen. Einige Ideen werden nachfolgend erläutert:

*Die Wissenschaftsakademie der Dritten Welt*

Die Akademie nahm ihren Betrieb 1985 auf und zählt inzwischen über 300 angesehene

Mitglieder aus über 50 Drittweltländern, einschließlich aller neun lebenden Nobelpreisträger, die in der Dritten Welt geboren wurden. Eines ihrer Projekte betrifft die Zusammenarbeit in den Naturwissenschaften zwischen den Ländern des Südens. Über 250 Stipendien wurden von wissenschaftlichen Einrichtungen in Argentinien, Brasilien, Chile, China, Kolumbien, Ghana, Indien, dem Iran, Kenia, Madagaskar, Mexiko, Venezuela und Zaire vergeben (die Wissenschaftsakademie der Dritten Welt übernimmt die Reisekosten für Drittwelt-Wissenschaftler). Die Bemühungen von TWAS, einer bescheidenen NGO, müßten hundertfach erhöht werden.

*Das Netzwerk von Wissenschaftsorganisationen in der Dritten Welt*

Im Oktober 1988 veranstaltete TWAS das erste Treffen von TWNSO. Diese Initiative ist in Analogie zur Gründung der Gruppe der 77 (G77) zu sehen, da das Netzwerk nun über 120 Wissenschaftsorganisationen, einschließlich 25 Ministerien für W&T und höhere Bildung zu seinen Mitgliedern zählt. Diese neue Initiative braucht mehr als nur politische Unterstützung aus dem Süden (die Diskussionen im TWNSO-Forum konzentrierten sich auf die Dringlichkeit, die Dritte Welt unbedingt bei gemeinsamen Aktionen zu wissenschaftlichen Problemen wie dem Treibhauseffekt, der Ozonschicht, der Erforschung des menschlichen Genoms oder Problemen der Fusionsforschung miteinzubeziehen). Während wir derzeit alles über die vorhandenen Wissenschaftseinrichtungen und Organisationen der IL wissen, ist das Wissen über vorhandenen Einrichtungen für wissenschaftliche Lehre und Forschung in den EL noch gering. Oberste Priorität muß es sein, dies zu korrigieren. TWAS machte es zu einer seiner Hauptaufgaben, eine Liste der wichtigsten Wissenschaftsinstituten in Drittweltländern zusammenzustellen.

*Internationale Zentren*

Die Süd-Süd Kooperation von Wissenschaftlern findet automatisch in den internationalen Zentren statt, wie im Internationalen Zentrum für Theoretische Physik, das innerhalb von 28 Jahren von rund 30.000 EL-Physiker besucht wurde. Diese Besuche boten ihnen zugleich Möglichkeiten zur Zusammenarbeit. Damit diese auch nach der Rückkehr in ihre Ursprungsländer fortgeführt werden kann, werden dringend neue Fonds benötigt.

*Gemeinschaftsprogramme für die Ausbildung in Hi-Tech und 20 Zentren für W&T und Umwelt in den Entwicklungsländern*

Weitere Wege der Zusammenarbeit der Länder des Südens bieten sich durch mögliche Gemeinschaftsprogramme für höhere technische Bildung und in den 20 Zentren für Wissenschaft, Hi-Tech und Umwelt. Die im Süden geplanten neuen Zentren sollten untereinander ebenso wie mit den von den VN organisierten Zentren wie dem ICTP kooperieren. Die indischen Institute für W&T würden mit größter Sicherheit intensiv auf die Bedürfnisse des Südens als ganzem eingehen, bekämen sie dazu das Mandat.

*Wünschenswerte Regionalabkommen*

Sehen wir einmal von Luxemburg und Island ab (sie zählen knapp 1 Mio. Einwohner), beträgt die Mindesteinwohnerzahl bei entwickelten Marktwirtschaften 3,3 Mio. (wie z.B.

in Neuseeland). Bei den EL besteht eine erste Kategorie, mit weniger als einer Mio. Einwohnern, aus 9 Ländern. In der zweiten Kategorie, deren Bevölkerungszahl sich um 3 Mio. bewegt, sind 17 Länder. In die dritten Kategorie gehören 30 EL mit einer Bevölkerungszahl zwischen 3 und 10 Mio. Einwohnern. In der vierten Kategorie befinden sich 50 Länder mit einer Einwohnerzahl von über 10 Mio. Unserer Meinung nach wäre es wünschenswert, daß reichere EL wie Brunei, Kuwait, die Vereinigten Arabischen Emirate und andere aus der ersten Kategorie, Stiftungen zugunsten von W&T gründen würden. Mit ihrer Hilfe könnten dann andere EL regionale Zentren für Hi-Tech und Umwelt einrichten. Diese kleineren (aber reicheren) EL wären auch hervorragende Standorte für UN geführte internationale Zentren. Sie könnten im Sinne von modernen 'Athens' für die EL fungieren. Als die 13 OPEC Mitgliedsstaaten die Ölpreise verteuerten, litt der Süden ebenso stark wie der Norden. Dennoch applaudierte der Süden der OPEC. Viele mögen gehofft haben, daß die OPEC-Fonds zur Unterstützung von W&T im Süden, ja für die gesamte Dritte Welt, verwendet werden würde. Doch dies geschah leider nicht. Wir hoffen, daß dies nun über die Mechanismen der VN-Zentren erreichbar wird.

Natürlich sind die der zweiten Kategorie angehörenden Länder zu klein, um unabhängige Institute zu gründen. Sie müssen sich mit Ländern mit ähnlichen Problemen verbinden. In der dritten Länderkategorie ist die Schweiz interessanterweise weltführend in der Herstellung von Pharmazeutika, spezialisiertem Maschinenbau, und Hi-Tech. Es gibt genügend Möglichkeiten für EL der gleichen Kategorie dem Beispiel der Schweiz nachzueifern.

*Globale Wissenschaft*

*"Lieber ungefähr Recht haben, als ganz falsch liegen"* (J.M. Keynes).

Der Süden muß auf dem Gebiet der Globalen Wissenschaften eine angemessene Rolle spielen, z.B. in den Global Change Progammen von ICSU oder dem UNESCO Biosphäre-Programm. Der Norden und der Süden tragen beide dazu bei, die Umwelt zu ruinieren. Nur wenn dem Süden eine angemessene Rolle in den globalen Programmen, die dies korrigieren sollen, übertragen wird, kann er auch einen entscheidenden Beitrag leisten. Die sich bietenden Möglichkeiten stellen ein ertragreiches Gebiet für die wechselseitige Kooperation zwischen Nord und Süd dar.

*Ein W&T-Entwurf für die sich entwickelnde Welt*

Wäre man beauftragt, W&T in einem typischen EL von bescheidener Größe durchzuführen, würde man an erster Stelle:

- prüfen, ob die höchststehendsten Wissenschaftler und Technologen eines beliebigen Landes genau wissen, was von ihnen erwartet wird. Ihre Arbeit zugunsten der Entwicklung sollte den höchstrangigsten Behörden jeden Landes unterstellt sein, am besten den Staatsoberhäuptern selbst;
- die Empfehlungen bezüglich der allgemeinen akademischen Ausbildung insbesondere auf der Sekundarstufe, durchführen;
- die heute weltweit anerkannten Maßstäbe unter besonderer Berücksichtigung des

Handwerks und der Produktion auch für die klassischen Niedrigtechnologien einführen;
- ausländische Technologien importieren und sich darum bemühen, daß ergänzend einheimische Kräfte dafür ausgebildet werden;
- umfassende Informationszentren für Technologie errichten;
- einen umfassenden Plan für angewandte Wissenschaften und Hi-Tech in Auftrag geben. Was zuerst zu entwickeln ist, hängt von den länderspezifischen Schwerpunkten ab und könnte auf einem der folgenden Gebiete geschehen: der Landwirtschaft[59], dem Gesundheitswesen, der Bevölkerung, den Energiesystemen, den lokalen Materialien und Mineralien, der Umwelt, der Bodenkunde und der Seismologie, der Atmosphäre und der Ozeane, der Biotechnologie, der Informatik und neuen Materialien;
- Wissenschaft und technische Forschungsarbeit in den Universitäten aufbauen. Dazu würde man (im gleichen Land und im Ausland) Ausbildungsprogramme für Wissenschafts- und Technologiekader einrichten, um kritische Größen der lokalen Gemeinschaften zu gewährleisten.

*Ausgaben für die Grundlagenforschung, angewandten Wissenschaften und für Niedrig- und Hi-Technologien*

Für Grundlagenforschung und angewandte Forschung plus wissenschaftsgestützten Hi-Technologien müßte man minimal 4%, 4% plus 8% ausgeben, was 16% des Wissenschaftsetats entspricht. Wieviel jedoch sollte man in die Ausbildung, Entwicklung und Forschung der klassischen Niedrigtechnologien fließen lassen? Eine Mindestzahl, die in diesem Zusammenhang fiel, verdient wiederholt zu werden. Es sind die von der UNESCO angeregten, berühmten 1% des BSP für alle Wissenschaften ('Basis-' und 'angewandte') einchließlich aller Technologien (die klassischen ebenso wie Hi-Tech). Weren durchschnittlich 4% des BSP vom Süden für Bildung ausgegeben (von denen 16% für Wissenschaft und Hi-Tech eingesetzt werden), ergibt sich daraus ungefähr ein Verhältnis von 1/6:1/6:1/3:1/3 von 1% des BSP für Grundlagen und angewandte Forschung gegenüber Niedrig- und Hi-Technologie.

*Ausbildung in den "Angewandten Wissenschaften"*

Bei der "Angewandten Forschung", z.B. im Landwirtschaftsbereich, würde man zuerst an die drei internationalen Zentren für tropische Landwirtschaft denken (in Kolumbien, Indien und Nigeria), sodann und viertens an das syrische und auf Trockengebiete spezia-

59 „In den tropischen Trockengebieten Venezuelas enthält die Hülse einer einheimischen Pflanze (Prosopis fuliflora) etwa 18% Protein. Einige Versuche ergaben, daß sie als gemahlene Substanz Brot- oder Kuchenteigen beigemischt werden kann, sodaß diese durch die Proteine hochwertiger werden. Studien zur Aloe Vera (eine in der Pharma-Industrie verwendete Pflanze) haben gezeigt, daß sie im Schatten besser gedeiht als auf freiem Feld. Kombinierte man deshalb den Anbau von Prosopis und Aloe auf dem Feld, fiele der Ertrag viel höher aus, als bei traditionellen Ernten. Allein schon der Anbau von Aloe, Baumwolle und Bohnen im Schatten spart rund 30-40% der Bewässerung. Es gilt unbedingt herauszufinden, was bei den Tausenden von Pflanzen- und Tierarten in den Tropen genutzt werden sollte" - Miriam Diaz, Venezuela

lisierte Zentrum, im Hinblick auf die Züchtung gekreuzter Reissorten an das philippinische Reis-Zentrum, für die gentechnische Verbesserung von Rindern an die drei Zentren in Äthiopien, Kenia und an der Elfenbeinküste) und schließlich, im Hinblick auf Kartoffeln, an das Internationale Zentrum für die Kartoffel in Peru. Außerdem gibt es das Zentrum für die Erhaltung der genetischen Ressourcen in Rom, eines für die Förderung landwirtschaftlicher Kooperation (in Holland), ein zwölftes in Washington D.C. für die Ernährungswissenschaft und schließlich das Weizeninstitut (CIMMYT) in Mexiko. Diese Gruppe der 13 Institute verfügt über insgesamt 250 Millionen US $, die von der Weltbank aus Geberländern zusammengetragen wurden. Hoffnung wird auch in die 20 Zentren für Forschung und Ausbildung in Wissenschaft, Hi-Tech und natürliche Umwelt, insbesondere in Afrika, gesetzt, das einen ähnlichen finanziellen Umfang von der Weltbank und anderen Geberländern benötigt.

## DIE HERAUSFORDERUNGEN AN DEN OSTEN[60]

*Die Notwendigkeit einer W&T-Politik im Dienste eines Größeren Europa*

Ein Großteil des W&T-Potentials geht auf den Rüstungswettlauf zur Zeit des Kalten Krieges zwischen der NATO und dem Warschauer Pakt zurück, einerlei, ob man dies in Zahlen der qualifizierten Wissenschaftler und Ingenieure oder in Finanzmittel ausdrückt. Ein neues politisches Konzept, das das W&T-Projekt umlenkt, ist sowohl für den Westen als auch für die **G**ruppe **U**nabhängiger **S**taaten (GUS) und die **M**ittel- und **O**steuropäischen **L**änder (MOL) wichtig. Während der Westen gute Fortschritte bei der unvermeidlichen Anpassung von W&T als Teil eines größeren, fortschreitenden Umstrukturierungsprozesses macht, der von den wechsenden Bedürfnissen und Möglichkeiten der IL ausgeht, steuert die wissenschaftliche und technologische Forschung in der GUS und den MOL auf eine schwere Krise zu, die zum totalen Verlust ernsthafter und wertvoller wissenschaftlicher Ergebnisse führen könnte. Einige Wissenschaftsprogramme dieser Länder genießen internationales Ansehen und es wäre für die Weltgemeinschaft wie auch für die Menschen in diesen Länder ein ernsthafter Verlust, wenn ihre qualitativ hochwertige wissenschaftliche Arbeit scheiterte. Als man, auf Grund der politischen Entwicklungen, von einem neuen, dem "Großen Europa" zu sprechen began, wurde auch die W&T-Zukunft der GUS und MOL auf vielen nationalen und internationalen Konferenzen besprochen.

*Die Reichweite des Problems*

Zur Zeit der Auflösung der Sowjetunion und des RGW erreichte die in der offiziellen Statistik der OECD-Länder genannte Zahl der Wissenschaftler und Ingenieure (2.238.000) die gleichen Größenordnung wie die des RGW. Selbst wenn das Qualifikationsniveau in einigen Bereichen nicht vergleichbar gewesen sein sollte, funktionierte das W&T-System der sozialistischen Länder doch offensichtlich gut. Es zog die größten Talente dieser Länder an und brachte in vielen Disziplinen Ergebnisse hervor, die mit den in den OECD-

60 Auszüge aus einem Bericht von Klaus-Heinrich Standke an den Europarat, veröffentlicht in Standke, K.-H. (Ed.), Science and Technology Policy in the Service of a Greater Europe, Campus Vlg., Frankfurt/M./New York, 1994

Ländern erzielten vergleichbar, auf einigen Gebieten sogar besser waren. Das Potential von W&T in der Sowjetunion konzentrierte sich überwiegend in Rußland und der Ukraine (85 %). Die Gesamt-W&T-Größe der MOL lag etwas höher als die der Ukraine und der baltischen Staaten zusammen. Das gesamte W&T-System des RGW war entsprechend dem sowjetischen Wissenschaftssystem strukturiert und stark ideologisch geprägt. Das zu demonstrieren, mögen drei Zitate ausreichen:

*Es ist keine Übertreibung zu behaupten, daß das Ergebnis im Kampf zwischen Sozialismus und Kapitalismus weitgehend davon abhängt, welches der beiden Systeme im W&T-Bereich am schnellsten ist und dessen Resultate am effektivsten umzusetzen vermag.*

*Die Sowjetunion stellte als erstes Land der Welt seine W&T-Errungenschaften wirklich in den Dienst der Menschheit.*

*Das ungeheuer starke Wachstum auf allen W&T-Gebieten, die früher von Rückständigkeit, Unwissenheit und mangelnden Rechten zeugten, bietet ein eindrückliches Beispiel für die wahrhaft unerschöpflichen Ressourcen des Sozialismus und seiner Fähigkeit, innerhalb von kurzer Zeit soziale Probleme erfolgreich zu lösen, die sich im Kapitalismus als absolut unlösbar erwiesen.*

60% der Arbeit der Sowjetischen Akademie der Wissenschaften richtete sich auf militärische Anwendungen. Wie dieses Forschungspotential auf zivile Nutzung umorientiert werden kann ist deshalb die wichtigste Herausforderungen für eine neue W&T-Politik im Dienste des Großen Europas.

Schon lange vor dem Zusammenbruch des RGW waren Symptome der Situation sichtbar, in der sich das GUS und MOL W&T-System befindet:
- Ein Abbau der Wachstumsraten für wissenschaftliches Personal;
- Zurückgehende Gewinne der Investitionen im Wissenschaftsbereich;
- Auffallende Heterogenität bei der Qualität von W&T;
- Große Schwierigkeiten bei der Einführung von Innovationen in die Produktion;
- Ungleiche Verteilung der Forschungskräfte;
- Altern der Wissenschaftskader;
- Schlechte Kommunikation und Isolation;
- Schlechte Ausstattung mit technischen Anlagen und Dienstleistungen;
- Konservative Strukturen und Trägheit.

Seit in allen Ländern politische, wirtschaftliche und soziale Reformprozesse einsetzten, hat sich die Situation für die W&T-Systeme all der Länder, die über viele Jahre hinweg im großen und ganzen eine herausragende Rolle hatten, dramatisch verschlechtert. Zuerst verschwand die bis dahin als vorhersehbar geltende Finanzierungsgrundlage. Die russische Akademie berichtete zum Beispiel, daß die finanziellen Mittel auf monatlicher Basis zugewiesen wurden, was natürlich jede ernsthafte wissenschaftliche Planung behindert. Alle Länder berichten von einem dramatischen Rückgang der Forschungsgelder und -stellen, gekoppelt mit einem steilen Anstieg der Mieten, Energiepreise, Knappheit von Druckpapier und dem Fehlen von Sach- und Reisemitteln. In Rußland alleine wird der Umfang von unbeendeten Bauarbeiten im wissenschaftlich-technischen Bereich auf etwa

1,5 Milliarden Rubel (zu den Preisen von 1991) geschätzt. Man befürchtet, daß die Disintegration von wissenschaftlicher Infrastruktur rasch fortschreiten wird.

Die 17 GUS und MOL Länder berichten ohne Ausnahme von einem massiven 'braindrain' qualifizierter Kräfte ins Ausland. Daneben besteht eine noch viel größere Gefahr in einer großen Abwanderungswelle von Wissenschaftlern und Ingenieuren, die aus Überlebensgründen den Bereich von W&T verlassen, um sich in einer Vielzahl anderer Gebiete außerhalb des Forschungssystems eine Beschäftigungsmöglichkeit zu suchen. Die Erfahrung der IL zeigt, daß trotz vorhandener Ähnlichkeiten die Unterschiede zwischen den nationalen Forschungssystemen enorm sind. Neben den kulturellen Einflüssen und historischen Gründen spielt gerade die Größe des jeweiligen Landes eine wichtige Rolle. Nur Rußland und, in geringerem Maße, die Ukraine haben eine ausreichende W&T-Infrastruktur. Polen bildet, als mittelgroßes Land, vielleicht die einzige Ausnahme. Für praktisch alle anderen Länder gelten die gleichen Grundvoraussetzungen, die sich aus ihrer geringen Größe ableiten lassen. Ihre geringe Größe ist natürlich nicht automatisch der Hauptnachteil, aber sie erfordert eine Reihe anderer Strategien.

Neben dem geopolitischen Faktor gibt es noch zwei weitere Faktoren, die aus dem politischen Erbe der Nachkriegssituation stammen, die die Qualität und die Zusammensetzung des W&T-Potential in den MOL und der GUS immer noch in beträchtlicher Weise bestimmen:

- Vier Jahrzehnte lang gehörten alle Länder in dieser Region dem RGW und dem Warschauer Pakt an. Die Arbeitsteilung zwischen den RGW-Ländern bei der industriellen Produktion hat die W&T-Schwerpunkte des jeweiligen Landes erheblich beeinflußt;
- Als die Akademie der Wissenschaften der Sowjetunion noch existierte, bildeten sich in den verschiedenen Republiken der Sowjetunion auch langsam Akademien heraus, waren jedoch, vielleicht mit Ausnahme der Ukraine und der baltischen Staaten, mehr oder weniger nur regionale Ableger der Akademie in Moskau.

Deswegen konnten sich die Länder dieser Region nicht frei am Welt-W&T-System oder an dem der westlichen IL beteiligen. Die von der Politik erzwungene wirtschaftliche Autarkie bestimmte die Richtungen und die Möglichkeiten internationaler Verbindungen.

Die politischen, sozialen und ökonomischen Reformen, die die ehemaligen sozialistischen Länder in demokratische Regierungssysteme und in marktwirtschaftlich ausgerichtete Wirtschaftsformen überführen sollen, sind schwierig genug. Für die Wissenschaftler, die selbst ein Teil dieses Prozesses sind, ist die Situation aus den genannten Gründen noch schwieriger.

**Strukturreformen und Evaluations-Notwendigkeiten**

In praktisch allen Ländern wurden Gesetze erlassen, um Strukturreformen im wissenschaftlich-technologischen Bildungssystem einzuführen: "Die einfachste Definition für das Ziel der Transformation besteht darin, mit Hilfe einiger Veränderungen die Struktur verschiedener EL zu erreichen".

Die sich aus den Strukturreformen ergebenden neuen Rollen für die Intellektuellen und Wissenschaftler erweisen sich als schwierig. Der ungeheure Gegensatz zwischen den begrenzten Möglichkeiten des Alltagslebens und den auf der 'Intelligenz' ruhenden hohen Erwartungen, den Demokratisierungsprozeß voranzutreiben, führt zu zahlreichen Frustrationen.

Damit ein Niveau für wissenschaftliche und technologische Standards erhalten bleibt, das dem des Westens entspricht und ihr Forschungssystem entsprechend wiederherstellt, müssen sich diese Länder einer gründlichen internationalen Evaluation stellen. Eine Reihe von Modellen wurden erprobt:
- Ungarn wurde von der OECD evaluiert;
- Das Baltikum stellte sich der gründlichen internationalen Evaluation durch Dänemark sowie Schweden;
- Die Russische Akademie wird vorläufig von der UNESCO evaluiert;
- Die ehemalige DDR erfuhr die härteste Evaluation, da sie von westdeutschen Wissenschaftseinrichtungen durchgeführt wurde.

Generell wurde "nicht nur eine Reduzierung des W&T-Personals verlangt, sondern auch inhaltliche und qualitative Anpassungen der W&T-Schwerpunkte an internationale Niveaus, die Erhaltung einzigartiger Forschungseinrichtungen und die Verbindung zum Bildungssektor".

Es ist von herausragender Bedeutung, daß die Evaluation der Forschungsstrukturen von internationalen Organisationen oder ausländischen Wissenschaftseinrichtungen durchgeführt wird. Über solche unabhängigen Mechanismen erhofft man sich ein Gegengewicht zu den 'schnellen Verwaltungsvorschriften' zu schaffen, deren übereiltes Handeln die Zerstörung der wissenschaftlichen Infrastruktur eines Landes nach sich ziehen kann. Neben der Gefahr, daß Kernstücke einer nationalen Kultur geopfert werden könnten, besteht auch die Gefahr, daß ohne ein funktionstüchtiges Wissenschaftsfundament überhaupt keine technische-industrielle Grundlage entstehen oder erhalten werden kann.

National ersetzte das System der Geldbewilligungen, das auf der Kritik Gleichgesinnter beruhte, sowohl im Forschungssystem (einschließlich der Akademien) als auch in der höheren Bildung das vorhergehende zentralgesteuerte Allokationssystem.

## Handlungsvorschläge

*Betrachtungen zu einer W&T-Politik für ein Großen Europa*

'W&T-Politik' ist ein Phänomen, das in den 60er Jahren entstand und noch in der Anfangsphase steckt. Es kann sowohl eine 'Politik für W&T' als auch 'W&T für die Politik' sein. Es umfaßt zunehmend sowohl technologische Entwicklungen als auch Grundlagenforschung und -wissenschaft. Die klassische Definition für 'Wissenschaftspolitik', die auf dem "Ersten Treffen der Minister für wissenschaftliche Forschung und technologische Entwicklung" 1963 geprägt wurde, klingt heutzutage immer noch modern:

*Unter nationaler Wissenschaftspolitik versteht man den bewußten Einsatz einer Regie-*

*rung, die wissenschaftlichen Ressourcen eines Landes, die ausgebildeten Forscher und Labore sowie Anlagen im Sinne des nationalen Wohls finanziell zu unterstützen. Ein solches politisches Konzept nimmt vorweg, daß W&T einen mächtigen Einfluß auf viele der Aspekte des nationalen Lebens haben kann: auf die Kultur, die Gesellschaft, das Gesundheitswesen, die Verteidigung, die Wirtschaft, etc..*

In den seither vergangenen 30 Jahren hat sich die der W&T-Politik zugrundeliegende Philosophie mehrfach gewandelt. In den IL richtet sich die heutige W&T-Politik eher darauf, 'die Wettbewerbsfähigkeit zu stärken als die Lebensqualität zu verbessern'.

In ihrem 'Ersten Bericht über den Stand von W&T in Europa' setzte die Kommission der EU ähnliche Ziele für ihre W&T-Politik. Der Bericht schlußfolgert, daß Europa vor drei wichtigen Herausforderungen steht:

- seine Kapazitäten zu stärken, um seine technologischen und wirtschaftlichen Optionen, wo notwendig, zu entwickeln und zu verfolgen;
- seine internationale Wettbewerbsfähigkeit zu stärken, besonders auf den Gebieten, die künftig an Bedeutung gewinnen werden;
- dem gesellschaftlichen Bedarf an verbesserter Lebensqualität entgegenzukommen.

Trotz ihrer beeindruckenden Ergebnisse bei der Entwicklung wissenschaftlichen und technologischen Personals, das hervorragende W&T-Ergebnisse erziele, galt das Augenmerk der ehemaligen sozialistischen Länder doch nicht den wissenschafts- und technologiepolitischen Problemen. In einer von der UNESCO durchgeführten weltweiten Erhebung über entsprechende Themen, die sich auf 84 Länder erstreckte, befaßten sich in den OECD-Ländern 720 Forscher mit solchen Problemen, während es in den ehemaligen RGW Ländern lediglich 120 waren.

In der GUS und den MOS bietet sich nun die historische Chance, ihrer eigenen W&T-Politik eine andere Richtung zu geben. Ihnen bietet sich die Möglichkeit, das organisatorische Rahmenwerk für W&T sowie für die höhere Bildung zu reformieren und somit die Idee des intellektuellen Wettbewerbs und der internationalen Kooperation voranzutreiben. Diese neuen nationalen W&T-Politiken müssen sich, ähnlich wie die westeuropäischen, den pan-europäischen Plänen in folgenden Punkten annähern:

- dem Umfang und den Mechanismen für die Finanzierung;
- der Etablierung neuer Prioritäten;
- dem Austausch zwischen dem W&T-Fundament und der Industrie.

Wie im Westen muß auch hier Spielraum für ausschließlich nationale Bedürfnisse sein, die die lokalen Bedingungen in angemessener Weise berücksichtigen. Setzen wir uns das Ziel 'eine W&T-Politik für das Große Europa' zu entwickeln, d.h. Ost- und Westeuropa zusammenzubringen, dann gilt es zu erkennen, daß es noch nicht einmal eine verbindende Politik im westlichen Teil Europas, ja noch nicht einmal in der EU gibt.

*Erreicht wurde ein politisches Einverständnis in dem 'Single European Act' zugunsten stärkerer Koordination der nationalen Politiken mit dem Ziel, insgesamt Geld einzuspa-*

*ren, die Gewinne der in W&T getätigten Investitionen zu erhöhen, den weitestgehenden Nutzen der 'besten Anwendung' im Forschungsmanagement zu erreichen und letztlich eine größere Komplementarität der nationalen Programme zu erreichen.*

In Westeuropa wächst das Bewußtsein dafür, daß Unruhen in Osteuropa starke Einflüsse auf die W&T-Politik der OECD Ländern ausüben. Das könnte sich besonders auf die Hilfs- und Kooperationsprogramme auswirken, die derzeit in bilateralen wie multilateralen Abkommen ausgearbeitet werden. Diese Unterstützung wiederum ist wichtig für die Transformation der W&T-Systeme, in denen ganze Abschnitte für eine Marktwirtschaft ungeeignet sind und in denen es ein riesiges Defizit an Ressourcen gibt. Indirekt kann jede Reduzierung der militärischen W&T in den OECD Ländern, in denen sie einen beträchtlichen Anteil an der gesamten W&T hat, komplexe und unvorhersehbare Auswirkungen haben.

Wir müssen eine "gesamteuropäische Wissenschaftspolitik erarbeiten, die Schwerpunkte setzt und Problemgebiete definiert, die von keinem Land alleine zu lösen sind". Wir sollten uns jedoch keine Illusionen bezüglich der Schwierigkeiten einer solchen Unternehmung machen: nachdem es schon Westeuropa nicht gelang, sich auf eine gemeinsame Politik zu einigen, wird das gleichermaßen heterogene Osteuropa vor ganz ähnlichen Schwierigkeiten stehen.

Die folgenden Ideen bemühen sich, eine Verbindung zwischen der Rolle von W&T und einem Entwicklungskonzept für ein Großes Europa herzustellen. Die Mehrzahl der Bürger Europas leben nicht in Europas hochindustrialisierten Kerngebiet. Der gegenwärtige demographische Trend für Osteuropa läßt es auch unwahrscheinlich erscheinen, daß sich die Situation künftig dramatisch ändern wird. Unter diesen Umständen ist es klug, nach einer Politik für F&E zu suchen, die regionale Unterschiede und zentripedale Tendenzen berücksichtigt, die dem sich gegenwärtig in Reich und Arm aufspaltenden Europa innewohnen und die zunehmend offensichlicher werden. Der Aufruf zu einer neuen Weltwirtschaftsordnung stellt die möglicherweise von Europa auf diesem Gebiet ausgehenden Initiativen in ein neues Licht. Die hier vorgeschlagene Untersuchung könnte als Ideen für die Entwicklung von für die Welt als ganzer angemessenen Konzepten dienen.

Die Entwicklung harmonischer Wirtschafts-und Sozialbeziehungen zwischen den einzelnen Regionen Europas bezüglich ihrer W&T-Politik hängt von folgenden Aspekten ab:

- Hilfe zur Stärkung der wissenschaftlichen und technologischen Infrastruktur der weniger entwickelten Gebiete;
- der beträchtlichen Zunahme der Hilfe für W&T-Programme, die direkt mit der regionalen Entwicklung verbunden sind, unabhängig davon, ob diese von autonomen oder nationalen Labors durchgeführt werden;
- Analyse spezifischer Charakteristika zahlreicher Regionen Europas;
- wie kann ein optimaler langfristiger Ausgleich gefunden werden zwischen: einer W&T-Politik auf der Basis bestehender Richtlinien und einer Politik, die stärker auf die regionalen Unterschiede eingeht.

Es folgen einige allgemeine Vorschläge, die die verschiedenen Entwicklungsmöglichkeiten für eine solchermaßen erweiterte W&T-Politik für Europa beleuchten:

- sie sollten die Notwendigkeit anerkennen, daß Europas Ziele nach den unterschiedlichen Bedürfnissen der Regionen formuliert werden;
- darüberhinaus sollte W&T noch direkter und intensiver da eingesetzt werden, wo sie regionale Ungleichheiten beseitigen helfen kann;

Je nach lokalen Gegebenheiten können dabei die Entwicklungswege von Region zu Region unterschiedlich sein. Diese Entwicklung sollte nicht nur ökonomische und Wachstumsaspekte, sondern auch soziale, politsche und kulturelle verfolgen. Die Stärkung einheimischer Kapazitäten und Ressourcen sowie die Schaffung lokal angemessener Technologien sollte das Ergebnis solcher Politik sein. Dabei ist sicherzustellen, daß der Nutzen (sowie die Nachteile) einer von W&T geleiteten Entwicklung der gesamten Bevölkerung in möglichst gleichberechtigter Weise zugute kommt.

Internationale Kooperation wird notwendig, um viele der mit der regionalen Entwicklung zusammenhängenden Probleme zu lösen, besonders die mit W&T in Verbindung gebrachten, die endlichen Ressourcen und der auf ihnen lastende Druck bestimmter Entwicklungskonzepte. Dem Plan nach werden W&T nicht als unabhängige Akteure in der Gesellschaft, sondern als integrale Bestandteile betrachtet. Daraus folgt, daß zu ihrer effizienten Anwendung nationale und internationale Politiken anders auszurichten und Reformen in den Verwaltungsstrukturen einzuführen sind. Hindernisse für die technologische Entwicklung bestimmter Gebiete sind oftmals nicht von wissenschaftlicher oder technologischer, sondern von institutioneller, kultureller oder psychologischer Natur. Die Wahl der Technologien beruht nicht nur auf wissenschaftlichen Kenntnissen, sondern auf einem umfassenden Verständnis der lokalen Situationen und ihrer vielen wissenschaftsunabhängigen Faktoren.

Gründliche Untersuchungen dieser vernetzten Faktoren, die auch als 'Kultur' einer Region bezeichnet werden könnten, sind schwierig und erfordern multidisziplinäre Herangehensweisen, die derzeit weitgehend in den regionalen Entwicklungen angewendet werden. Beziehen wir die oben erwähnten Erwägungen mit ein, sollten folgende Ziele festgelegt werden:
- Gemeinsame Merkmale für die Entwicklung 'marginalisierter' Regionen innerhalb Europas. Ihre Marginalisierung mag physische Ursachen haben, oder aber auf die historische Entwicklung zurückgehen;
- Die unveränderlichen Eigenheiten bestimmter Regionen;
- Der konzeptuelle Rahmen für angemessene Entwicklung;
- Das Profil dieser Aspekte, die auf eine Verbesserung warten;
- Das Profil derjenigen Einheiten mit komparativen Vorteilen, die, wenn sie alleine gelassen werden, auf selbstgenügsamer Basis lebensfähig wären;
- Die Möglichkeiten des Transfers zwischen Regionen mit erfolgreichen einheimischen Techniken und Technologien.

*Vorschläge für Mechanismen mit koordinierender Funktion*

Als Antwort auf die Existenzschwierigkeiten der Wissenschafts- und Technologiegemeinschaft in den MOL haben viele westeuropäische Länder spezifische bilaterale Hilfsprogramme aufgestellt. In ähnlicher Weise bieten alle relevanten zwischenstaatlichen Organisationen interessierten Ländern unterschiedliche Hilfestellungen an. Die nicht dem Regierungsbereich angehörende wissenschaftliche Gemeinschaft hat ebenfalls eine Reihe von Hilfsprogrammen aufgelegt. Daneben gibt es zahlreiche Initiativen, die für gewöhnlich mit den Namen der internationalen Schlüsselfiguren verbunden werden (wie z.B. Baker/Genscher-Plan, Curien/Rubbia-Plan oder Soros). Ihr Ziel ist es, finanzielle Mittel und die öffentliche Meinung zu mobilisieren. Selbst gut informierten, westlichen Beobachtern dürfte es schwerfallen, über all diese wohlmeinenden Aktivitäten Informationen zusammenzustellen. Für Einzelpersonen in Osteuropa dürfte eine solche Aufgabe unmöglich sein.

Was gebraucht wird, ist ein Mechanismus, der:
- Informationen zu allen intra-europäischen Mitteln zusammenstellt, die das W&T-System im Osten sichern helfen;
- immer wieder strategische Überblicke über die gesamte in Europa stattfindende W&T liefert;
- Kooperation bei multilateralen und bilateralen Anstrengungen gewährleistet. Im Idealfall könnte eine solche Koordination in Form einer 'konzertierten Aktion' aller internationaler und nationaler Organisationen stattfinden. Der Europäische Rat könnte z.B. zur leitenden Behörde bestimmt werden. Für die wissenschaftliche Gemeinschaft könnte ICSU eine ähnliche Aufgabe übernehmen;
- Zahlreiche Teilnehmer der Konferenz in Potsdam regten die Schaffung eines speziellen Ost-Marschallplanes für W&T an. Das bedeutet, daß zu den oben erwähnten Informations- und Koordinationsfunktionen noch strategische Planungsfunktionen und ein Finanzierungsmechanismus hinzukämen.

## 69 konkrete Vorschläge

*Austauschprogramme und das 'Problem des Brain-Drain'*

- Verstärkter Studentenaustausch zwischen Ost und West (ein Austausch in beide Richtungen);
- MOL-Wissenschaftlern sollte häufig die Möglichkeit geboten werden, für eine kurzen Zeitraum westliche Labors zu besuchen, um damit zum Erhalt der Forschungsgruppen in ihren eigenen Ländern beizutragen. Langfristige Aufenthalte und Emigration sollten jedoch verhindert werden;
- Ältere Wissenschaftler sollten eingeladen werden bis zu drei Monaten in einem westeuropäischen Land zu verbringen;
- Stipendien für junge, talentierte und promovierte Forscher (12 Monate);
- Spezifische Prozesse für innovative Ideen und Ansätze in der Grundlagenforschung für junge Forscher einrichten;
- Doktoranden für 2 Wochen bis 6 Monate einladen;
- Günstige Bedingungen für Jungakademiker in ihren jeweiligen Ländern schaffen, um 'Brain-Drain' zu verhindern;

- Verwalter der EU-W&T-Programme für GUS und MOL sollten die Ergebnisse in bestimmten Zeitabständen auswerten (z.B. wie viele Gast-Wissenschaftler in ihre Heimatländer zurückgekehrt sind oder in wieweit diese sich für W&T-Aktivitäten in ihren Heimatländern einsetzen);
- die Forschungsbehörden in der GUS und den MOL sollten dazu ermuntert werden, handfeste Daten über den Brain-Drain in ihren Ländern zusammenzutragen, die das Augenmerk auf bestimmte Disziplinen, Altersgruppen und geographische Gebiete richten.

*Infrastruktur*

- Eine Art W&T-Marschallplan;
- Die Schaffung internationaler Beratungsgruppen für jedes Land, die den Zugang zu westlichen W&T-Informationen erleichtern und bei Richtungsbestimmung für nationale W&T-Politiken behilflich sein können;
- Die Schaffung von Gästehäusern für europäische Forscher, in denen die mit der Umsetzung von Ost-West Forschungsprojekten betrauten Gastwissenschaftler untergebracht werden können;
- Die gemeinsamen Forschungsanstrengungen und andere Forschungskooperation verstärken;
- Die Teilnahme von Vertretern aus Industrie und Wirtschaft an Konferenzen zur angewandten Forschung gewährleisten;
- Ost-West Joint Ventures in Forschung und Entwicklung schaffen;
- Gemeinsame internationale Forschungszentren einrichten;
- Die Errungenschaften in der Grundlagenforschung überwachen und sie mit marktbezogenen Mechanismen verbinden;
- Alle Länder in Europa sollten die Möglichkeit zur vollen Teilnahme an den Projekten haben (mit angemessener Finanzierung) oder zumindest Beobachterstatus (ohne oder mit geringer Finanzierung);
- Internationale Fazilitäten und Forschungszentren sollten innerhalb des Großen Europas gut verteilt sein, um bei den Wissenschaftlern die Bereitschaft zur Mobilität zu unterstützen;
- Die Bemühungen sollten sich darauf richten, Forschungsgebiete zu bestimmen, die sich für den pan-europäischen Ansatz eignen. Ein gemeinsamer Europäischer Markt würde da bestimmt viele Fragen aufwerfen;
- Die Kommunikation und Beratung zwischen den Wissenschaftsgemeinschaften sollte unterstützt und vereinfachende Mechanismen eingeführt werden. Eine KONFERENZ DER EUROPÄISCHEN AKADEMIEN wäre ein Schritt in diese Richtung;
- Die Schaffung des EUROPÄISCHEN AKADEMIEBÜNDNISSES, das alle Akademien des Großen Europas vertritt;
- Die Schaffung einer 'Schaltstelle' für europäische Akademien;
- Die Schaffung eines RATS ZUR UNTERSTÜTZUNG DER HÖHEREN BILDUNG UND FORSCHUNG IN DEN MOL;

- Die Universitäten dieser Länder sollten dazu ermuntert werden zwischen europäischen Ländern Brücken zu bauen und die Entwicklung des Forschungspotentials unterstützen helfen;
- Forschungs- und Ausbildungszentren für gemeinsame Aktivitäten der Wissenschaftler aus Ost und West einrichten;
- Gemeinsame Projekte zwischen Forschungsgruppen fördern (einschließlich der begrenzten Finanzierung für Grundnahrungsmittel);
- Die Schaffung internationaler W&T-Parks nahe den führenden Wissenschafts- und Forschungszentren;
- Europäische Wissenschaftskooperationen im Rahmen der EU, die von Regierungs- und Nicht-Regierungs-Organisationen eingerichtet werden;
- Forschungsgemeinschaften der GUS und der MOL sollten Vorschläge zu regionalen Forschungsinitiativen machen, die westlicher Unterstützung bedürfen. Das könnte Workshops und Schulungsprogramme beinhalten und die integrative Kraft von W&T demonstrieren;
- Wo die Koordination zwischen verschiedenen Finanzierungseinrichtungen und Geldgebern gesichert werden muß, sollte ein einfaches *Ad hoc*-Vorgehen angewandt werden;
- Regionale Kooperationspläne sollten da entwickelt werden, wo sie notwendig sind;
- Es sollte versucht werden, die Grundlagenforschung und ihre Werte mit der kulturellen Tradition eines Landes oder einer Religion zu verbinden. Wesentlich dabei ist, daß W&T von den demokratischen Kräften gegenüber den anti-wissenschaftlichen Kräften verteidigt werden, die auf die Liberalisierung folgten.

*Information und Kommunikation*

- Verbindungsbüros zur Bereitstellung von Informationen für GUS- und MOL-Wissenschaftler und für verstärkte Kooperation einrichten;
- Forschungsergebnisse austauschen und abgeschlossene und Zwischenberichte andauernder Forschungsprojekte veröffentlichen;
- Den Zugang zu modernen Forschungseinrichtungen und wissenschaftlich-technischen Informationsquellen verbessern;
- Den Informationsaustausch auf allen Ebenen verbessern;
- Wissenschaftliche und technische Errungenschaften mit dem grundlegenden Ziel der Schaffung eines einheitlichen Systems für europäische Wissenschaftsinformationen auf der Grundlage eines sich bereits entwickelnden Computer-Netzwerkes austauschen;
- Eine 'Schaltstelle' für europäische Akademien schaffen, die Informationen von allgemeinem Interesse, besonders die Schritte in Richtung stärkterer Kooperation zwischen Wissenschaftsakademien, besser verfügbar macht;
- Internationale Beratungsgruppen für jedes Land schaffen, die den Zugang zu westlichen, wissenschaftlichen Informationen erleichtern können und die richtungsbestimmend für nationale F&E-Bemühungen sein können;
- Sprachbarrieren überwinden;
- Die Kommunikation und Beratung zwischen den Wissenschaftsgemeinschaften sollte

unterstützt und vereinfachende Mechanismen eingeführt werden. Die KONFERENZ DER EUROPÄISCHEN AKADEMIEN ist ein Schritt in diese Richtung;

- Wissenschaftliche Zeitschriften namhaften Wissenschaftlern in Bibliotheken und größeren Forschungsinstituten zur Verfügung stellen.

*Finanzierung*

- Ein grundlegendes W&T-Hilfsprogramm ausarbeiten (INTERNATIONALE STIFTUNG FÜR W&T IN DER GUS UND DEN MOL);
- Alle Länder in Europa sollten die Möglichkeit zur vollen Teilnahme an den Projekten haben (mit angemessener Finanzierung) oder zumindest Beobachterstatus (ohne oder mit geringer Finanzierung);
- Einen Ost-West-Fonds zur Förderung spezifischer Projekte in Kernbereichen der Grundlagenforschung einrichten;
- Teilfinanzierung osteuropäischer Beitritte zu internationalen Wissenschaftsvereinen;
- Vereinfachter finanzieller Zugang zu internationalen Organisationen, wie den CERN;
- Fertigstellung von (gemeinsames Management von) groß angelegten Forschungszentren, die sich gegenwärtig im Bau befinden, für die nationale Mittel zur Fertigstellung aber nicht mehr vorhanden sind.

*Spezielle Interessengebiete*

- Verknüpfte Forschungsanstrengungen bezüglich der Virologie, der menschlichen Genetik und der Unfälle in der Art von Chernobyl fördern;
- Die Umstellung in der Wissenschaft mit der Umstellung in der Industrie koordinieren;
- Untersuchen, ob das wissenschaftliche Potential der ehemals sozialistischen Länder auch in EL einsetzt werden könnte.

*Evaluation und Management*

- Panels gründen oder fortführen, mit denen die verfügbare menschliche Arbeitskraft und die geeignetsten Unterstützungsformen in den jeweiligen Sektoren bewertet werden können (das Erstellen von Aktionsplänen einschließlich der zu unterstützenden Anzahl von Wissenschaftlern oder Gruppen und der dafür benötigten Ressourcen);
- Ausdehnung der erfolgreichen OECD-Reihe 'Länderstudien' auf die W&T-Politik der MOL;
- Ost-West Treffen, vergleichbar mit dem hochrangig besetzten Berliner Kolloquium der UNESCO und der Potsdamkonferenz des Europarats organisieren; Programmauswertungen in Abständen von 2 bis 3 Jahren;
- Management und Evaluation von W&T-Kooperationen sollte möglichst von aktiven Wissenschaftlern selbst geleistet werden;

- Kurse für junge Wissenschaftsmanager anbieten, um sie in das Stipendien- und Kritiksystem der Gleichgesinnten, in die Wissenschaftsverwaltung und in das System der Lizenzen und Patente einzuweisen;
- Das Europäische System der Projektbewertung durch rollierende Kollegial-organe könnte osteuropäischen Ländern helfen, Prioritäten für die Finanzierung von Projekten aufzustellen;
- Bestehende Formen bilateraler Kooperation innerhalb multilateraler Kooperation stärken.

*Neun Vorschläge für die Kommission der EU*

- Zugangsmöglichkeiten für osteuropäische Unternehmen zu westlichen Programmen wie EUREKA oder COST;
- EUREKA sollte als Modell für eine künftige Kooperation auf dem industriellen Sektor zwischen allen europäischen Ländern betrachtet werden, möglicherweise auch mit außereuropäischen;
- Die EU sollte dazu ermuntert werden, die Bandbreite und den Umfang der Mechanismen auszuweiten, die Wissenschaftlern aus der GUS und den MOL eine Möglichkeit zur Kooperation mit Wissenschaftlern anderer Länder bieten. Das kann GO-EAST und GO-WEST Stipendien, Netzwerke, Konferenzen, gemeinsame Projekte und stärkeren Zugang zu EU-Programmen beinhalten. Verstärkt sollten auch weiterhin junge Wissenschaftler (im allgemeinen unter 40 Jahren) gefördert und Initiativen angeregt werden;
- Bilaterale Verträge mit der EU über wissenschaftlich-technische Kooperationen sollten mit dem Ziel unterzeichnet werden, gleichberechtigte Teilnahme von GUS- und MOL-Wissenschaftlern in europäischen Forschungsprogrammen mit Kostenbeteiligung durch die EU oder einzelner Staaten zu gewährleisten;
- Verträge mit der EU unterzeichnen, um konkrete Programme wie PHARE oder TEMPUS zu gründen;
- Kontakte zu den europäischen Organisationen sowie dem Organisationsstab konkreter EU-Programme für die Entwicklung von W&T herstellen;
- Informationstransfer zu den Wissenschaftseinrichtungen und Universitäten über die Bedingungen und Konditionalitäten eines Beitritts zu europäischen Programmen; Informationen zu konkreten Programmen in osteuropäischen Sprachen;
- Koordinieren der Beratungen mit Vertretern interessierter MOL/GUS- und EU-Organisationen zu Punkten, die die mögliche Teilnahme an wissenschaftlichen EU-Programmen betreffen;
- Kooperation mit der EU-Kommission DG XII um MOL/GUS-Organisationen als Subcontracting Partner in den EU-Programmen sowie MOL/ GUS-Wissenschaftlern für EU-Expertenaufträge zuzulassen.

# Kapitel IV

# Zum Stand der Möglichkeiten der Kooperation innerhalb der Triade zum Wohl der *Acht Milliarden Menschen*

*Einleitung*

Obwohl es bekannt ist, daß die beste Hilfe die Selbsthilfe ist, brauchen wir alle erdenkliche Hilfe für die Milliarden von leidenden Menschen auf unserem Planeten, heute und in absehbarer Zukunft. Weniger bekannt ist die Tatsache, daß ein Großteil der Unterstützung, Entwicklungshilfe und Entwicklungskooperation völlig unkoordiniert geleistet wird und daß sie wesentlich effektiver sein könnten, wenn sie sich koordinieren ließen. Drei Gründe sind für die mangelnde Koordination verantwortlich:

- historische Verbindungen, die oft noch aus den Kolonialzeiten stammen;
- allgemeiner Nationalismus;
- Exportfinanzierung bzw. die in Aussicht gestellte Unterstützung unter bestimmten Bedingungen.

Die diversen internationalen Hilfsprogramme für die GUS stellen mögliche erste Versuche zur kollektiven Hilfe dar (abgesehen von internationalen Finanzeinrichtungen); daß sie bislang nicht viel erreichten ist bekannt, die Gründe dafür hingegen weniger. Vieles kann den unzureichenden finanziellen Mitteln zugeschrieben werden, wobei viele Umsetzungsprobleme nur partiell finanzieller Art, sondern vielmehr strukturell, psychologisch, gesellschaftlich und politisch bedingt sind.

Doch warum sprechen wir über Entwicklungshilfe, statt über W&T? Weil beide durch eine ganze Reihe von Gemeinsamkeiten gekennzeichnet sind:

- Gelder werden nur dann ausgegeben, wenn Einnahmen über kurz oder lang verfügbar sind;
- Industrieländer erheben auf Entwicklungsländer häufig eine Art Anspruch, wie Wissenschaftler und Vertreter der Industrie auf ihre Patente. Die Idee, daß wir nur gemeinsam überleben können, ist noch nicht ausgereift. Die Tatsache, daß es keine Garantie für das Überleben der Industrieländer gibt, ist den Entscheidungsträger noch nicht bekannt.

Zudem gibt es eine weitere Schwierigkeit: obwohl doch allerhand Zusammenarbeit in der vor-kompetitiven W&T stattfindet, existiert ein Großteil davon lediglich, weil es schlicht zu teuer wäre, alles ganz alleine durchzuführen. Doch selbst in diesem Bereich der Zusammenarbeit ist die Einstellung dazu noch nicht sehr ausgeprägt, wie die folgende Analyse der USA und ihrer Einstellung zur internationalen W&T-Zusammenarbeit zeigt.

Schlußfolgerung: Es bestehen nur geringe Chancen, daß die Zusammenarbeit innerhalb der Triade für die *Acht Milliarden Menschen* intensiviert wird.

## Die Vereinigten Staaten als Partner in der W&T-Zusammenarbeit[61]

Diese Studie beurteilt die Rolle der USA als wissenschaftlicher und technologischer Kooperationspartner aus der Perspektive kooperierender Partner und beschränkt sich dabei weitgehend auf die industrialisierten, demokratischen, westeuropäischen Partner. Sie basiert stark auf persönlichen Erfahrungen, mündlichen Aussagen und Korrespondenz mit einer Reihe von Personen aus unterschiedlichen Staaten. Die Studie sollte als impressionistischer Bericht über das Problem gesehen werden, der die Ansichten des Autors und einiger ausgewählter Beobachter wiedergibt.

Allen Urteilen von Europäern über die W&T-Zusammenarbeit mit den USA ist zu entnehmen, daß Europäer die persönliche Zusammenarbeit mit US-Wissenschaftlern als erfolgreich und produktiv einschätzen, unabhängig davon, ob sie an einer Universität oder einem staatlichen Forschungslabor angestellt sind, während die Zusammenarbeit mit Regierungsstellen und Behörden als problematisch beschrieben wird. Diese Einschätzung wird von multilateralen Organisationen geteilt.

Einige der Beschwerden von Europäern über die Zusammenarbeit mit den USA beziehen sich auf Formalitäten, die mit der Aufnahme der Kooperation auf nationaler Ebene verbunden sind. Die lange Verhandlungsdauer kann mit der diffusen Verteilung der Kompetenzen auf Seite der amerikanischen Verhandlungspartner erklärt werden, die auf Europäer verwirrend wirkt, doch sie kann auch auf den niedrigen Stellenwert hindeuten, den die US-Behörden der internationalen W&T-Kooperation einräumen.

Andere Klagen beziehen sich auf die amerikanische Verwaltung, die ihre Etats jährlich festlegt und keine finanzielle Verpflichtung für die Gesamtdauer eines Projektes eingehen kann. Wieder andere thematisieren die inhärente Instabilität der amerikanischen Partner. Diese Instabilität mag Ausdruck von Wechseln in der amerikanischen Projektleitung oder der US-Politik sein, die dann zu veränderten Einstellungen oder sogar zur einseitigen Kündigung der amerikanischen Zusammenarbeit in einem bilateralen Projekt führt. Diese Inkonsistenzen der US-Partner sind Zeichen mangelnder Abstimmung in der Politik der USA, bzw. ihrer speziellen W&T-Organisationen oder Abteilungen. All diese Faktoren tragen dazu bei, daß die USA als unzuverlässiger Partner in der W&T-Zusammenarbeit erscheint.

Eine offensichtliche Erklärung für das amerikanische Verhalten, dic das Bild der USA als unzuverlässigen Partner begründet, ist die Ungleichheit zwischen dem US- und dem europäischen Forschungssystem. Sie passen auf drei Ebenen nicht zusammen:

- Erstens schätzen die Europäer die internationale, wissenschaftliche Zusammenarbeit, weil sie damit ihre Interessen am besten verfolgen können. Bis heute räumt Amerika solchen Operationen nur geringe Priorität ein, weil sie diese nicht als wesentlich im Sinne der Nation, bzw. für die amerikanische Wissenschaft einstuft;
- Zweitens macht das zentralisierte Organisations- und Verwaltungssystem in der W&T

61 dies ist der Bericht von Alexander Keynan an die Carnegie Kommission für Wissenschaft, Technologie und Regierung, New York, Juni 1991

Europas es den europäischen Regierungen einfacher, Ver-antwortung für internationale Zusammenarbeit anzuerkennen und zu orten. Dagegen erschwert die amerikanische Dezentralisation es der amerikanischen Regierung, Verantwortung für internationale Kooperationen zu übernehmen, die auf Aktivitäten ihrer unabhängigen Organe beruhen;

- Drittens entwickelten mehrere europäische Staaten langfristige, nationale Politiken für internationale, wissenschaftliche Zusammenarbeit, die es ihnen ermöglichen, stets verläßlich zu ihren Verpflichtungen zu stehen.

Die USA hingegen entwickelten bislang keine solche langfristige Politik und sind daher nur begrenzt fähig, langfristige und finanzielle Verpflichtungen einzugehen; vielmehr vollzieht sich die Gesetzgebung ohne Rücksicht auf internationale Verpflichtungen.

Die Tatsache, daß alle anderen industrialisierten Länder in ihren Regierungen zentrale Stellen zur Koordinierung ihrer nationalen W&T-Anstrengungen und zum Überblicken der internationalen Zusammenarbeit haben, die USA aber nicht über einen solchen zentralen Mechanismus verfügen, erklärt, warum es bei der W&T-Zusammenarbeit zu so vielen Schwierigkeiten kommt. Es trifft auch zu, daß in den meisten anderen Ländern die Universitäten zentralisierter organisiert und abhängiger von den nationalen Regierungen sind. Doch all diese Tatsachen können die gegenwärtige Situation nicht vollständig erklären.

In den 50er und 60er Jahren hat die W&T-Zusammenarbeit zwischen den USA und Europa gut funktioniert. Die Verwaltungsstruktur des US-Forschungssystems hat sich seither nicht wesentlich verändert. Man muß also annehmen, daß noch andere Faktoren für die derzeit unbefriedigende Situation verantwortlich sind.

Die Motivation zur Zusammenarbeit ist ein solcher Faktor. Während der 50er und 60er Jahre war die Motivation der USA zur Zusammenarbeit mit dem europäischen Forschungsapparat zumindest teilweise vom Wunsch beseelt, zum Wiederaufbau der europäischen Wissenschaft beizutragen, die durch den Zweiten Weltkrieg stark in Mitleidenschaft gezogen war. Europa war zersplittert und kein ernstzunehmender Konkurrent für die USA auf dem W&T-Gebiet. Die W&T-Kooperation der USA war quasi Teil des Marshall Plans und wurde auf höchster Verwaltungsebene unterstützt. In den 70er Jahren regte sich in den USA der Verdacht, die internationale W&T-Zusammenarbeit könnte ein Weg sein, auf dem feindliche Länder an geheime US-Militärtechnologie gelangen könnten. Daher konzentrierten sich die USA darauf, die W&T-Zusammenarbeit zu kontrollieren statt sie zu unterstützen.

Europa und Japan sind nun industrielle Kontrahenten für die USA. Folgt man den Aussagen verschiedener Beobachter, könnte die negative Einstellung der USA zur internationalen W&T-Kooperation teilweise auf der Annahme beruhen, daß die Zusammenarbeit zum ungewünschten Transfer solcher Technologien führe, die wirtschaftlich in den konkurrierenden Ländern von Bedeutung sind. Die USA halten sich für technologisch weitgehend autark; sie glauben nicht, daß sie viel von anderen Ländern lernen können. Weil die USA Angst vor den negativen Auswirkungen der internationalen Zusammenarbeit haben und sich zudem keinen Vorteil davon versprechen, nimmt die W&T-Zusammenarbeit auch nur einen geringen Stellenwert ein.

All diese Faktoren zusammengenommen, so meinen europäische Beobachter, erklären die fehlende Motivation der USA, den Schwierigkeiten entgegenzuwirken, die einem so komplexen System wie dem US-Forschungssystem bei internationalen Kooperationen innewohnen.

Um das Interesse der USA für die W&T-Zusammenarbeit zu stärken und um das Verständnis in Europa dafür zu verbessern, werden drei Maßnahmen vorgeschlagen. Die erste zielt darauf ab, das europäische Wissen über den Stellenwert, den internationale Zusammenarbeit in den USA hat, zu aktualisieren und eine Strategie zu formulieren. Die zweite möchte die formalen Kooperationsmechanismen und auch die Richtlinien zur Entscheidungsfindung über Zusammenarbeit verbessern. Und die dritte zielt darauf ab, die Möglichkeiten des internationalen Austauschs unter den wichtigsten Partnern auf hoher Ebene zu verbessern.

*Vorschlag Eins:*

**Schaffung eines effektiven US-amerikanischen Nicht-Regierungs-Forums, um politische Probleme der W&T-Zusammenarbeit anderer Staaten mit den USA aufzudecken und zu diskutieren**

Real betrachtet ist es wenig wahrscheinlich, daß die USA in naher Zukunft eine umfassende nationale Politik für die W&T-Zusammenarbeit mit anderen Staaten formulieren werden. Deshalb zielen die folgenden Vorschläge darauf ab, ein Bewußtsein für die existierenden Probleme und die Möglichkeiten der internationalen W&T-Zusammenarbeit zu schaffen und einen breiten Konsens über den entsprechenden Handlungsbedarf herbeizuführen. Um auf die Probleme aufmerksam zu machen und die Möglichkeiten der internationalen Zusammenarbeit aufzuzeigen, könnten die Auslandssekretariate der Nationalen Akademien sowie des Instituts für Medizin diese Thematik auf ihren Jahresversammlungen vor führenden Persönlichkeiten der Wissenschaft, des Ingenieurwesens und der Medizin sowie den Vertretern von Regierung, Industrie, Wissenschaften und professioneller Organisationen ansprechen. Diese jährlichen Treffen könnten den "Zustand der Internationalen Zusammenarbeit in Wissenschaft und Technologie" auf der Basis von Berichten der Auslandssekretariate der Akademien ansprechen.

Diese Berichte sollten selbstverständlich nicht nur die Aktivitäten der Akademien aufzählen, sondern Analysen der internationalen Zusammenarbeit der USA während des vergangenen Jahres liefern, auf Probleme, Erfolge und Chancen hinweisen und, nach Möglichkeit, Vorschläge für die Zukunft machen. Derartige jährliche Übungen könnten eine Neudefinition der Rolle der Auslandssekretariate der Akademien nötig machen. Die Effektivität dieser Vorgehensweise würde um einiges erhöht, wenn sie auf eine Anregung des Sonderassistenten des Präsidenten für W&T zurückginge und mit dem Außenministerium koordiniert wäre.

Die Übung selbst sollte darin bestehen, Themen und Trends der internationalen W&T-Zusammenarbeit fortlaufenden zu bewerten.
Dieses jährliche Bemühen sollte folgendes anzustreben versuchen:
1. Grundlegende Annahmen, die die Haltung der USA im Hinblick auf internationale

W&T-Kooperation bestimmen, aufzudecken und zu prüfen. Es wäre wichtig, darauf hinzuweisen, daß es der Wunsch der USA sein muß, mit anderen industrialisierten Ländern im W&T-Bereich zur Erhaltung ihrer Wettbewerbsfähigkeit zusammenzuarbeiten;

2. Welche Ziele soll die US-Vorreiterrolle in der internationalen W&T ver-folgen? Multinationale W&T-Zusammenarbeit scheint allgemein zuzunehmen, speziell aber in den Bereichen Raumfahrt, Umwelt und in den vor-komptetitiven Industrietechnologien. Die USA müssen wählen, ob sie eine Führungsrolle in diesen Bereichen einnehmen wollen, wie bislang, oder ein relativ passiver Akteur sein möchten. Alternativ dazu kann Amerika versuchen, in vielen oder sogar in allen Bereichen die Führung zu übernehmen;
3. Die vielen US-Regierungsorganisationen dazu ermutigen, eigene sektorale W&T-Politiken zu formulieren. Die Haltung der jeweiligen Organisationen ist ein Schlüsselaspekt der internationalen W&T-Beziehungen. Auch wenn es kaum eine Möglichkeit gibt, zu einer einheitlichen, nationalen US-Politik in der internationalen W&T zu kommen, könnten die einzelnen Organisationen doch kontinuierlicher und klarer an ihren eigenen Richt-linien für eine W&T-Kooperation arbeiten;
4. Das Außenministerium ermuntern, aktiver zur Klärung der US-Interessen in der W&T-Zusammenarbeit beizutragen. Gewisse Probleme der W&T-Kooperation zwischen den USA und anderen Ländern können nicht von anderen Problemen der Außenpolitik getrennt werden. Die aktive Teilnahme des Außenministeriums am Prozeß der Klärung des US-amerikanischen Interesses an internationaler W&T ist notwendig. Der jährliche Bericht *Title V* an den Kongreß über die Regierungsgeschäfte in Wissenschaft, Technologie und Diplomatie könnte ebenfalls auf diesen jährlichen Treffen diskutiert werden;
5. Die US-Politik und die Regelungen untersuchen, die den Verbündeten Kontrollen des Exports solcher kommerzieller Güter sowie Informationen aufzwingt, die für andere Militärsysteme von großem Wert sein könnten. Diese Kontrollen haben, so wie sie jetzt durchgeführt werden, einige unbeabsichtigte, negative Auswirkungen auf die internationale W&T-Zusammenarbeit und sollten korrigiert werden. Um einen gewissen Grad an nationalem Konsens über diese Fragen zu erzielen, müssen die existierenden Probleme der W&T Zusammenarbeit sichtbarer gemacht und im Rahmen der amerikanischen Politik generell diskutiert werden. All diese Überlegungen sollten auch untersuchen, ob die USA Kooperationschancen verliert, die in der Zukunft bedeutend werden könnten;
6. Die W&T-Beiträge der USA zu multilateralen Organisationen müssen generell, und in ihren Zielen, analysiert sowie sichtbarer gemacht werden. Objektive Beobachter bemerkten, daß die USA viele der guten international-orientierten Forschungsleistungen von US-Wissenschaftlern in den multilateralen Organisationen nicht genügend anerkannt werden. Das Image der USA in diversen internationalen Organisationen könnte sich bessern, wenn die USA derartige Beiträge für die politische Führung dieser Organisationen besser erkennbar machten. Auch die Ziele der USA in W&T sind für multilaterale Organisationen oft unklar. In manchen Fällen könnten die Aktivitäten und Ziele dazu führen, daß der Nationale Forschungsrat oder andere qualifizierte Organisationen entsprechende Studien anfertigen läßt. Diese könnten u.a. auf obigen Tagungen bewertet werden, wie zuvor vorgeschlagen.

7. Den Status der amerikanischen Beiträge zu "Mega-Projekten" zu diskutieren. Projekte wie der Supercollider und die Raumstation erfordern große Investitionen, die international entweder bereits geteilt werden oder geteilt werden sollten. Die Angemessenheit ebenso wie eine gleichmäßige Lastenverteilung würden in vielen Fällen von früheren, breiter angelegten und ausführlicheren Diskussionen innerhalb der jeweils betroffenen US-W&T-Gemeinschaft profitieren, innerhalb wie außerhalb der Regierung.

*Vorschlag Zwei:*

**Überprüfung formaler Mechanismen der internationalen Zusammenarbeit durch Regierungsstellen mit den Zielen:**
**a. Rahmenverträge zu entwickeln, die ein stabiles, langfristiges, wissenschaftliches Engagement sicherstellen;**
**b. Richtlinien zur Unterstützung der Entscheidungsfindung für die Zusammenarbeit zu formulieren**

Es ist besonders wichtig, Abkommen zu prüfen, die große Geltungsbereiche und Zeiträume umfassen und zudem auf einem Gebiet liegen, auf dem die USA in Zukunft Zusammenarbeit anstreben. Raumfahrt und Umwelt könnten solche Gebiete sein. Die Möglichkeit, einen bilateralen oder multilateralen Vertrag für eine Zeitdauer von fünf bis zehn Jahren zu unterzeichnen, sollte erwogen werden. Der Vorteil eines Vertrags liegt in seiner Stabilität. Wenn der Vertrag durch den Kongreß gebilligt wird, ist es weniger wahrscheinlich, daß er häufig interveniert und damit den Rahmen der Zusammenarbeit schwächt. Auf diese Weise könnten die USA den anderen Staaten Sicherheit bezüglich eines stabilen, langfristigen, wissenschaftlichen Engagements im Kontext gegenseitiger und reziproker Verpflichtungen geben.

Sicherlich hängt vieles vom Wesen solcher Verträge ab, aber sie scheinen der einzige Mechanismus zu sein, mit dessen Hilfe sich Amerika als Staat zu stabiler, langfristiger Zusammenarbeit verpflichten kann. Ein weiterer Mechanismus, der sich als erfolgreich erwiesen hat, aber nicht generell angewendet werden kann, ist die doppelstaatliche Wissenschaftsstiftung (hier könnte die US-Israelische Wissenschaftsstiftung als Modell dienen). Dieser Mechanismus gründet auf einer doppelstaatlichen Stiftung, deren Einnahmen die doppelstaatliche Forschung unterstützen und die in erster Linie von Wissenschaftlern organisiert wird. Diese ziemlich spezielle Form der Zusammenarbeit kann nicht in großem Rahmen nachgeahmt, wohl aber für spezialisierte Zwecke genutzt werden.

Es sollten auch andere erfolgreiche Mechanismen untersucht werden, um aus ihrem Erfolg zu lernen. Eine informelle Art der Kooperation ist die fast permanente Zusammenarbeit zwischen den USA und dem Europäischen Zentrum für Nukleare Forschung. Auch einige der Mechanismen, derer sich multinationale Industrien bedienen, sollten untersucht werden. Ein Ergebnis dieser Überprüfungen der Kooperationsmechanismen könnten Diskussionen und anschließende Festlegungen von Richtlinien und Prinzipien für die internationale W&T-Zusammenarbeit sein, auf die sich Regierungsstellen und Behörden verständigen konnten. Einige solcher Richtlinien wurden bereits von der NASA und von der US-Akademie für Ingenieurwesen erarbeitet. NASA-Richtlinien sind wie "Spielregeln", auf die sich beide Seiten einigen, wenn ein Projekt beschrieben wird. Sie sind nicht universeller Natur und sie richten sich nicht an die inner-amerikanischen W&T-Partner. Die Richtlinien der Ingenieursakademie sind mehr darauf ausgerichtet, Politikvorschläge an die amerikanischen Partner zu formulieren, sie könnten aber auch auf Gebiete angewendet werden, die außerhalb des Ingenieurwesens liegen.

Derartige Prinzipien und Richtlinien für die internationale Kooperation sollten von einer Stelle erarbeitet und verbreitet werden, die für alle Regierungsorganisationen und Behörden akzeptierbar ist, z.B.die W&T-Politik-Beratungsstelle im Weißen Haus. Sie könnten eine Beschreibung der aktuellen Situation und eine Rubrik "Was man nicht tun sollte" enthalten. Und sie könnte auch die Notwendigkeit unterstreichen, ehrlich abzuschätzen, wie stark sich die US-Unterhändler gegenüber ihren Partnern verpflichten können. Eine solche Verpflichtung könnte in der Zusicherung liegen, daß alles getan werde, einseitige Änderungen beim Umfang, Budget und den ausgehandelten Forschungsmethoden zu vermeiden. Eine Organisation, die die Mechanismen, Prinzipien und Richtlinien für internationale W&T-Zusammenarbeit ebenfalls gut untersuchen könnte, ist das Komitee für Internationale Wissenschaft, Ingenieurwesen und Technologie des Bundes-Koordinationsrates für Wissenschaft, Ingenieurwesen und Technologie, das ebenfalls im Weißen Haus angesiedelt ist.

***Vorschlag Drei:***

**Zwischen den Verantwortlichen der amerikanischen und den ausländischen W&T-Politiken sollten periodische Treffen eingerichtet werden**

Effektivere internationale Zusammenarbeit kann nicht allein durch Verbesserung der heimischen Organisation und Entscheidungsfindung erreicht werden. Es wäre günstig, internationale, organisatorische Vereinbarungen zu schließen, nach denen die kooperierenden Partner sich regelmäßig treffen, eventuell auch relativ formlos, um über grundsätzliche wie aktuelle Probleme der Zusammenarbeit zu diskutieren. Keine bestehende Organisation wie z.B. OECD, UNESCO oder ICSU scheint dieses Bedürfnis stillen zu können. Dennoch könnte es hilfreich sein, den Wert von periodischen Treffen zu ermitteln, in denen sich die für W&T verantwortlichen Persönlichkeiten aus US-Regierung, Wissenschaft und Industrie mit ihren Partnern aus anderen Industrieländern zusammensetzen, um die existierenden Mechanismen und mögliche Verbesserungen zu analysieren.

Teilnehmer solcher Treffen können ihre Probleme benennen, konkrete Lösungen vorschlagen und etwas über die Probleme der anderen Seite erfahren. Generell sollten solche Treffen nicht zur Lösung von Verfahrensproblemen einberufen werden, sondern um Informationen, Ansichten und Meinungen mit dem Ziel der Verbesserung der Zusammenarbeit auszutauschen.

Es ist wahrscheinlich, daß die W&T-Zusammenarbeit mit anderen Ländern für die USA an Bedeutung gewinnt, sobald sie die Tatsache berücksichtigen, daß immer mehr bedeutende W&T von Industrieländern außerhalb der USA unternommen wird und daß der weltweite Trend zu mehr Zusammenarbeit geht. Wenn diese Einschätzung stimmt, dann muß die US-Regierung darauf bedacht sein, ihre entsprechenden Organisations- und Entscheidungsfindungskapazitäten auszubauen.

Die vorgeschlagenen Maßnahmen könnten dieses Ziel zu erreichen helfen. In jedem Fall würden die USA von einem Überdenken ihrer Motive für internationale W&T-Zusammenarbeit gerade in einer Zeit besonders schneller und dramatischer, wirtschaftlicher und politischer Veränderungen auch im W&T-Bereich profitieren. Wie in anderen Bereichen, müssen sich die USA auch hier mit zwei ihrer spezifischen Eigenschaften auseinandersetzen: ihrem Hang zur "Splendid Isolation" und ihrem weltweiten Führungsanspruch.

## Schlußfolgerungen

Die politischen Veränderungen in der GUS und den MOL, das Entstehen neuer Demokratien und der Trend zur Marktwirtschaft, stellen mit die größten wirtschaftlichen wie politischen Herausforderungen an den Westen dar. Das schließt auch wissenschaftliche wie kulturelle Herausforderungen ein. Deshalb sollte Europa nicht nur die ökonomische Entwicklungshilfe befürworten, sondern auch versuchen, die W&T-Grundlagen zu erhalten und, wenn möglich, zu erneuern, um Demokratie auszuweiten. Einer der wichtigsten Bestandteile des kulturellen Erbes Europas liegt in seiner wissenschaftlichen Gemeinschaft. Die ernsthaften, wirtschaftlichen Schwierigkeiten, in denen der Osten derzeit steckt, verlangen nach umgehenden, drastischen Hilfsmaßnahmen. Sonst läuft das W&T-System, einer der verletzlichsten Bereiche in der Gesellschaft, Gefahr, dauerhaft geschädigt zu werden.

In Europa ist W&T zum Schlüssel für die internationale Wettbewerbsfähigkeit geworden. W&T müssen umgehend Lösungen für die gesellschaftlichen Hauptanliegen wie z.B. wirtschaftlichen Wohlstand, Gesundheit oder Umwelt bieten. In W&T wachsen ein Teil der Ideen und Absichten zusammen, die die europäischen Staaten verbinden.

Diese Idee könnte zum "Großen Europa" weiterentwickelt werden. Die Industrienationen können ihre Expertise nicht in allen Disziplinen aufrechterhalten, aber Europa als Ganzes müsste dazu in der Lage sein. Die westeuropäische Unterstützung zum bestmöglichen Schutz der W&T-Infrastruktur in der GUS und den MOL ist kein Akt von Wohltätigkeit, sondern ein Akt der Solidarität und darüber hinaus ein Akt des aufgeklärten Selbstinteresses. Das zentrale Problem für eine W&T-Politik im Dienste des Großen Europas ist folgendes:

Wie kann man neue Strukturen schaffen und gleichzeitig der Auflösung von W&T-Grundlagen und W&T-Institutionen in einer Zeit entgegenwirken, in der die Nachfrage nach W&T-Ergebnissen ernsthaft schwindet?

GUS und MOL nehmen in unterschiedlichem und unsystematischem Maße Teil am weiten Spektrum westeuropäischer, zwischenstaatlicher und privater W&T-Programme. Sie sind zwar in bilateralen Initiativen engagiert, sind sich aber der ihnen zur Verfügung stehenden Programme kaum bewußt und können daher kaum Gebrauch von diesen Kooperationsstrukturen machen. Gleichzeitig müssen sie ihre W&T-Grundlagen erneuern oder ganz neu aufbauen.

Von daher ist ständige Beratung und Information notwendig, die sicherstellt, daß diese Staaten:

- über sämtliche Möglichkeiten für eine schnelle Integration in das internationale W&T-Netz und in Kooperationsprojekte verfügen:
- von westeuropäischen Staaten profitieren, was deren Erfahrung mit dem Aufbau ihrer nationalen W&T-Systeme angeht.

Es muß ein Pan-Europäischer Koordinationsmechanismus entstehen, in dem diese Länder gleichberechtigte Partner sind. Dieser Mechanismus sollte die Funktion einer Schaltstelle haben, die Bedürfnisse und vorhandene Möglichkeiten zusammenführt. Er sollte auch in der Lage sein, Politikberatung für den Aufbau nationaler W&T-Kapazitäten zu leisten.

Gegenwärtig gibt es keinen zwischenstaatlichen Rahmen, der ganz Europa umfaßt und der Förderung einer europäischen Wissenschaftspolitik gewidmet wäre.
Daher stellt sich die Frage, ob der Europarat, als das Organ, das die meisten europäischen Staaten repräsentiert, nicht in der Lage wäre, eine derartige Funktion in enger Zusammenarbeit mit allen anderen betroffenen Organisationen zu erfüllen.

## Literatur


Commission of the European Communities, First Report on the State of Science and Technology in Europe, Bruxelles December 1988;

Commission of the European Communities, op.cit., p. 101, Aubert, J.-E., What Evolution for S&T Policies? in: OECD-Observer 174, February/March 1992;

Fedoseyev, P.N., The Social and Ideological Foundations of Drawing together of Nations and Nationalities, op. cit., p. 64;

Graham, L., Soviet Union, in: Fusfeld, H.I., Framework for Interaction, Troy, NY, 1987, pp. II.012-14, siehe auch Kommentar von Fortescue, S., in: Sinclair, C., The Status of Soviet Civil Science, Dordrecht 1987, Fundamental Research and the Policies of Government, OECD, Paris 1966, p. 16;

Morazé, C. et al., Science and the factors of inequality, UNESCO, Paris 1979;

Paton, B.E., The Progress of Ukrainian Science, in: Science in the USSR - the 50th anniversary of the Formation of the Union of Socialist Republics, Moscow 1972, p. 102;

Proceedings of the International Seminar on Organisational Structures of science in Europe: New Forms of Cooperation between East and West, UNESCO-ROSTE, 1992, Mikulinskij, S.R., Einige Probleme der Organisation der wissenschaftlichen Tätigkeit und ihrer Erforschung in: Kröber, G. und Steiner, H. (Hrsg.): Wissenschaft - Studien zu ihrer Geschichte, theorie und Organisation, Berlin (Ost) 1972;

Report of the 'Scientific Forum' of the CSCE, Hamburg 1980;

Report: The Trieste Conference on Scientific Cooperation with Eastern Europe, 1990;

Science, Technology, Industry, STI review, No.2, OECD, 9/1987, bzw. "OECD Ministers talk about S&T for Economic Growth and Social Development", 1988, p. 14;

Standke, K.-H. and Richardson, J.G. (Editors): S&T for the Future of Europe: New Forms of Cooperation between East and West UNESCO-ROSTE, Venice 1991;

UNESCO, Feasibility Study on the Establishment of an International Institute for the Planning of Scientific and Technological Development, UNESCO/NS/ROU/583, 2.5.1983, p. 5;

UNESCO, Science Policy and the European States, Paris 1971 and UNESCO, Science, Technolgy and Govermental Policy, Paris 1979;

Zecchini, S., Integration of Central and Eastern Europe in the OECD Economy, contribution to the Roundtable on Global Change, UNDP Development Programme, Bukarest, September 1992.

# Kapitel V

# Schlußfolgerungen und Empfehlungen

Wie dem Konferenzplan zu entnehmen ist, wurde die Hauptarbeit dieser Konferenz in zwölf Arbeitsgruppen geleistet.

Die ersten vier bearbeiteten die Ergebnisse des FAST-Projektes "Global Perspective 2010 - New Tasks for S&T", die sie im zentralen Konferenz-Dokument mit dem Titel "Miteinander Leben" vorliegen hatten.

Ein zweiter Block von vier Arbeitsgruppen diskutierte die vier Präsentationen aus dem Ausland, wobei sich jede der Arbeitsgruppen auf jeweils eine dieser Studien konzentrierte. Nicht wenige Teilnehmer brachten ihre Unzufriedenheit darüber zum Ausdruck, daß sie keine detaillierten Informationen über alle vier Studien erhalten konnten, weil höchstens zwei Arbeitsgruppen besucht werden konnten.

Und schließlich wurde im dritten Block aus vier Arbeitsgruppen das eigentliche Thema dieser Konferenz, "W&T für *Acht Milliarden Menschen"* bearbeitet bzw. auf die beiden Fragen "Wie sollen die vorliegenden Handlungsprotokolle beurteilt werden?" und "Welche weiteren Protokolle wären zeitgemäß und verdienen es, vorgeschlagen zu werden?" Antworten gesucht.

Zu den Studien aus dem Ausland: Es wurde häufig das Argument geäußert, daß zunächst eine Studie notwendig wäre, die die unterschiedlichen Vorstellungen von W&T in verschiedenen Teilen der Welt ermittelt. In Indien z.B., sollten W&T in erster Linie auf das Problem der Bevölkerungsfrage, Indiens dringendstem Problem, angewendet werden. In Japan resultiert die derzeitige Begeisterung für W&T aus der natürlichen Neugier der Bürger für alles Neue. Für die USA stellen W&T immer noch den einzig gangbaren Weg zu Frieden und Demokratie dar, die eingeführt oder verteidigt werden müssen, notfalls mit militärischen Mitteln.

Die zweite vorherrschende Meinung war: W&T sollten nie nur positiv sondern auch als 'Pandorabüchse' gesehen werden. Niemand könne je sicher sein, daß 'seine' W&T nicht für militärische Zwecke mißbraucht würde!

Drittens wurde die Frage gestellt, ob wir wirklich zwischen vor-kompetitiver, kompetitiver und post-kompetitiver W&T unterscheiden, und ob wir wirklich jede Erfindung oder Entwicklung so leicht kategorisieren könnten.

Wie können wir uns überhaupt sicher sein, daß Kollegen aus dem Ausland und aus anderen Kulturkreisen Worte wie 'Protokoll' oder 'Hybridisation' genauso verstehen, wie die Wissenschaftler, der ihn prägten, ihn verstanden wissen wollten?

Was die ersten vier Arbeitsgruppen angeht, können einige gemeinsame Punkte konstatiert werden. Fast jeder stellte Fragen im Sinne von:

- Ist das FAST-Dokument 'Miteinander Leben' nicht allzu idealistisch, eurozentrisch, bzw. triaden-zentrisch?
- Wie erlangen wir die Zustimmung der mächtigsten und stärksten Entscheidungsgremien, von Personen, die in Wohlstand und Villen leben und Autos fahren und zweimal am Tag duschen können, wenn sie wollen? Paul Kellermann formulierte es folgendermaßen[62] : "Solange die Präsidenten der Multinationalen Unternehmen nicht den Menschen in den Mittelpunkt stellen, sondern Profitmaximierung anvisieren, kann der gegenwärtige Weg der Entwicklung nicht verlassen werden. Es ist ein Weg, den man 'Titanic' nennen sollte, weil die Passagiere der Luxusklasse noch tanzen und sich amüsieren, während die unteren Etagen des Schiffs bereits überflutet sind".
- Wie bringen wir diesen notwendigen Paradigmenwechsel zustande?

Im dritten Block von vier Arbeitsgruppen wurden unzählige Fragen in folgendem Sinne gestellt:

- Wie wird Nachhaltigkeit gemessen? Welche Indikatoren und welche Maßstäbe gibt es?
- Welche Rolle könnte den Frauen im Kampf um Nachhaltigkeit zukommen?
- Sind Frauen nicht von Natur aus viel mehr prädestiniert, die ökologischen Probleme zu verstehen, sowie auch das Problem der *Acht Milliarden Menschen?* Doch werden die Männer sie teilhaben lassen? Werden die Religionen das zulassen?
- Ist Schutz gegen Kälte vergleichbar mit dem Schutz vor Hitze?
- Ist das Kommunikationsproblem nur/auch ein technisches Problem? Wir wissen noch nicht genug über die Sprachen und die Beziehung zwischen lokaler und globaler Kommunikation. Wie schaffen wir statt TV und Multi-Media zweiwegige oder interaktive Kommunikationssysteme?

Sollte das Analphabetentum eines Tages kein Problem mehr darstellen, werden die wirklichen Schwierigkeiten erst beginnen. Die Frage wird dann sein: 'Was lehren wir?' Ingenieurwesen, Medizin, Recht oder Ökonomie? Wenn der Bedarf an Ingenieuren in der Industrie eine Zeit lang gesättigt ist, liegen die profitableren Jobs im Management, Bank- und Versicherungswesen oder im Handel und plötzlich wird wieder ein Mangel an technischem Personal auftreten. (Japan und Deutschland stehen gerade an diesem Punkt).

Es gibt viele verschiedene Meinungen über Technologietransfer. Alle haben starke Argumente, z.B. daß der ganze Ansatz falsch sei. Wenige Technologien sind wirklich nach Japan 'transferiert' worden. Gebildete Japaner brachten Technologien mit nach Hause, von wo und mit welchen Methoden auch immer. Bildung und unterschiedliche Denkweisen sind eventuell weit bedeutender. Das Konzept des Technologietransfers hat Züge von Wohlwollen und funktioniert nicht, solange konkurrierende W&T vorherrschen.

Schließlich gab es zahlreiche dahingehende Fragen, ob die Europäer sich auf 'die Welt' konzentrieren sollten, obwohl sie noch nicht einmal in ihrem eigenen Haus haben Ord-

---

62 Professor für Politische Wissenschaften an der Universität Klagenfurt in UNISONO-intern, der Studentenzeit schrift seiner Universität, Juni 1993, S.3-5

nung schaffen können. In der Tat waren die modernen W&T, wie Professor Yakushiji von der Keio Universität richtig bemerkte, eine westliche Erfindung, die hier die ganze Zeit über im zweischneidigen Sinne gebraucht wurde (wie derzeit auch auf dem Balkan wieder). Europa verlor seinen vormaligen Einfluß nicht an die Mächte aus Übersee, sondern weil es innerlich gespalten war und die europäischen Länder einander bekämpften. Eine etwas gewagte Theorie könnte sogar lauten, daß sogar die Bipolarität USA-UdSSR ein Ausdruck europäischer Spaltung war und daher die vorrangige Aufgabe Europas darin bestehe, Zentral- und Osteuropa, sowie Rußland wieder in Europa zu integrieren.

Yakushiji warnte die Konferenzteilnehmer auch vor übermäßigem Eurozen-trismus, denn zu viele Europäer und Amerikaner benützen den Begriff 'Triade' gerne, weil er sie vergessen läßt, daß der dritte Partner innerhalb derselben kein Gleichartiger (Homolog) ist. Japan muß sich innerhalb der industrialisierten Welt nicht notwendigerweise so wie der Westen und seine Industrie entwickeln, sondern kann möglicherweise auch außerhalb des westlichen Systems funktionieren. Anderen hingegen war es nicht eurozentrisch genug. Ein frappierendes Beispiel ist die Umwelt-/Alternative Energie-Frage: Warum verwies keiner der Konferenzteilnehmer auf Aktivitäten wie die von 'EUROSOLAR' (Europäischer Solar Energie Verbund), einer hoch aktive Gruppe von bereits über 20 000 Mitgliedern, die bald eine Resolution unter dem Namen 'Charta von Florenz' verabschieden wird?

Ferner wurde argumentiert, daß Europäer und Amerikaner mehr über die sie verbindenden Elemente nachdenken sollten. Ihre gemeinsame Zukunft wird eventuell nicht mehr, wie im letzten halben Jahrhundert, durch die gemeinsame Verteidigung oder Sicherheitsinteressen bestimmt sein, sondern eher von einem gemeinsamen Hauptinteresse, wie es Werner Weidenfeld[63] kürzlich formulierte: 'Wie werden wir mit den Herausforderungen des 21. Jahrhunderts fertig werden, mit der Bevölkerungsfrage oder mit den asiatiatischen Menschenmassen, mit den ökologischen Aufgaben und den inneren Problemen (Drogen und Dekadenz, Innovationsmangel aufgrund vorherrschender Freizeitinteressen, Überalterung, etc.)?' Beide Seiten könnten zum Schluß kommen, daß die andere Seite ein Heilmittel gegen eines dieser Probleme gefunden hätte und daß beide dasselbe Schicksal teilen.

Vier abschließende Punkte:

- viele Teilnehmer hatten das Gefühl, daß die Vorschläge zu allgemein und zu wenig engagiert blieben. Trotzdem verwiesen einige von ihnen darauf, daß die EU eine politische Organisation, daher nicht ganz frei sei, andere machten sehr konkrete Vorschläge, wie z.B. die Einrichtung einer neuen europäischen Organisation für Technologieabschätzung;
- Europa sollte freiwillig eine Führungsrolle in der von den VN vorgeschlagenen IATAFI (Internationale Vereinigung von Technologie-Folgen-Abschätzungs- und Prognoseinstituten) übernehmen;

---

63 von der Deutschen Regierung mit der Koordination der US-Deutschen Beziehungen für die deutsche Seite beauftragt und Professor für Politische Wissenschaften in Mainz in seinem Artikel 'Das Ende der Trivialitäten' in der FAZ vom 26.Juni 1993

- da die gewaltigen globalen Probleme der Arbeitslosigkeit auf der Konferenz hart diskutiert wurden, wurde ein neuntes Protokoll zu diesem speziellen Thema vorgeschlagen. Da die Beschäftigung zu einem zunehmend drängenden Problem in den IL wird, zieht es automatisch die Hauptaufmerksamkeit der IL auf sich. Die Verbesserung der Beschäftigungssituation wird die Situation der EL wahrscheinlich noch weiter verschlimmern und es wäre daher ratsam, beide Situationen gemeinsam zu betrachten;
- statt sich auf eine kohlenstoffreie Wirtschaft zu beziehen, wäre es besser, über den effizienteren Einsatz von Kohle zu sprechen, denn auf diesem Gebiet könnte vieles sofort getan werden.

Die klassische Unterscheidung zwischen Mitteln und Zweck hat keinen Bestand mehr. Das zeigt sich am besten, wenn die *Acht Milliarden Menschen* wie folgt interpretiert werden:
- sie ziehen unvermeidbar die Aufmerksamkeit der IL auf sich, weil sie zu einer Verschmutzung des gesamten Planeten führen könnten, d.h. die IL fürchten in erster Linie um sich selbst;
- sie sind ein relativer Wettbewerbsvorteil für denjenigen (transnationalen Verbündeten, Region oder Supermacht), der sich ihnen zuerst zuwendet.

Ein zweites Beispiel für die Hinfälligkeit dieser Unterscheidung ist die Facetten (Theorie, Ideologie, Notwendigkeit) einer nachhaltigen Wirtschaft (weltweit, wie regional). Eine solche Wirtschaft könnte:
- der einzige Weg sein, den planetaren Holocaust zu vermeiden und der einzige Weg, die Wirtschaft wiederzubeleben (neue, aber 'grüne', Produkte);
- unser zweites, aber genauso wichtiges Ziel sein (hier in der Form eines Szenarios).

Alle denkbaren Anstrengungen (Europas wie der Triade) für W&T sollten sich auf diese beiden Mittel und/oder Ziele richten.

Vorbedingung zur Stärkung Europas scheint eine starke 'Europäische Identität' zu sein. Aber wie kann man Europäer dazu bringen, eine solche Identität anzunehmen? Einige vorgeschlagene Möglichkeiten waren:
- Neue Ansätze in W&T unter der Überschrift 'Inter': Interdisziplinäre Forschung zu den Beziehungen untereinander, Verbundenheit miteinander, Inter-Nationalität und Inter-Dependenz;
- Den Zusammenhalt zwischen unterschiedlichen europäischen Einheiten fördern, wie Kommunen, städtischen Gebieten und Regionen, durch die Infrastruktur im allgemeinen und die W&T-Kapazitäten im besonderen;
- Die aktive Teilnahme jedes Bürgers an Entscheidungen fördern, die ihn/sie betreffen, sowie an Entscheidungen zu kommunalen, regionalen, nationalen und europäischen Angelegenheiten;
- Die Einführung von 'Produktionssystemen, die den Menschen in den Mittelpunkt stellen' fördern, um die menschliche Entfremdung zu überwinden und um eine Identifikation mit der eigenen Person zu ermöglichen.

Europa sollte verhindern, daß seine W&T-Anstrengungen nachlassen, sowohl in finanzieller Hinsicht (z.B. in Prozent der nationalen und/oder europäischen Haushalte), als auch was seinen Ruf angeht, damit es nicht seine finanzielle Attraktivität für die Wahl einer wissenschaftlichen Karriere oder einer Karriere in der W&T-Welt verliert. Europa sollte seine W&T-Politik in seinen Parlamenten, im Europarat, in Zeitungen und Zeitschriften, an Universitäten auf Kongressen und Konferenzen viel intensiver diskutieren.

Europa sollte eine Haltung zu W&T entwickeln, die die GUS und die MOL einschließt und sich nicht isoliert, sondern größtmögliche Zusammenarbeit mit der Triade und der Mehrzahl aller Länder, insbesondere den Staaten des Südens, sucht. Tatsächlich kann Kooperation mit dem Süden am besten über eine intensive Zusammenarbeit in der Triade erweitert werden im Sinne von Zusammenarbeit anstelle von Konkurrenz, wo sie möglich und geeignet erscheint.

Die folgenden acht Vorschläge für die W&T-Politik Europas wurden Protokolle genannt. Warum? Die Delegierten der Konferenz assoziierten mit dem Begriff 'Protokoll', im Gegensatz zum Begriff 'Vorschlag':
- eine klar definierte und benannte Richtung;
- eine offene Beziehung zwischen den W&T-Akteuren und anderen gesellschaftlichen Akteuren, die in einen Prozeß innerhalb eines Netzwerks mündet, das konzipiert wurde, sich weiter auszudehnen;
- das klare Ziel, nicht ausschließlich und speziell einer Person, Gruppe, Firma, Nation oder einem Block zu dienen, sondern stets die *Acht Milliarden Menschen* im Blick zu haben.

**Protokoll 1 Weltforum über W&T**

**Protokoll 2 Kooperative Experimente mit den Drei Ts**
(Transport, Telekommunikation, Tourismus)

Beide Protokolle verfolgen das Hauptziel: 'uns' auf 'gemeinsame Entwicklungen' vorzubereiten.

Während das erste Protokoll darauf abzielt, zwei Organisationen aufzubauen:
- eine mit dem Ziel, einen jährlichen Nobelpreis für "W&T für die *Acht Milliarden Menschen*" zu verleihen;
- eine, die ein weltweites TV zum globalen Dialog über W&T, gemeinsam mit allen Interessierten, produzieren und unterhalten könnte,

möchte das zweite Protokoll bis "zu den Graswurzeln" vorzudringen:

International organisierte und überprüfte Kooperationsprojekte auf einem der drei erwähnten (technologischen) Gebieten (Transport, Telekommunikation, Tourismus) in sehr spezifischen geographischen Gebieten.

Die Protokolle 3 bis 7 versuchen, für nachhaltige Koexistenz zu werben:

**Protokoll 3 W&T für menschliche Unterkünfte (Die Shelter Initiative)**

Häuser und menschliche Unterkünfte sind, trotz aller Unterschiede, universal. W&T wurden nie systematisch auf das Ziel angewendet, sie für Hunderte von Millionen von Menschen in entwickelten und weniger entwickelten Ländern bereitzustellen. Nicht nur Architekten und Stadtplaner sind gefordert. Auf Unterkünfte angewandte W&T könnte zum Eckpfeiler der Inter- oder Multidisziplinarität sowie der Internationalität werden.

**Protokoll 4 W&T für Koexistenz und gemeinsame Entwicklung**
**Das Kommunikationsprojekt**

Koexistenz und gemeinsame Entwicklung erfordern die Bereitschaft für ökonomische, technologische, organisatorische und kulturelle Kompromisse, die so gut wie niemand weltweit für sich in Anspruch nehmen kann. Jeder, der an technologischer oder sich an Inhalten orientierender Produktion und Verteilung von Telematik, sowie auch am Konsum beteiligt ist, muß seine Fähigkeiten neu erlernen, wenn lokale, regionale oder globale Fragen berührt werden. Die weltweite 'Verschmutzung der Medien und der Kommunikation' muß gestoppt und durch Tugenden ersetzt werden, die nicht nur den Kollaps des Planeten verhindern, sondern ihn auch menschlicher machen.

**Protokoll 5 W&T als Basis für eine nachhaltige Zukunft**
**Die Umwandlung in eine kohlenfreie Wirtschaft**

Es gilt als gesichert, daß die Erde keine Weltwirtschaft ertragen kann, deren Bevölkerung vollständig an der gegenwärtigen, materialintensiven, konsumorientierten, auf Kohlestoff gestützten Produktion und Verteilung beruht (schon undenkbar für die gegenwärtige Bevölkerung, ganz zu schweigen von *Acht Milliarden*). Daher konzentriert sich dieses Protokoll darauf, Wege zu suchen, Materialien und kohlestoffbasierte Brennstoffe zu reduzieren und/ oder zu ersetzen, einschließlich ökonomischer, technologischer und sozialer Wege (in Anlehnung an die 'Agenda 21') und einschließlich der Dokumentation und Verteilung von diesbezüglichen Neuigkeiten.

**Protokoll 6 W&T für die Ausbildung**
**Weiterbildungsverträge für alle**

Wie und mit welchen technologischen, pädagogischen und ideologischen oder finanziellen Mitteln, könnten die Menschen auf der Erde (heute wie in der Zukunft) für ihren Beruf so ausgebildet werden, daß sie sich mit Koexistenz, gemeinsamer Entwicklung und Mitbestimmung identifizieren, statt mit konkurrierenden Märkten, Universitäten, Forschungsinstituten, Städten, Regionen oder Nationen?

Die letzten beiden Protokolle müssen im Kontext der Schaffung neuer, globaler, institutioneller Mechanismen und Funktionen gesehen werden, die der Ausweitung der Mitbestimmung dienen.

**Protokoll 7 Eine neue Generation des Transfers von Wissenschaft, Forschung, Training und Technologie**

Anstelle des traditionellen Transfers von Wissen und Technologie von Nord nach Süd sollten multi-regionale, multi-sektorale, und multi-kulturelle wissenschaftlich-technologische Gemeinschafts-Netzwerke entwickelt werden.

**Protokoll 8 Reform der internationalen und globalen Finanz- und Wirtschaftsinstitutionen**

Parallel zur Schaffung eines unorthodoxen Rechnungssystems für soziale und ökologisch nachhaltige Entwicklung (das globale Rechnungswesen eingeschlossen), muß ein neues multi-regionalisiertes, integriertes Finanz- und Wirtschaftssystem mit dem Namen 'Neues Pro-aktives Bretton Woods Rahmenprogramm' entwickelt werden.

Die Grundbedürfnisse und Ziele der *Acht Milliarden Menschen* verlangen nach einer Welt, die sich in Richtung militärischer, ökonomischer und sozialer Abrüstung bewegt. Diese dreifache Abrüstung ist möglich, auch wenn heute nur die Wahl zwischen drei Szenarien besteht: das Erste könnte 'Überleben' genannt werden, das Zweite 'Pax Triadica' und das Dritte 'Multi-Regionalisierte Globale Integration'.

Die gegenwärtige W&T-Gemeinschaft spielt eine wichtige Rolle in der Logik der Pax Triadica und bei den sogenannten neuen 'strategisch-generischen' Technologien im Überlebensszenario.

Die EU hat beträchtliche Fortschritte in der Integration ihrer eigenen Märkte erzielt, vermittelt aber den Eindruck, als habe sie den Geist ihrer Gründer verloren, die, neben anderen Innovationen, die Konventionen von Yaoundi und Lomé entwarfen und implementierten.

Die 90er Jahre scheinen qualitative Sprünge zu begünstigen. Europa ist nur eine der Provinz der Welt. Das Wesen und die Auswirkungen dieser Sprünge wird von vielen anderen Provinzen abhängen und die asiatische wird nicht die unwichtigste sein!

# Anhang

Konferenzprogramm

Konferenzunterlagen

*Stuart Holland:*
Überlegungen
zu einem neuen Bretton Woods

Teilnehmerliste

Index

## FINAL PROGRAMME OF THE CONFERENCE

# EUROPROSPECTIVE III

**THIRD EUROPEAN LONG-RANGE FORECASTING CONFERENCE**

**S&T FOR *THE EIGHT BILLION PEOPLE* OF THE PLANET BY 2020**

**June 3-5, 1993, Wiesbaden / Germany**

**A Conference organised by the Commission of the European Union, FAST Programme**

**in cooperation with the Wiesbaden Polytechnic**

**Final Programme**


**Secretariat: Wiesbaden Polytechnic / Fachhochschule**

**Kurt-Schumacher-Ring 18, D-62 Wiesbaden / FRG**

**Telephone from 9 a.m. to 5 p.m.: x 49.611.9495358**

**Fax.: x 49.611.9495352**

**Answering machine after 4 p.m.: 9495351**


**Global Europe Committee - Scientific Committee of EUROPROSPECTIVE III**

**President: Dr. Diana A. Wolff-Albers, The Netherlands**

Prof. A. Conesa, President Agropolis, France
Dr. A. Hamende, International Centre for Theoretical Physics, Italy
Prof. A. Jozzo, Deputy Director General, San Paolo Bank, Italy
Dr. R. Linkohr, MEP, Germany
Prof. V. Perez-Diaz, Complutense Univ., Spain
Prof. A. Pompidou, MEP, France
Prof. K. Siune, Univ. of Aarhus, Denmark
Prof. J. P. Sucena Paiva, President, Taguspark, Portugal
Prof. E. von Weizsäcker, President, Wuppertal Institute for Climate, Environment, Climat

**FAST-Team**
Prof. R. Petrella, Italy
Dr. P. de la Saussay, France
Prof. G. Thill, Belgium

**WIESBADEN Polytechnic**
Prof. P. H. Mettler

## THURSDAY JUNE 3rd 1993

12.00 Registration

14.00 **OPENING SESSION** - Auditorium maximum

Introduction by Dr. Diana A. Wolff-Albers, President of the Global Europe Committee

Dr. Jürgen Wefelmeier, Secretary of State of the Ministry for Economics, Transportation and Techno logy of Hesse

Prof. Clemens Klockner, President of the Standing Committee of the Presidents of All German Poly-technics, Rektor (President) of Wiesbaden Polytechnic

Prof. Peter H. Mettler, Wiesbaden Polytechnic

15.30 Coffee Break

15.45 Overall presentation of the research projects

EU-FAST Project: 'Global Perspective 2010 - Tasks for Science and Technology', by Prof. Riccardo Petrella, Head of the FAST Programme, CEC

Canadian Project: Global Development Cooperation, by Prof. G. Oldham, S&T Advisor to the President, International Development Research Centre, Ottawa

Indian Project: 'Science, Population and Development: The Inevitable Billion Plus', by Dr. V. Gowa Riker, S&T Adviser to the Prime Minister, New Delhi

Japanese Project: 'Toward the 21st Century Technology',by Prof. Jiro Kondo, President, The Science Council of Japan

US Project: 'Partnership for Global Development: the Clearing Horizon', by Prof. Jesse H. Ausubel, Director of Studies at the Carnegie Commission on Science, Technology and Government

19.00 End

Transport to the City Hall by bus

19.45 Reception by the President of the Parliamen, City of Wiesbaden, Mr. Günter Retzlaff, City Hall

20.15 Dinner at the Rathsbräu-Cellar, Ground-Floor

21.45 Return to Hotel Ramada by bus

Return to Hotel Ibis on foot

## FRIDAY, JUNE 4th, 1993

08.15 sharp Bus departure from Hotel Ramada

08.35 sharp Bus departure from Hotel Ibis

**09.00 Presentation of the FAST project results - Auditorium maximum**

Chair: Dr. P. de la Saussay, FAST Programme, CEC. Speakers: Dr. T. Whiston, SPRU, Univ. of Sussex, UK, Prof. G. Thill, Univ. of Namur, Belgium, Dr. U. Businaro, Centre for Systems Studies, Italy, Prof. S. Holland, European Univ. Inst., I/UK

**10.00 Detailed Discussion on FAST project results and proposals in 4 parallel sessions chaired by**

R. 112 Session 1: Dr. R. Linkohr, MEP

R. 219 Session 2: Prof. J. P. Sucena Paiva, President Taguspark, Port.

R. 318 Session 3: Dr. T. Gaudin, Former Head, Centre de Prospective et d'Etudes, Ministry for Research and Space, F

R. 322 Session 4: Prof. C. Freeman, University of Sussex, UK and University of Limburg, NL

13.00 Lunch at the cafeteria of Wiesbaden Polytechnic

15.00 Continuation of the four morning sessions

16.15 Coffee break

16.30 Detailed discussion on the Canadian, Indian, Japanese and US projects results and proposals in four parallel sessions chaired by:

R. 112 Session 5: Dr. J. Bordé, Research Director, CNRS, F

R. 219 Session 6: Dr. L. Berlinguet, President of the Conseil de la Science et de la Technologie, Canada

R. 318 Session 7: Dr.A.Khosla, Development Alternatives, India

R. 322 Session 8: Dr. J. Caraca, Director, Fundacao Gulbenkian, Portugal

18.30 End of Discussions

Transport to Biebrich Castle by bus

19.15 Dinner-Reception at Biebrich Castle hosted by Dr. Jürgen Wefelmeier, Secretary of State, Hessian Ministry for Economics, Transportation and Technology

20.45 Bus departure to both hotels as well as to the:

21.00 Evening working session at Wiesbaden Polytechnic , R. 318

During this session, Chairpersons, Project Directors & FAST Staff will convene to set up the main conclusions of the day. Drinks and snacks will be served.

## SATURDAY, JUNE 5th, 1993

08.15 sharp Bus departure from Hotel Ramada

08.35 sharp Bus departure from Hotel Ibis

09.00 Synthesis Presentation of the results of the sessions ofthe second day - Auditorium maximum:

Chair: Prof. Dr. D. Goldschmidt, Professor Emeritus, former director of the Max-Planck-Institute for Research on Education

Speakers: Dr. P. Streeten, Director, World Development Institute, US
Prof. R. Petrella, Head of FAST EU

09.50 Coffee break

10.05 Debate on the Proposals for Action by EUROPROSPECTIVE III in four parallel sessions chaired by:

R. 112 Session 9: Dr. C. Bail., Forward Studies Unit, EU

R. 219 Session 10: Prof. Schmidt-Bleek, Wuppertal Institute for Climate, Environment, Energy

R. 318 Session 11: N.N.

R. 322 Session 12: N.N.

12.30 Presentation of overall results on Proposals for Action by each chair - Auditorium maximum

13.15 Lunch at the cafeteria of Wiesbaden Polytechnic

14.30 Concluding Session - Auditorium maximum

Chair: Dr. A.D. Wolff-Albers, President of the Global Europe Committee

Speakers:

Dr. P.M. Johnson, Chairman, Guy and Gilbert, Canada Main recommendations,

Prof. T. Yakushiji, Professor for International Politics, Keio University, Japan, Ideas and Prospects for Futures Research

**End**

**Liste der Grundlagendokumente**

**Vorbereitende Studien**
die von FAST für das Gesamtprojekt "Global Perspective 2010 - Tasks for S&T" in Auftrag gegeben wurden:

H. van Zon, Alternative Scenarios for Central Europe (FOP 226)

U. Hilpert and D. Hickie, Archipelago Europe (FOP 242)

J. Howell *et alii.,* The Globalisation of Production and Technology (FOP 274)

F. Warrant, Dépoiement Mondial de la R&D Industrielle: Facteur et Garant de la Globalisation de la Technologie et de l'Économie (FOP 276)

J. Haagedoorn and J. Schakenrad, The Role of Interfirm Cooperation Agreements in the Globalisation of Economy and Technology (FOP 280)

G. Thill, Transfer of Scientific and Technological Skills and Expertise and their Appropriation. The Relevance of Associative Networks (FOP 307)

Institute for Economy, Planning for Peace, Economic Development and Regional Integration in Asia, Current Status Analysis and Scenarios for Regional Cooperation (FOP 313)

T.G. Whiston, Global Perspective 2010 - Tasks for S&T - A Synthesis Report on the EU FAST programme (FOP 320), 129 pages. This report synthesises the results presented in 20 specific reports

R. Petrella and P. de la Saussay, Habiter la Terre - Global Perspective 2010. Tasks for S&T: Conclusions and Proposals for Protocols for Action (FOP 321)

C. Freeman & J. Haagedoorn, Globalisation of Technology (FOP 322)

M. Jahoda, 'Worlds within Worlds'; Nationalism: A danger to the Management of Global Problems - two contextual papers (FOP 322 as well)

U. L. Businaro *et. al.*, System Analysis and S&T Policy Needs (FOP 323)

U. L. Businaro, Applying S&T to Globalisation issues (FOP 323 as well)

G. Margiotta, 'Diffusion of Technological Knowledge: Proposal for a new encyclopaedia' (FOP 323 as well)

U. L. Businaro, 'Globalisation: From Challenge Perception to S&T Policy' (FOP 324)

S. Holland, 'Towards a New Bretton Woods: Imperatives for the Global Economy' (FOP 325)

A. Barnett, 'Knowledge Transfer & Developing Countries', with a supplement 'A Summary of the World Energy Situation in 2010' by Ian Househam, SPRU, (FOP 326)

C. Antonelli *et.al.*, 'Technology Transfer Revisited' (FOP 327)

J. Cassiolato, 'High Technologies and Developing Countries: Trade-Related Problems and Specificities of their Diffusion to the Third World' (FOP 328)

S. O'Siochrù, 'Global Sustainability, Telecommunications and Science and Technology Policy' (FOP 329)

S. Thomas, 'Global Perspectives 2010 - The Case of Biotechnology' (FOP 330)

F. McGowan, 'Infrastructure and Development' (FOP 331)

A. Graves, 'International Competitiveness and Future Trends in the World Automobile Industry' (FOP 332)

T.G. Whiston, 'Education and Employment for a Sustainable World' (FOP 333)

Ceragioli & others, 'The Shelter Problem' (FOP 334)

M. Kaldor, 'Global Perspectives on Security, War and Armament' (FOP 335)

R. van der Wurff, 'Sustainable Development: A Cultural Approach' (FOP 336)

H. Williams, 'The Environmental Dimension' (FOP 337)

Global Europe Committee, Records of the meetings (FOP 338)

T.G. Whiston, Global Perspective 2010: the Integration Exclusion Factor (FOP 339)

T. Rojo, The Future of Western Mediterranean. Issues and Prospects for S&T Development (FOP 342)

*Studien ohne FOB Nummern:*

M. Luyckx, Les Religions face à la science et à la technologie - Eglises et éthniques après Prométhée, FAST, Nov. 1991

U. Mulgur, La Globalisation économique, scientifique et technologique, 3 volumes, FAST, June 1993

U. Mulgur and R. Petrella (eds), Globalisation of Technology and Economy and the European Communities, Publ. Office of the EU, Luxembourg, 1993

R. Petrella, Four Analyses of Globalisation of Technology and Economy, FAST, 1991

*Alle diese Studien können bestellt werden über*
*Kommission der Europäischen Union, DG XII, FAST Programm, Frau Anne de Greef, 200, rue de la Loi, B-1049 Bruessel, Belgien*

**Stuart Holland**

## Überlegungen zu einem neuen Bretton Woods[64]

*Einleitung*

Keynes Ansichten stammen aus einer Welt, in der internationaler Handel und Geldverkehr überwogen und in der diese sich zwischen unterschiedlichen Firmen verschiedener Länder vollzogen. In dieser Welt waren seine Argumente gültig. Heutzutage finden Handel und Geldverkehr überwiegend multinational zwischen den gleichen Firmen unterschiedlicher Länder statt. Die Gültigkeit der Thesen von Keynes und der Monetaristen auf den wichtigsten Gebieten der Wirtschaftspolitik ist grundsätzlich bestätigt worden.

Das Bretton Woods System beruhte auf einem verwirrenden Gemisch von Elementen aus Keynes'schen und monetaristischen Paradigmen. Doch während Keynes für eine Abwertung als Alternative zur Deflation plädierte, haben IWF und Weltbank oft auf beidem beharrt, bzw. auf Deflation und Abwertung in den EL, deren Struktur grundverschieden von der der IL ist, für die die Institutionen von Bretton Woods eigentlich konzipiert worden waren.

Inspiriert durch die Ausrichtung auf Deregulierung der Monetaristen, haben IWF und die Weltbank bis vor kurzem die Bedeutung einer Kombination von Wirtschafts- und staatlicher Wohlfahrtspolitik bestritten, mit denen Gleichheit und Effizienz in der Marktwirtschaft erreicht werden können.

Daraus ergab sich, daß die sogenannte Strukuranpassungspolitik zwei oder mehr Elemente des 3 D-Rezepts von **D**eflation, **D**evaluierung und **D**eregulation umfaßte.

Dieser Beitrag widmet sich der Kritik dieser Politik. Die Bank bemüht sich aber in letzter Zeit, die ökologischen, sozialen und Armutsimplikationen der strukturellen Anpassungspolitik zu erkennen.

*Veraltete Paradigmen*

Solche konventionellen Theorien beruhen auf überholten Paradigmen von Wettbewerbsvorteilen und Faktor-Preis-Paritäten. Die Annahmen der Theorien des Komparativen Vorteils beruhen darauf, daß Länder zur Spezialisierung tendieren und mit den Produkten handeln, mit denen sie den größeren Wettbewerbsvorteil haben. Hierbei wird impliziert, daß die arbeitsintensiven EL sich auf arbeitsintensive Produkte spezialisieren. Bei der Faktor-Preis-Parität wird davon ausgegangen, daß das Kapital in solche EL fließen wird, in denen es niedrige Arbeitskosten vorfindet, und daß die Arbeitskräfte eher in IL auswan-

64 Die folgenden Zitate stammen hauptsächlich aus Stuart Holland's Papieren für FAST:
- In Richtung eines neuen Bretton Woods, Imperative für die Weltwirtschaft, Erster Zwischenbericht, März 1992, mit einem Anhang 'Globale Szenarien für die Entwicklung';
- In Richtung eines neuen Bretton Woods, Imperative für die Weltwirtschaft, Zusammenfassung;
- In Richtung eines neuen Bretton Woods, Alternativen für die Weltwirtschaft, Abschlußbericht, Mai 1993.

dern, in denen die Löhne höher sind. Auf lange Sicht würden damit alle Länder ihr Verhältnis von Kapital und Arbeit, ihre Effizienz und damit auch ihren Wohlstand angleichen. In der Realität jedoch konkurrieren multinationale Firmen nicht mehr um Arbeitskosten sondern um die Qualität, den Einsatz ihres Kapitals und die Beherrschung von Segmenten der globalen Innovationsfront. Der eigentliche Grund dafür ist, daß diese Firmen derzeit Kapital- und Arbeitsflexibiliät dringender brauchen als niedrige Arbeitskosten. In einer Zeit zunehmend flexiblerer Produktion müssen sie gut ausgebildete, vielseitig fähige und einsetzbare Arbeitskräfte einstellen und sich in die Nähe der Zulieferbetriebe begeben, an die sie schwankende Nachfragen kurzfristig weiterleiten können.

*Wohlfahrt und der neue Wettbewerbsvorteil*

Mit flexibler Produktion übertreffen die führenden multinationalen Firmen die Spezialisierung, die sowohl von der Theorie des Wettbewerbsvorteils als auch von der Theorie der "Economy of Scale" impliziert wird. Durch den flexiblen Einsatz von Kapital und Arbeit beuten sie jetzt die Spezialisten aus, in besonderen Fällen dehnen sie sogar ihre Produktion und ihren Handel aus statt sich zu spezialisieren.

Das Ergebnis der 80er Jahre liegt in kumulativen und asymmetrischen Gewinnen derjenigen Hersteller, die am meisten Vorteil aus der flexiblen Produktion und Diversifikation schlagen konnten, sowie einer dramatischen Veränderung der Direktinvestitionen, die von den EL abrückten.

Von 1983 bis 1989 wuchsen die ausländischen Direktinvestitionen drei mal schneller als die weltweite Wachstumsrate und viermal schneller als die Wachstumsrate des weltweiten Outputs. Der Handel war ab 1985 am stärksten davon geprägt und wurde von japanischen Firmen angeführt, die ihre ausländischen Direktinvestitionen zwischen 1985 und 1990 jährlich um 62% hoben. Die meisten dieser Investitionen gingen in die USA.

Die Theorien des internationalen Wettbewerbsvorteils, der Faktor-Preis-Paritäten und der Liberalisierung des Handels können die Maximierung des globalen Wohlstandes nicht mehr sichern. Tatsächlich minimieren diese Theorien den Wohlstand von zwei Dritteln der Menschheit. Auch können sie nicht erklären, was gerade passiert. Darin liegt ein Grund, warum GATT die grundlegende strukturelle Asymmetrie in Welthandel und die Schwierigkeiten in der Uruguay-Runde nicht erklären kann. Eine der Grenzen der Strukturanpassungsformel liegt darin, daß sie Kosten- und Nachfrageanpassung bemüht, ohne auf die Größe der Länder und deren Anteil am internationalen Handel zu achten. Die erzwungenen Kosten- und Nachfrageverdichtungen waren sehr schädigend für die größten und bedeutendsten Wirtschaftssysteme, in Lateinamerika generell, in Brasilien, und auch Rußland ist entsprechend bedroht.

*Beggar-my-Neighbour-Politik*

Zwischen 1963 und 1972 führten weniger als ein Drittel der IWF-Programme in Ländern, die nicht irgendwelchen Währungszusammenschlüssen angehörten, Wechselkursänderungen durch. Zwischen 1981 und 1983 stieg der Anteil auf vier Fünftel, und näherte sich jüngst der 100%-Marke. Damit der Verlust der Wettbewerbsfähigkeit möglichst gering bleibt, fordert der IWF weitere Anpassungen während der Programmperiode[65]. Der IWF versucht verzweifelt, beggar-my-neighbour-Protektion zu vermeiden, indem er den Ökonomien mit den weltweit schwächsten Strukturen beggar-my-neighbour-Abwertung und beggar-my-neighbour-Deflation auferlegt. Die-3D Politik der Deflation, Devaluation und Deregulation muß in vielen, wenn nicht den meisten Ländern zugunsten einer 3R-Strategie (recovery, restructuring, redistribution - Wiederbelebung der gegenseitigen Ausgaben und des Handels, Wiederaufbau der Beziehungen zwischen öffentlicher und privater Wirtschaftsmacht und einer weitreichenden Umverteilung von Ressourcen) zurückgestellt werden, um den Aufschwung aufrecht zu erhalten.

*Mischwirtschaft und Wohlstand*

Damit einhergehend werden die Behauptungen zurückgewiesen, daß Privatisierung öffentlichem Eigentum stets vorzuziehen sei und ebenso die damit verbundene, komplett unsachliche Behauptung, daß die vier sogenannten "Tiger" Südostasiens die bevorzugte IWF-Weltbank-Philosophie der uneingeschränkten privaten Marktwirtschaft verkörperten. Tatsächlich bildeten Mischwirtschaften und Wohlfahrtsstaat-Politik einen Teil der institutionellen Struktur einiger der weltweit erfolgreichsten Wirtschaften, speziell in Europa, während der Erfolg der Tiger auf einer Kombination von staatlichen Interventionen und intensiver Wohlfahrt durch öffentliche oder private Wohlfahrtsdienste beruhte.

Mischwirtschaften sind öffentliche Einrichtungen wie alle anderen auch. Die Beziehungen zwischen öffentlichem und privatem Sektor hängen sowohl von politischer Verläßlichkeit als auch von der Effizienz ab. Wie die Ehe ist auch der öffentliche Sektor mal gut, mal schlecht und mal mäßig. Ebenso kann es Situationen geben, in denen eine Trennung vom Staat empfehlenswert ist. Trotzdem braucht effektive Privatisierung effektive Regulierung nötiger als Deregulierung und zudem braucht sie effektive Institutionen, die sicherstellen, daß privatisierte Monopole keine Monopolpreise berechnen. Genauso ist die Alternative zu staatlichen Monopolen nicht immer Privatisierung. Es können auch Staatsholdings sein, in größerer Entfernung von der staatlichen Kontrolle, oder mit gemeinwirtschaftlichem oder partnerschaftlichem Management.

Die meisten europäischen Ökonomien planten ihren Aufschwung und Wiederaufbau. Japan plante beides, seinen Aufschwung und sein Nachkriegswachstum. Südkorea plant noch immer innerhalb eines sehr interventionalistischen Rahmens. Überall wird offensichtlich, daß die Parteinahme für die Privatisierung und gegen öffentliche Lösungen nachteilig ist für das Gedeihen der sozialen und ökonomischen Entwicklung bei der Refom der EL. Darüberhinaus enthält sie ihnen die wesentlichen Mittel vor, mit denen die entwickelten Länder ihre eigenen Entwicklungen zustandegebracht haben.

*Miteinander verwobene Bedingungen (cross-conditionality)*

Praktisch bedeutet cross-conditionality, daß die Weltbank keine Gelder für Entwicklungsprojekte bewilligt, solange das Schuldnerland kein Strukturanpassungspaket mit dem IWF

---

65 Jacque J. Polak, The Changing Nature of IWF Conditionality, OECD Development Center, Technical Papers no. 41, Paris, August, 1991 S. 45

unterschrieben hat. Diese Doppelbedingung wurde dadurch sogar zu einer dreifachen, daß private Banken keine Umschuldungen machen oder Neuverschuldungen bewilligen können, solange der IWF nicht einwilligt. Auch die EU-Kommission besteht darauf, daß die Reformökonomien der GUS und der MOL die Zustimmung des IWF für Strukturanpassungspakete einholen, bevor sie ihnen Kredite und Hilfe gibt. Trotz der informellen Schätzung des IWF, daß diese Wirtschaften zusammen eine Trillion US$ für eine effektive Umwandlung in eine Marktwirtschaft benötigt und anderen Schätzungen, daß dieselben eine Drittel Trillion US$ benötigten, um ihre Umwelt nur vor nuklearer Verschmutzung zu bewahren, hat der IWF bislang nur 1 Mrd. US$ an die GUS gegeben.

*Unterentwicklung und Demokratie*

Bilanziert man die Ergebnisse insgesamt, versagt Bretton Woods geradezu katastrophal, wenn es darum geht, die Bedürfnisse der Reformwirtschaften zu befriedigen. Daraus ergibt sich, daß in vielen Ländern nicht nur die Entwicklung, sondern die Demokratie selbst bedroht ist. Es liegt an der EU, darauf hinzuwirken, den EL bewußt zu machen, daß es Alternativen zu Kommunismus und grenzenlosem Kapitalismus gibt. Die Soziale Marktwirtschaft soll nicht nur dem Profit, sondern auch den Menschen dienen. Mischwirtschaften und Wohlfahrt sollten und könnten erreicht werden; es gibt nicht nur einen Mittelweg, sondern viele unterschiedliche Wege, die Effizienz und Gerechtigkeit miteinander versöhnen.

*Pro Pluralismus*

Um eine alternative, globale und regionale Strategie zu entwickeln, müßte wenigstens von einigen Mitgliedstaaten der EU eine Initiative für grundlegende Änderungen ergriffen werden. Insbesondere die Direktoren der Weltbank haben kürzlich begonnen, über die verschiedenen Sichtweisen unterschiedlicher Länder und unterschiedlicher Entwicklungsphilosophien nachzudenken. Dies setzt der US-Gepflogenheit der 80er Jahre ein Ende, Vorabtreffen der Vorstandesmitglieder der Weltbank, die aus einem OECD-Land stammen, einzuberufen und den Direktoren die Richtung für die folgenden Vorstandssitzungen vorzugeben. Der Bank sollte zumindest soweit gratuliert werden, als sie nun die negativen Auswirkungen der Strukturanpassungspolitik auf die Armut, das Wohlergehen der Kinder und die Umwelt, sowie den positiven Beitrag der proaktiven Industrie- und Handelsstrategien in den erfolgreicheren der neu-industrialisierten Ländern, wie Südkorea, anerkennt[66].

66 Dieses Thema wird im Hauptteil dieses Berichts detaillierter ausgewertet. Nicht zuletzt ist der Mut der Abteilung zur Auswertung der Weltbank-Operationen, euphemistisch "1992 Bericht über die Weltbank-Unterstützung zur Industrialisierung in Korea, Indien und Indonesien" genannt, bemerkenswert, da er eingesteht: Korea unterstützte industrielle Konzentration, vergab Kredite an die Wirtschaft, begrenzte den Zufluß von ausländischen Privatinvestitionen, protegierte neue Aktivitäten stark und dirigierte den Erwerb von Fähigkeiten und Technologie. Keine dieser Interventionen konnte von der Bank ordentlich bewertet werden, da sie merkwürdig blind für die relevanten industriellen Strategien war, sowohl im Hinblick auf die Ziele als auch auf die Wahl der Instrumente zu ihrer Umsetzung.

*Alternative Paradigmen*

Die Kernfrage ist nicht nur, ob es mehr Pluralismus im Denken und in der Politik geben sollte, sondern ob dieser unter den gegebenen Rahmenbedingungen gewährleistet werden kann, oder ob dazu alternative und regionale Institutionen innerhalb eines neuen Bretton Woods Rahmenwerks nötig sind. Solche Alternativen können sich nicht nur auf Institutionen beschränken. Sie brauchen neue Paradigmen für den politischen Wandel. Insbesondere sollten alternative Institutionen innerhalb eines neuen Bretton Woods Rahmens folgendes erkennen und unterstützen können:

- den Grad, bis zu dem multinationale Investitionen, Handel und Geldverkehr die bisherige Theorie des internationalen komparativen Wettbewerbsvorteils bestätigt haben;
- den Umfang, in dem Economies of Scope und Diversifizierung den Ländern und Firmen, die sie erreicht haben, zu kumulativen Vorteilen auf dem Weltmarkt verholfen haben;
- die Art und Weise, in der proaktive öffentliche Innovationen, Industrie- und Handelsstrategien im Rahmen einer Mischwirtschaft einen Wettbewerbsvorteil schaffen können;
- das Recht der Entwicklungsländer auf Mischwirtschaft und staatliche Wohlfahrtspolitik, die sowohl die Ökonomien der großen G 7 Länder, als auch die der meisten erfolgreichen Ökonomien Asiens begünstigt haben.

*In Richtung eines regionalisierten Systems*

Es herrscht ein allgemeiner Trend zu regionalen Handelsgruppen in der Weltwirtschaft vor, wie z.B. EU, NAFTA, ASEAN, die Maghreb Handelsunion, dem Südafrikanischen Entwicklungsrat oder Mercosur. Da in verschiedenen führenden Ökonomien Rezession herrscht, kann das Handelsblocksystem mit beggar-my-neighbour-Protektionen, Handelsrestriktionen sowie Einkommens- und Beschäftigungsverlusten drohen. Doch wenn sich 90 Ökonomien nach der Strukturanpassungspolitik ausrichten müssen, ist die Weltwirtschaft bereits von der beggar-my-neighbour Deflation bedroht. In diesem Sinne bedarf es einer politischen Initiative, die sicherstellt, daß die Handelsblöcke zu Bausteinen einer neuen Weltwirtschaftsordnung werden. Zu diesem Zweck sollte die EU die Initiative ergreifen, mit der OECD eine Konferenz der Repräsentanten der wichtigsten Handelsgruppen, der größeren Reformländer und denjenigen EL einzuberufen, die nicht Teil eines Handelsblocks sind. Die Haupt-Tagesordnungspunkte müßten sein: Wiederaufbaupolitik, andauernde Gemeinschaftsfinanzierung und Handelsfragen, kurz: ein Welt-Wiederaufbau-Programm.

*Herausforderung an die Europäische Union*

Im Hinblick auf ihren Anteil am Weltmarkt und ihre zunehmende institutionelle Bedeutung muß die EU eine Schlüsselfunktion bei der Stützung und Förderung des Handel und der Dienstleistungen übernehmen. Es ist bereits deutlich, daß neue Forderungen in unterschiedlichen Regionen der Weltwirtschaft die Schaffung von neuen Regionalinstitutionen verlangen. Die Europäische Bank für Wiederaufbau und Entwicklung überträgt nur das

Modell der Internationalen Bank für Wiederaufbau und Entwicklung auf die regionale Ebene. Die USA machen es ebenso. Gegenwärtig würde ein dringend benötigter Quotenzuwachs, der von Europa und Japan finanziert würde, einen weiteren Stimmenverlust der USA in der Weltbank und im IWF bedeuten. Eine Opposition der USA gegen alle Quotenänderungen könnte daher indirekt regionale Entwicklungsbanken und -fonds fördern, in denen die USA nicht vertreten sind. Umgekehrt muß auch eine Unterstützung solcher Banken und Fonds durch die USA nicht notwendigerweise eine Kapitalbeteiligung der USA bedeuten.

**Table 13: The Slow-Down of Production (GDP - Average annual growth rate - %)**

| | 1965 - 1980 | 1980 - 90 |
|---|---|---|
| Low- & middle income countries (I) | 5.9 | 3.2 |
| Sub-Saharan Africa (II) | 4.2 | 2.1 |
| Middleeast & N.-Africa (III) | 6.7 | 0.5 |
| L.-America & Caribbean (IV) | 6.0 | 0.5 |
| Severely indebted counties (V) | 6.3 | 1.7 |

Source: IBRD, World Development Report 1992, p. 220

**Table 14: Compressing Consumption (Average annual growth rate - %)**

| | General Government Consumption | | Private Consumption | |
|---|---|---|---|---|
| | 1965-80 | 1980-90 | 1965-80 | 1980-90 |
| I | 7.0 | 3.5 | 5.4 | 3.2 |
| II | 6.8 | 1.0 | 4.2 | 0.8 |
| III | nd | nd | nd | nd |
| IV | 6.5 | 4.2 | 5.9 | 1.2 |
| V | 7.2 | 3.9 | 6.2 | 1.4 |

Source: ibid., p. 232 nd = no data available

**Table 15: Collapsing Investment (Average annual growth rate - %)**

| | Gross Domestic Investment | |
|---|---|---|
| | 1965-80 | 1980-90 |
| I | 8.3 | 2.3 |
| II | 8.7 | - 4.3 |
| III | nd | nd |
| IV | 8.2 | - 2.0 |
| V | 9.3 | - 1.8 |

Source: ibid., p. 232 nd = no data available

**Table 16: Import Contraction (Average annual growth rate - %)**

| | Exports | | Imports | |
|---|---|---|---|---|
| | 1965-80 | 1980-90 | 1965-80 | 1980-90 |
| I | 4.1 | 4.1 | 5.8 | 1.4 |
| II | 6.1 | 0.2 | 5.6 | - 4.3 |
| III | 5.7 | - 1.1 | 12.8 | - 4.7 |
| IV | - 1.0 | 3.0 | 4.2 | - 2.1 |
| V | - 0.5 | 3.4 | 6.6 | - 2.1 |

Source: ibid., p. 244

**Table 17: Increase Debt**

| | Total External Debt as % of GDP | | Total Debt Services as % of Goods and Services | |
|---|---|---|---|---|
| | 1980 | 1990 | 1980 | 1990 |
| I | 26.2 | 40.2 | 20.5 | 19.4 |
| II | 28.2 | 109.4 | 10.9 | 19.3 |
| III | 31.1 | 52.6 | 16.4 | 24.4 |
| IV | 35.2 | 41.6 | 37.3 | 25.0 |
| V | 34.4 | 46.4 | 35.1 | 25.3 |

Source: ibid., p. 264

**Table 18: Higher Interest Rates**

| | Average Interest Rate (%) | | Variable Interest Rates (%)* | |
|---|---|---|---|---|
| | 1970 | 1990 | 1970 | 1990 |
| I | 5.0 | 6.8 | 1.7 | 37.8 |
| II | 3.6 | 3.9 | 0.9 | 18.2 |
| III | 4.3 | 7.7 | 0.6 | 24.1 |
| IV | 8.0 | 8.0 | 4.0 | 55.9 |
| V | 6.9 | 8.0 | 5.0 | 55.2 |

Source: ibid., p. 232 * Public loans with variable interest rates as a percentage of public debt

## Teilnehmerliste

Dr. Ludovico Alcorta; Institute for New Technologies
Kapoenstraat 23; 6211 Maastricht, Niederlande

Dr. Marcia Alvarez; University of Namur
61 rue de Bruxelles, B-5000 Namur, Belgien (Ecuador[67] )

Prof. Bruno Amoroso; Roskilde University
PO Box 260; 4000 Roskilde, Dänemark

Dr. Ezequiel Ander Egg; Instituto de Ciencias Sociales
Casilla de Correo 195; 1642 San Isidro, Argentinien

Prof. Andreas Asbjorn Odd; Norwegian Institute of Technology
Kolbjorn Heies Vei 1 A; N-7034 Trondheim, Norwegen

Dr. Nora Aschacher, Austrian Broadcasting
Postfach 1OOO, A-1041 Wien, Österreich

Mr. Jean Eric Aubert; OECD Committee for Scientific and Technological Policy, Technological Change and Employment, 2, rue André-Pascal; F-75775 Paris, France

Prof. J. H. Ausubel; Carnegie Commission on Science, Technology and Gouvernment, 1230 York Avenue; New York, NY 10021-6399, USA

Dr. Ch. Bail; Forward Studies Unit, CEU;
Rue Archimede 25 (8/3), B-1049 Brussels, Belgien

Dr. Gerhard Barka; Centre for Social Innovation
Plößlgasse 2A; A-1041Wien, Österreich

Dr. Martine Barrère †
23, rue Jean Brunet; F-92190 Meudon, Frankreich

Dr. Andrew Barry; Goldsmiths College, University of London; London, UK

Dr. Thomas Becker; Wiesbaden Polytechnic
Kurt-Schumacher-Ring 18; D 65197 Wiesbaden

Mr. Paul Berckmans; Flemish Foundation for Technology Assessment, Jozef II Straat 12-16, B-1040 Brussels, Belgien

---

67 Herkunftsland

Dr. Louis Berlinguet; Science and Technology Council of Quebec
2050, Boul. René-Lévesque Ouest; Quebec G1V 2K8, Kanada

Mr. Peter Bernhardt; Im Fiedlersee 19
D-64291 Darmstadt 21

Mr. Ralf Bingel; Ministry for European Affairs of Hesse;
Friedrich-Ebert-Allee 12, D-65185 Wiesbaden

Dr. Max Börlin; The Product-Life Institute
18, ch. Rieu; Ch-1208 Genf, Schweiz

Dr. Hans Boes; Sekretariat für Zukunftsforschung
Munscheidstr.14; D-45886 Gelsenkirchen

Mr. P. Bonnaure; Commun Research Centre
EU, Etablissement d'Ispra; I-21020 Ispra (Varése), Italien (Frankreich)

Dr. Jaques Bordé; CNRS
Paris; Frankreich

Prof. M. L. Bouguerra; University of Tunis; Ave. Ibn Sofiane 65,
1004 El Menzah; Tunis (Tunesien)

Dr. Filip Buekens; Department of Education; Koningsstraat 136
B-1000 Brussels, Belgien

Mr. Wolfgang Busch; Environment Research Centre Leipzig/Halle
Permoserstr. 15, D-04318 Leipzig

Prof. U. Businaro; Centro di Studio sui Sistemi
Via Vincenzo Vela 27, I-10128 Torino; Italien

Dr. Joào Manuel Caraca; Director, Gulbenkian Foundation;
Av. de Berna, 45, P-1093 Lissabon; Portugal

Mr. Coenen; Atomforschungszentrum Karlsruhe;
Leopoldshafener Allee, D-76344 Eggenstein-Leopoldshafen 2

Dr. Vincente Colom-Gottwald; The Cyberspace Team der EU;
16, rue Jules Bouillon, Belgien (Deutschland)

Prof. A. Conesa; Président AGROPOLIS;
2, place P. Viala, F-34060 Montpellier Cédex 1, Frankreich

Mr. J. P. Cornelis, EUCREAT;
29, Rue du Peigne d´Or, B-1390 Neiken, Belgien

Mr. Günther Cyranek, IT Assessment;
Auf der Mauer 3, CH-8001 Zürich, Schweiz

Prof. Sulamis Dain, Federal University of Rio de Janeiro; Pridente de Morais 1440, #804 Ipanema, 22420/042; Rio de Janeiro, Brasilien

Mrs. De Greef; FAST-Team;
Rue de la Loi, 200; B-1049 Brussels, Belgien

Mrs. Barbara de Haas; Büro des Hessischen Ministerpräsidenten;
Bierstadterstr. 2; D-65189 Wiesbaden

Dr. Philippe de la Saussay; FAST-Team;
Rue de la Loi, 200; B-1049 Brussels, Belgien (Frankreich)

Prof. G. de Landsheere; Int. Academy of Education
University of Liége; B-4000 Liège, Belgien

Mr. Renayo De Paolis; Salini Costruitori;
Via della Dataria 22; I-00187 Roma, Italien

Mr. Goéry Delacôte; Exploratorium;
3601 Lyon Street; San Francisco, California 94123, USA

Dr. Claude Desama; Committee on Energy, Research & Technology
European Parliament; L-2929 Luxemburg, Luxemburg

Mr. Ch. Sina Diatta; ITNA;
B.P. 5730; Dakar - Fann, Senegal

Dr. Friedhelm Döring; Fachhochschule Wiesbaden, Konferenz-Vorbereitungs-Team;
Kurt-Schumacher-Ring 18; D-65197 Wiesbaden

Prof. F. Forlani; Eniricerche, Managing Director; Via Felice;
Maritano, 26, I-20097 Donato Milanese, Italien

Dr. Th. Gaudin; CPE, Ministére de la Recherche et de l'Espace;
1, rue Descartes; F-75231 Paris, Frankreich

Prof. Erzsébet Gidai; Research Institute for Social Science;
Dombovári ut 17-19; H-1117 Budapest, Ungarn

Prof. Arrigo Giovanetti; Facolta Scienze Statistiche;
University of Rom; P.le Aldo Moro 5, I-00100 Roma, Italien

Prof. Dietrich Goldschmidt; Max-Planck-Institut für Bildungsforschung
Lentzeallee 94, D-14195 Berlin 33

Mr. Pierre Gonod, International Counsellor;
Residence de Croisset B 3, F-06130 Grasse, Frankreich

Mr. Susanatha Goonatilake; 50-62, 47th Street, Woodside;
New York, NY 11377, USA (SriLanka)

Dr. V. Gowariker; Scientific Adviser to the Prime Minister;
New Mehruali Road; New Dehli 110 016, Indien

Prof. H. G. Graf; St. Gallen Centre for Futures Research;
Dufourstr. 30; CH-9000 St.Gallen, Schweiz

Dr. A. Hamende; International Center for Theoretical Physics;
P.O. Box 586; Miramare, I-34100 Trieste, Italien

Mrs. Zehra Hanning; Fachhochschule Wiesbaden, Konferenz-Vorbereitungs-Team;
Kurt-Schumacher-Ring 18; D-65197 Wiesbaden

Prof. Hildegard Heise; Fachhochschule für Wirtschaft;
Badensche Str. 50-51, D-10825 Berlin 12

Dr. Rudy L. Herman; Science Policy Programming Administration, Boudewymlaam 30,
B-1210 Brussels, Belgien

Mr. Günter Herrmann, Daimler Benz Corp., Research Group
Technology and Society; Daimlerstr. 143; D-12277 Berlin 48

Dr. Josef Hochgerner; Centre for Social Innovation;
Plößlgasse 2; A-1041 Wien, Österreich

Prof. Stuart Holland; European University Institute;
9, via dei Roccettini; I-50016 San Domenico Fiesole, Italien (UK)

Dr.Tibor Hottovy; Unibell Ltd., Institute for Social-Ecological Research;
Makrillvägen 16; S-18130 Lidingo, Schweden

Prof. Ibrahim M. Jammal; University at Buffalo, Center for Comparative Studies in
Development Planning; 201 Hayas Hall, South Campus, SUNY/Buffalo 14214; USA

Mr. Pierre-Marc Johnson; Guy & Gilbert Corp.; 770 rue Sherbrook ouest, Suite 2300,
Montréal Québec H3A 1G1, Kanada

Prof. Paul Kellermann, University of Klagenfurt;
Universitätsstraße 65-67, A-9020 Klagenfurt, Österreich

Dr. A. Khosla; Development Alternatives; New Mehrauli Road
New Dehli 110 016, Indien

Prof. J. Ki-Zerbo;
Ouagadougou B.P. 606; Ouagadougou, Burkino Faso

Prof. Clemens Klockner; Rektor der Fachhochschule Wiesbaden;
Kurt-Schumacher-Ring 18; D-65197 Wiesbaden

Mr. Michael Knoll; Futures Network;
Munscheidstr. 14; 45886 Gelsenkirchen

Dr. Hermann Kocyba; Institut für Sozialforschung, Frankfurt;
Wielandstr. 30, D-60318 Frankfurt/M.1

Prof. V. Kollontai; Research Unit for Socio-Economies;
Kegelgasse 27 A, A-1030 Wien, Österreich (Russische Föderation)

Prof. J.Kondo; President, The Science Council of Japan;
22-34, 7 Chome, Roppongi, Minato-Ku, Tokyo, Japan

Prof. Rolf Kreibich; Direktor des Instituts für Zukunftsstudien und
Technologiebewertung; Schopenhauserstr. 26, 14129 Berlin-Zehlendorf

Mr. Pablo Kreimer;
25, rue Jules Guesde, F-75014 Paris, Frankreich (Argentinien);

Mr. Knud Larsen; Ministry of Research and Technology;
H.C. Andersens Boulevard 40, DK-1553 Copenhagen, Dänemark

Dr. R. Linkohr; Member of the European Parliament;
Rue Belliard 79-113, B-1047 Brussels, Belgien (Deutschland)

Mrs. Anneliese Looß; Büro für Technik-Folgenabschätzung
beim Deutschen Bundestag; Rheinweg 121, 53129 Bonn

Mr. Denis Loveridge; PREST; 3rd Floor Mathsbuilding,
University of Manchester; Manchester M13 9PL, UK

Prof. I. Magyar-Beck; University of Budapest, Ungarn

Prof. Peter H. Mettler; Fachhochschule Wiesbaden, Leiter des Konferenz-
Vorbereitungs-Teams; Kurt-Schumacher-Ring 18; D-65197 Wiesbaden

Dr. Alain Michard; Institut National de Recherche en Informatique et en Automatique;
BP 105, F-78153 Le Chesnay, Frankreich

Mr. Michel Miller; European Trade Union Confederation;
Warmbesberg 37, B-1000 Brussels, Belgien

Mrs. Lucia Milone; Polytechnic Turin;
Viale Mattioli 39, I-10125 Turin, Italien

Dr. G. Möller; Hessisches Ministerium für Wirtschaft, Verkehr und Technologie;
Postfach 3129, D -65185 Wiesbaden

Dr. Peter H. Moll; Futures Network;
Leithestr. 37-39, D-45886 Gelsenkirchen

Mr. Hishashi Nakamura; University of Bradford, Dep. of Peace
Studies; Richmond Building, Bradford BD7 1DP, UK (Japan)

Mr. Mikio Nakashima; CEC - Monitor/FAST programme;
Rue de la Loi 200, B-1049 Brussels, Belgien (Japan)

Dr. Peter Noller; Institut für Sozialforschung, Frankfurt/Main;
Günthersburger Allee 84, D-60389 Frankfurt/M. 60

Dr. Roland Nolte; Sekretariat für Zukunftsforschung;
Munscheidstr.14; D-45886 Gelsenkirchen

Mr. David Norse; FAO;
53, Summer Rd East Moseley, Surrey KT8 9LX, UK

Dr. S. O´Siochru; NEXUS Europe Limited;
9, North Frederick Street, Dublin 1, Irland

Dr. Jeff Oldham; IDRC
PO Box 8500; Ottawa K1G 3H9, Kanada

Mr. Thor O. Olsen; SINTEF;
Strindveien 2, N-7034 Trondheim, Norwegen

Mrs. Catherine Orfinger-Weill; Science Policy Office of Belgium;
Rue de la Science 8, B-1040 Brussels, Belgien

Dr. Gerd Paul; Institut für Sozialforschung, Frankfurt/Main;
Falkstr. 101, D-60487 Frankfurt/M.-90

Mr. Stefan Peterlowitz, GTZ - Deutsche Gesellschaft für Technische
Zusammenarbeit; Postfach 5180, D-65760 Eschborn 1

Prof. Steffen B. Petersen; SINTEF UNIMED;
N-7034 Trondheim, Norwegen

Prof. Riccardo Petrella; FAST-Team;
Rue de la Loi, 200, B-1049 Brussels, Belgien (Italien)

Prof. Francois Pharabod, CNRS;
1 rue du Cerf, F-92195 Meudon, Frankreich

Dr. Walter Pietsch; Büro des Hessischen Ministerpräsidenten;
Bierstadterstr. 2, D-65189 Wiesbaden

Mrs. Beatriz Presmanes; Agencia Nacional de Evaluación y Prospectiva;
Sagasta 27, 28004 Madrid, Spanien

Mrs. Maureen Reeves; Departement of Trade and Industry;
151 Buckingham Palace Road, London, UK

Mr. Günter Retzlaff; Präsident des Stadtparlaments,
Rathaus, D-65185 Wiesbaden

Prof. Carlo Rinaldini; JCR - PROMPT; I-21021 Ispra, Italien

Dr. Teresa Rojo; JCR - PROMPT; I-21020 Ispra, Italien

Dr. A. Romoli; Commitée Economique et Social;
2, rue Ravenstein, B-1000 Brussels, Belgien

Dr. Philippe Royer; Coordination Centre, Technology Impact and Assessment Research;
Dovestr. 1, D-10587 Berlin 10 (Frankreich)

Mr. Giovanni Rufo; OECD, Committee for Scientific and Technological Policy;
2, rue André-Pascal, F-75775 Paris, Frankreich

Prof. Ignacy Sachs; Centre de Rechèrches sur le Brésil Contemporain;
54 Boulevard Raspail, F-75270 Paris, Frankreich

Dr. Michel Salomon; Le Quotidien du Medicin;
140 rue Jules-Guesde, F-92593 Levallois-Perret, Frankreich

Prof. Friedrich Schmidt-Bleek; Wuppertal Institute for Climate, Energy and Environment;
Döppersberg 19, D-42103 Wuppertal

Mr. Jesus Sebastian; Agencia Espanola de Cooperación Internacional;
Avenida Reyes Catolicos, 4, E-28040 Madrid, Spanien

Dr. Roderick Shaw; Stockholm Environment Institute;
Box 2142, S-10314 Stockholm, Schweden

Prof. K. Siune; Institute of Political Science, University of Aarhus;
Universitetsparken, DK-8000 Aarhus C, Dänemark

Mr. Eiliv Sodahl; SINTEF & NTVA;
Strindveien 2, N-7034 Trondheim, Norwegen

Mr. Csaba Somogyi; Technische Hochschule Darmstadt;
Lucasweg 21, D-64287 Darmstadt (Ungarn)

Prof. Paul Streeten; World Development Institute;
Box 92, Spencertown, NY 12165, USA

Prof. J. P. Sucena Paiva; Taguspark-Lisbon S&T Park;
R. Comandante Cordeiro Castanheira, 41.1, P-2780 Oeiras, Portugal

Mr. Irineu Novita Teixeira;
PO Box 586, P-9009 Funchal-Codex; Portugal

Prof. G.Thill; Université de Namur, Dept. Sciences, Philosophies, Sociétié;
61 rue de Bruxelles; B-5000 Namur, Belgien

Dr. Manfred Unger; Hoechst AG;
Postfach 80 03 20; D-60549 Frankfurt/M-80

Mr. Odd Björn Ure; Norwegian Research Council;
PO Box 70 - Taasen; N-0801 Oslo, Norwegen

Mrs. M. Claire van de Velde; Flemish Science Policy Council;
Boudewynlaan 30, B-1210 Brussels, Belgien

Dr. J. C. M.van Eijndhoven; Netherlands Organisation for Technology Assessment;
PO Box 85525, 2508 CE The Hague, Niederlande

Dr. K. Venkataraman; UNIDO, Vienna;
PO Box 300, A-1400 Wien, Österreich (Indien)

Dr. Helmut Volkmann; Siemens AG;
Postfach 830953, Otto-Hahn-Ring 6, D-81739 München 83

Dr. Jürgen Wefelmayer; Staatssekretär im Hessischen Ministerium für Wirtschaft;
Postfach 31 29, D-65185 Wiesbaden

Dr. T. Whiston; University of Sussex, SPRU;
Mantell Building, Brighton BN1 9RF, UK

Mr. Hugh Williams; ECOTEC Research and Consulting LTD;
Priestley House, 28-34 Albert Street, Birmingham B4 7UD, UK

Dr. A. D. Wolff-Albers; President, The Global Europe Committee;
2 Pein 1813, PO Box 20004, 2500 EA The Hague, Niederlande

Prof. T. Yakushiji; Faculty of Law, Keio University;
2-15-45 Mita, Minato-Ku, Tokio 108, Japan

Prof. Zhang Yunling; Chinese Academy of Social Sciences;
3, Jiannei Dajie, Beijing 100732, China

Prof. Sergej Zakharian; Fachhochschule Wiesbaden;
Am Brückweg 26, D-65428 Rüsselsheim (Armenien)

Mr. Ward Ziarko; Science Policy Office;
Wetenschapstraat 8, B-1040 Brussels, Belgien

Mrs. Tina Zipf; Fachhochschule Wiesbaden, Konferenz-Vorbereitungs-Team;
Kurt-Schumacher-Ring 18; D-65197 Wiesbaden

# Index

## A



## B



## C



## D



## E



## F



## G

# Aus dem Programm Sozialwissenschaften

Alois Hahn /Willy H. Eirmbter/Rüdiger Jacob
**Krankheitsvorstellungen in Deutschland**
Das Beispiel AIDS
1997. 176 S. (Studien zur Sozialwissenschaft, Bd. 176) Kart.
ISBN 3-531-12967-8
Im Fall der Wahrnehmung und Interpretation von AIDS ist die deutsche Einheit gewissermaßen schon vollzogen, die Unterschiede zwischen den Befragten in Ost- und Westdeutschland sind gering. Diese Wahrnehmung und Interpretation von AIDS wird hüben wie drüben in weit stärkerem Maß von laienätiologischen Krankheitsvorstellungen geprägt als von wissenschaftlich fundiertem Wissen über die Krankheit. In beiden Landesteilen wird AIDS als große Bedrohung für die Gesellschaft angesehen. Es lassen sich ausgeprägte Ansteckungsvorstellungen auch bei unbedenklichen Alltagssituationen und daraus resultierende Tendenzen zur Meidung und Ausgrenzung Betroffener beobachten.

Detlef Matthias Hug
**Konflikte und Öffentlichkeit**
Zur Rolle des Journalismus in sozialen Konflikten
1997. 410 S. Kart.
ISBN 3-531-12942-2
Öffentlichkeit und Journalismus wird bei der Bewältigung gesellschaftlicher Konflikte stets eine Schlüsselrolle zugewiesen. Allerdings mangelt es der Kommunikationswissenschaft bis heute an einer anspruchsvollen Theorie zur Funktion des Journalismus in sozialen Konflikten: Konflikte werden als Störungen diskreditiert, Journalismus auf ein Hilfsinstrument zu ihrer Beseitigung reduziert. Ständige Medienschelte ist die Folge. Indem er die systemtheoretische Konflikt-, Kommunikations- und Journalismustheorie weiterentwickelt, bietet der Band einen neuen Ansatz zur Erklärung journalistisch vermittelter Konflikte. Journalismus, als Leistungssystem des gesellschaftlichen Funktionssystems Öffentlichkeit, dient danach vor allem zur Artikulation und Definition sozialer Probleme. Journalismus stimuliert und perpetuiert soziale Konflikte – gerade dadurch fördert er die Rationalität der modernen Gesellschaft.

Rüdiger Görner
**Einheit durch Vielfalt**
Föderalismus als politische Lebensform
1996. 253 S. Kart.
ISBN 3-531-12801-9
Diese Studie untersucht die politikästhetische Dimension des Föderalismus in der deutschen Tradition unter Berücksichtigung der mythischen und pragmatischen Seiten dieses zentralen Sinn- und Strukturelements der politischen Kultur in Deutschland. Darüber hinaus fragt sie nach der Bedeutung des Föderalismus für die regionale und europäische Identität in der gegenwärtigen Phase der Renationalisierung des politischen Bewußtseins. Ausgehend von der Föderalismus-Konzeption von Constantin Frantz werden die Themen Souveränität und Föderalismus, föderale Aspekte der Verfassungsdiskussion sowie die Bedeutung, die der Föderalismus für deutsche Intellektuelle (gehabt) hat, erörtert.

WESTDEUTSCHER VERLAG
Abraham-Lincoln-Str. 46 · 65189 Wiesbaden
Fax 0611/ 78 78 420